Pietro Greco

L'universo a dondolo
La scienza nell'opera di Gianni Rodari

 Springer

PIETRO GRECO
Fondazione IDIS Città della Scienza, Napoli

Collana *i blu - pagine di scienza* ideata e curata da Marina Forlizzi

ISBN 978-88-470-1707-8   e-ISBN 978-88-470-1708-5
DOI 10.1007/978-88-470-1708-5

© Springer-Verlag Italia 2010

Quest'opera è protetta dalla legge sul diritto d'autore, e la sua riproduzione è ammessa solo ed esclusivamente nei limiti stabiliti dalla stessa. Le fotocopie per uso personale possono essere effettuate nei limiti del 15% di ciascun volume dietro pagamento alla SIAE del compenso previsto dall'art. 68, commi 4 e 5, della legge 22 aprile 1941 n. 633. Le riproduzioni per uso non personale e/o oltre il limite del 15% potranno avvenire solo a seguito di specifica autorizzazione rilasciata da AIDRO, Corso di Porta Romana n. 108, Milano 20122, e-mail segreteria@aidro.org e sito web www.aidro.org.
Tutti i diritti, in particolare quelli relativi alla traduzione, alla ristampa, all'utilizzo di illustrazioni e tabelle, alla citazione orale, alla trasmissione radiofonica o televisiva, alla registrazione su microfilm o in database, o alla riproduzione in qualsiasi altra forma (stampata o elettronica) rimangono riservati anche nel caso di utilizzo parziale. La violazione delle norme comporta le sanzioni previste dalla legge.
L'utilizzo in questa pubblicazione di denominazioni generiche, nomi commerciali, marchi registrati, ecc. anche se non specificatamente identificati, non implica che tali denominazioni o marchi non siano protetti dalle relative leggi e regolamenti.

Coordinamento editoriale: Barbara Amorese
Progetto grafico, impaginazione e copertina: Valentina Greco, Milano
Progetto grafico originale della copertina: Simona Colombo, Milano
In copertina: iStockphoto
Stampa: Grafiche Porpora, Segrate, Milano

Stampato in Italia

Springer-Verlag Italia S.r.l., via Decembrio 28, I-20137 Milano
Springer-Verlag fa parte di Springer Science+Business Media (www.springer.com)

Introduzione

Gianni Rodari e la scienza

I bambini di oggi, astronauti di domani
Gianni Rodari

"L'idea che il bambino d'oggi si fa del mondo è per forza tutt'altra da quella che se ne può essere fatta, da bambino, il padre stesso da cui lo separano pochi decenni", scrive Gianni Rodari nella sua *Grammatica della fantasia* (Capitolo 30) pubblicata nel 1973.

Aveva e ha tuttora ragione. I miei figli, tra la fine del XX secolo e questo inizio del XXI secolo, si sono fatti un'idea del mondo in maniera affatto diversa a quella che me ne feci io, tra la fine degli anni '50 e l'inizio degli anni '60 del XX secolo.

E io stesso, allora, mi feci un'idea del mondo in maniera completamente diversa rispetto a quella che se ne era fatta mio padre, trent'anni prima, tra la fine degli anni '20 e l'inizio degli anni '30.

Tutti – mio padre, io, i miei figli – siamo nati e abbiamo trascorso la nostra fanciullezza in piccoli paesi dove tutti conoscono tutti: mille anime o poco più. Tutti abbiamo trascorso gli anni da bambini in famiglie né ricche né povere, in grado di fornirci ciò che era considerato essenziale.

Eppure non c'è dubbio – malgrado le analogie del contesto in cui ciascuno di noi è vissuto – l'idea che mio padre, io trent'anni dopo e i miei figli quarant'anni dopo ancora ci siamo fatti del mondo è stata tutt'altra.

Perché?

Be', perché quando mio padre era bambino, negli anni '20 del secolo scorso, nel suo mondo non c'era la scienza. O meglio, la scienza non era ancora entrata nella vita quotidiana delle persone né con un profluvio di oggetti tecnologici né con potenti immagini del mondo.

Quando io ero bambino, a cavallo tra la fine degli anni '50 e l'inizio degli anni '60 del secolo scorso, in casa già c'era la televisione – sia pure in bianco e nero e con un solo canale – mentre lassù il cielo iniziava a essere solcato da razzi e astronavi. Lo spazio a disposizione per le nostre esperienze reali e virtuali era enormemente aumentato.

I miei figli, agli sgoccioli del XX secolo e in questo inizio del XXI, sono vissuti (e vivono tuttora) non solo in una casa ipertecnologizzata – televisioni con decine di canali, play station, iPod e soprattutto computer (prossimamente, ci scommetto, anche iPad) connessi con la grande rete globale – ma sono vissuti e vivono tuttora in un universo cognitivo completamente diverso.

Gioco forza l'esperienza che consuma quotidianamente un bambino di oggi lo mette in condizioni di fare operazioni diverse, forse anche cognitivamente più complesse, rispetto a quelle realizzate dal padre qualche decennio prima e dal padre del padre nella generazione precedente.

Nulla, dunque, più della scienza ha modificato il modo in cui le nuove generazioni si fanno un'idea del mondo in maniera affatto diversa rispetto a quella delle generazioni precedenti.

A ben vedere è questa la grande intuizione (forse la più grande) che ha avuto Gianni Rodari nel reinventare la grammatica della fantasia e nell'utilizzare gli antichi strumenti – la favola, la filastrocca – per raccontare ai bambini (e agli adulti) non solo e non tanto il mondo nuovo in cui ci hanno sbarcato la scienza e la tecnologia, ma il nuovo modo di pensare il mondo nell'era della scienza e della tecnologia.

E, infatti, la scienza domina l'opera di Gianni Rodari – almeno a partire dalla metà degli anni '50. Anche se è un dominio dolce. Non declamato. E di cui pochi si sono accorti e tuttora si accorgono. Tuttavia è un dominio vero, vasto e profondo, incessante.

Scopo di questo libro è farla emergere, questa centralità della scienza nell'opera di Gianni Rodari. E di renderne ragione.

Per far emergere la centralità della scienza nel mondo narrato da Gianni Rodari utilizzeremo l'intera prima parte di questo libro. Dimostrando quanto e con quanta varietà di temi il più grande scrittore per l'infanzia che l'Italia abbia avuto nel XX secolo parli di scienza e della sua indocile figlioletta, la tecnologia innovativa, nelle sue fiabe, nei suoi racconti, nelle sue poesie.

Per avere una prova che la nostra tesi non è tirata per i capelli e non è una provocazione, ci bastano due riferimenti.

Il primo è ricordare come Gianni Rodari chiuda la sua opera teorica più importante, *La grammatica della fantasia*, pubblicata come abbiamo detto nel 1973. L'ultimo paragrafo è dedicato ad *Arte e scienza*. Il penultimo è dedicato ad *Attività espressive ed esperienza scientifica*. Il terzultimo paragrafo è un (apparente) intermezzo dedicato ai gatti, anzi alla *Difesa del "Gatto con gli stivali"* (diciamo che l'intermezzo è apparente perché il tema del paragrafo è il realismo della fiaba). Il quartultimo paragrafo è ancora una volta molto esplicito, dedicato com'è a *Le storie della matematica*. Tre paragrafi degli ultimi quattro del suo libro teorico più importante riguardano la scienza. Non può essere un caso.

Il secondo riferimento è al suo discorso ufficiale più importante, quello pronunciato a Bologna nell'aprile 1970 al XII Congresso dell'International Board on Books for Young People (IBBY) quando gli è stata consegnata la medaglia Andersen, per trovare i medesimi temi e verificare che è dedicato, con la solita leggerezza e ironia, per un quarto alla figura del gatto e per i restanti tre quarti alla scienza – alla figura di uno scienziato, Isaac Newton, alla creatività scientifica, ma anche alla tecnologia che rende spesso possibile realizzare ciò che raccontano le favole, non attraverso la magia, bensì attraverso la ragione e l'esercizio dello spirito critico:

> Ringrazio la giuria che mi ha assegnato questo premio intitolato al grande e caro nome di Andersen. Ringrazio il dottor De Azaola per tutte le belle cose che ha detto di me dei miei libri. Ma se dovessi ringraziare tutti quelli di cui in questo momento mi sento debitore, non finirei mai. Per esempio, mio padre. Era un fornaio e voleva molto bene ai gatti. Avevamo sempre dei gatti in casa. Forse è per questo che mi vengono in mente tante storie di gatti. Per esempio la storia di un gatto che aveva il bernoccolo degli affari e mise su un bel negozio di generi alimentari. Questo gatto vendeva topi in scatola. Cioè, questa era la sua intenzione e per questo aveva comprato tante belle scatole di latta e aveva preparato un bel cartello con su scritto: "Diamo gratis l'apriscatole a chi compra tre scatolette". Il guaio è che i topi non volevano saperne di entrare nelle scatole. E

infine il gatto dovette cambiare mestiere. Poi, la storia di un gatto che si chiamava Milano. Il suo padrone era il capostazione di Bologna. Quando arrivava un treno il gatto correva fuori a vedere; il capostazione correva fuori per paura che il gatto finisse sotto il treno e lo chiamava: Milano, Milano! E tutta la gente, credendo di essere già arrivata a Milano, giù dal treno, fregandosi le mani. Di qui molte confusioni e avventure.

Credo proprio che il premio Andersen mi abbia messo addosso una gran voglia di scrivere storie di gatti. E spero che nessuno scambi questo proposito per una minaccia, o mi venga a dire che storie così sono fatte per impedire ai bambini di diventare persone serie.

Intanto, si può parlare degli uomini anche parlando di gatti e si può parlare di cose serie e importanti anche raccontando fiabe allegre.

E poi, che cosa intendiamo per persone serie? Facciamo il caso del signor Isacco Newton. Secondo me era una persona serissima. Ora una volta, se è vero quello che raccontano, stava seduto sotto un albero di mele e gli cadde una mela in testa. Un altro al suo posto, avrebbe detto quattro parole poco gentili e si sarebbe cercato un altro albero per stare all'ombra. Invece il signor Newton comincia a domandarsi: E perché quella mela è caduta all'ingiù? Come mai non è volata all'insù? Come mai non è caduta a destra o a sinistra, ma proprio in basso? Quale forza misteriosa l'attira in basso?

Una persona priva di immaginazione ascoltando discorsi del genere, avrebbe detto: "Questo signor Newton è poco serio, crede in forze misteriose, magari crede che ci sia un mago dentro la terra, pensa che le mele possano volare come il tappeto delle Mille e una notte, insomma, alla sua età, crede ancora nelle favole". E invece io penso che il signor Newton abbia scoperto le leggi della gravitazione universale proprio perché aveva una mente aperta in tutte le direzioni, capace di immaginare cose sconosciute, aveva una grande fantasia e sapeva adoperarla.

Occorre una grande fantasia, una forte immaginazione per essere un vero scienziato, per immaginare cose che non esistono ancora e scoprirle, per immaginare un mondo migliore di quello in cui viviamo e mettersi a lavorare per costruirlo.

Io credo che le fiabe, quelle vecchie e quelle nuove, possano contribuire a educare la mente. La fiaba è il luogo di tutte le ipotesi, essa ci può dare delle chiavi per entrare nella realtà per strade nuove, può aiutare il bambino a conoscere il mondo, gli può dare delle immagini anche per criticare il mondo. Per questo credo che scrivere fiabe sia un lavoro utile. Debbo dire che è anche un lavoro divertente e da un certo punto di vista è strano che uno faccia un lavoro che lo diverte e per di più venga pagato per questo, e magari premiato.

In effetti, sarebbe bene che tutti potessero fare un lavoro che li impegna, li interessa e li diverte. Questa è per adesso una utopia, cioè una fiaba. Ma molte volte le fiabe si realizzano. Per esempio, nelle fiabe ci sono tappeti volanti, navi volanti: ed ecco che noi abbiamo il jet supersonico. Non possiamo ancora dire, come nelle fiabe, "tavolino apparecchiati!", però possiamo dire "bucato, lavati!", "piatti, sciacquatevi!".

Quello che diciamo può diventare vero.

Il vero problema è di riuscire a dire le cose giuste per farle diventare vere. Nessuno possiede la parola magica: dobbiamo cercarla tutti insieme, in tutte le lingue, con modestia, con passione, con sincerità, con fantasia; dobbiamo aiutare i bambini a cercarla, lo possiamo anche fare scrivendo storie che li facciano ridere: non c'è niente al mondo di più bello della risata di un bambino.

E se un giorno tutti i bambini del mondo potranno ridere insieme, tutti, nessuno escluso, sarà un gran giorno, ammettetelo. E grazie anche a voi per avermi ascoltato.

In questo testo breve, di straordinaria fattura, c'è tutto Gianni Rodari, poeta marxista dell'educazione. E ci sono tutti i motivi che conferiscono alla scienza in tutta la sua variegata dimensione – di produttrice incessante di nuove immagini del mondo e di produttrice altrettanto incessante di nuova tecnologia – la centralità nell'opera di Rodari. Ad approfondire questi motivi e a ripercorrere il loro sviluppo è dedicata la seconda parte di questo nostro libro.

Col quale speriamo di dare un modesto contributo ad affermare due tesi:
- Gianni Rodari è uno scrittore che appartiene alla letteratura alta, meritevole di stare tra i grandi della letteratura italiana del

XX secolo, anche se il suo nome non compare in alcune storie blasonate di questa letteratura.
- Gianni Rodari appartiene a pieno titolo ai quei grandi poeti e scrittori, espressione della vocazione più profonda della letteratura italiana, che da Dante a Galileo, da Leopardi a Calvino, hanno cucito incessantemente le fila di quell'ordito che tiene insieme la letteratura, la filosofia e la scienza.

Indice

Introduzione	V
Parte I	**1**
Dizionario tra cielo e Terra	
Dizionario cosmico	3
Il dizionario dello spazio	3
Il dizionario dell'uomo nello spazio	57
Dizionario terrestre	79
Dizionario del pianeta Terra	79
Dizionario degli abitanti del pianeta Terra	87
Dizionario ecologico	111
Dizionario tecnologico	119
Dizionario della pace	137
Dizionario scientifico	143
Dizionario delle scienze	143
Dizionario matematico	143
Dizionario delle scienze naturali	160
Dizionario della scienza delle scienze	165
Dizionario degli scienziati	179

Parte II 193
Grammatica di un universo a dondolo

Gianni Rodari, maestro e giornalista 195

A *l'Unità* di Milano 203

A *l'Unità* di Roma 211

Il Pioniere 253

La svolta dello Sputnik 283

Capitano, un uomo in cielo! 293

La grammatica di un universo a dondolo 305

Bibliografia 339

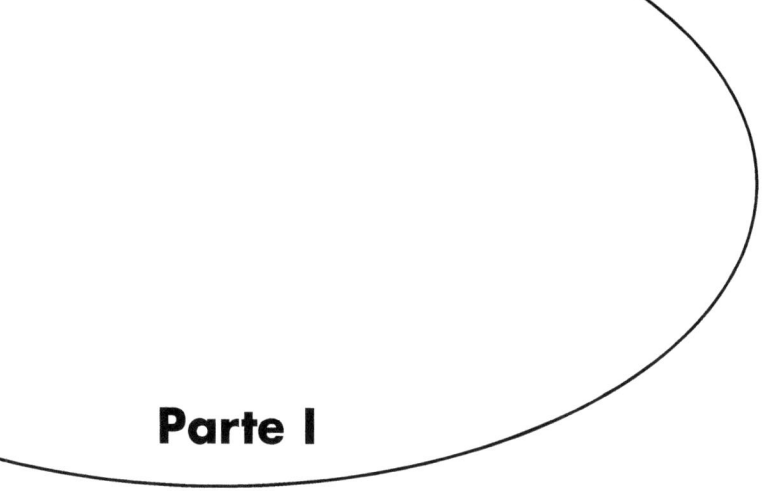

Parte I

Dizionario tra cielo e Terra

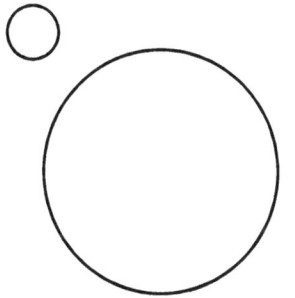

Dizionario cosmico

Il dizionario dello spazio

Spazio cosmico

«*Arrivederci, Roma! Eccomi fritto*», *pensavo.* «*Perduto nello spazio, senza neanche la possibilità di far sapere ai miei dove sono*».

In groppa al suo indocile cavallo a dondolo il piccolo Marco, nove anni, vaga per l'universo perdendosi tra i pianeti, proprio come suo padre alla stessa età aveva vagato per il Testaccio, perdendosi tra le strade e le piazze di quel quartiere popolare di Roma.

Le avventure di Marco negli spazi immediatamente oltre il proprio quartiere – nello spazio cosmico – sono raccontate in uno dei libri più noti di Gianni Rodari, *Il pianeta degli alberi di Natale*, pubblicato con Einaudi nel 1962. Appena cinque anni dopo il lancio del primo oggetto nello spazio cosmico da parte dell'uomo, lo Sputnik (4 ottobre 1957). E solo pochi mesi dopo il volo del primo uomo nello spazio, Jurij Alekseevič Gagarin (12 aprile 1961).

Nessuno più di Gianni Rodari con le sua favole e le sue filastrocche – forse neppure Italo Calvino con le *Cosmicomiche*, i cui primi 12 racconti sono scritti tra il 1963 e il 1964 [Calvino, 1965] – ha catturato lo spazio cosmico e lo ha ridotto a cortile di casa dove scorazzano i bambini, astronauti del futuro.

Sentite come Gianni Rodari ripropone con leggerezza in una filastrocca quest'idea di riduzione dello spazio cosmico a cortile di casa, a dimensione naturale e dunque banale, dove i bambini, astronauti di domani, vivono la loro quotidianità: giocano, vanno a scuola, si distraggono.

Distrazioni interplanetarie
Chissà se a quest'ora su Marte,

su Mercurio o Nettuno,
qualcuno
in un banco di scuola
sta cercando la parola
che gli manca
per cominciare il tema
sulla pagina bianca.
E certo nel cielo di Orione,
dei Gemelli, del Leone,
un altro dimentica
nel calamaio
i segni d'interpunzione...
come faccio io.
Quasi lo sento lo scricchiolio
di un pennino
in fondo al firmamento:
in un minuscolo puntino
della Via Lattea
un minuscolo scolaretto
sul suo libro di storia
disegna un pupazzetto.
Lo sa che non sta bene,
e anch'io lo so:
ma rideremo insieme
quando lo incontrerò.

Distrazioni interplanetarie è una delle filastrocche che Gianni Rodari raccoglie e pubblica nel 1960 col titolo *Filastrocche in cielo e in terra*. È dunque stata scritta prima del volo di Gagarin. In cielo sono volati solo pochi satelliti, sovietici e americani. Ma alcuni – come Lunik 3, che nell'ottobre 1959 ha fotografato la faccia nascosta della Luna – già offrono la possibilità di vedere cose mai viste prima. Hanno già avvicinato l'universo alla Terra.

Ed ecco Gianni Rodari in quegli stessi mesi offrire ai bambini (e agli adulti) l'idea di un mondo nuovo: di nuovo spazio a disposizione fuori dalla Terra, che si estende anche oltre Marte, Mercurio, Nettuno, fuori dal sistema solare e fuori dalla nostra galassia, la Via Lattea. Uno spazio a disposizione, un cortile di casa dove scorazzare a piacere, che non è più solo il piccolo e ormai angusto pianeta Terra, ma che è semplicemente l'universo.

Pochi, probabilmente, all'inizio degli anni '60 del secolo scorso avevano capito con la tempestività e la lucidità di Gianni Rodari che, con l'inizio dell'epopea dello spazio, il mondo, qui sulla Terra, stava definitivamente cambiando. Che i confini entro cui si muove l'umanità si stavano velocemente espandendo. In termini fisici, dalla Terra allo spazio cosmico. Ma soprattutto in una dimensione virtuale: da una società e da un'economia, quella industriale, fondata sul tangibile a una società e a un'economia fondata sull'intangibile: la società e l'economia della conoscenza. Pochi prima di Gianni Rodari avevano capito e scritto che la vita dei bambini nati in quegli anni si sarebbe srotolata in spazi, fisici e virtuali, irrimediabilmente diversi e infinitamente più ampi di quelli in cui si erano mossi i loro padri e i loro nonni. Pochi prima dello scrittore di Omegna avevano capito che lo spazio a disposizione dell'uomo stava cambiando rapidamente dimensione. Dallo spazio limitato al piccolo pianeta Terra allo spazio infinito del cosmo. Un'espansione che è espressione e, insieme, metafora di un'altro rapido e definitivo sconfinamento, dalla dimensione limitata in cui possono muoversi gli oggetti fisici costruiti dall'uomo nell'era industriale, alla dimensione infinita in cui possono navigare le idee elaborate dall'uomo nell'era della conoscenza.

Un'idea – questa della nuova dimensione che lo spazio cosmico ha assunto per i bambini, astronauti di domani, rispetto ai loro padri – su cui Gianni Rodari ritorna spesso e in maniera esplicita in quell'inizio degli anni '60. Un'idea a cui bisogna abituarsi. Ma a cui molti resistono. Sentite cose dice a proposito *Il pulcino cosmico* (tratto da *Favole al telefono*, 1962):

> – Cosa, cosa? – fece il professore. – Forse che noi non li educhiamo bene i nostri bambini?
> – Mica tanto. Primo, non li abituate all'idea che dovranno viaggiare tra le stelle; secondo, non insegnate loro che sono cittadini dell'universo; terzo, non insegnate loro che la parola nemico, fuori dalla Terra, non esiste; quarto...

Tre righe che ci spiegano per intero come Gianni Rodari legge l'epopea spaziale.

Da un lato con un grande ottimismo scientifico e tecnologico: un ottimismo (i bambini che domani viaggeranno nello spazio cosmico, tra le stelle) che, con gli occhi di oggi, può sembrare eccessivo. Lo spazio dove hanno fisicamente viaggiato i bambini degli anni '60 si è esteso a poche centinaia di chilometri sopra la Terra e ha raggiunto, al massimo, i confini della Luna.

Dall'altro lato Gianni Rodari – con grande lucidità – vede che l'accesso fisico allo spazio cosmico reso possibile dalla scienza e dalla tecnologia improvvisamente apre a una dimensione inedita che non è solo tecnica e scientifica. Ma è anche e soprattutto sociale e politica. L'apertura degli spazi cosmici impone all'uomo di ripensare in modo nuovo se stesso. E se l'epopea spaziale – con la gara tra sovietici e americani – si consuma in una delle dimensioni della guerra fredda, essa impone a tutti noi la necessità di superare ogni divisione, di sentirci parte non di questa o di quella nazione, ma dell'intera umanità: cittadini dell'universo. E ci impone di trascendere la guerra: fuori dalla Terra non esiste la parola nemico. Dunque, esorta Rodari, cancelliamola, quella parola, anche qui, sulla Terra.

In tutta l'opera di Gianni Rodari a partire dalla seconda metà degli anni '50 c'è questa idea che la riduzione dello spazio cosmico a cortile di casa, reso possibile dalla scienza e dalla tecnica, spalanca a un nuovo, vecchio umanesimo. Quello che traspare, per esempio, in *Miss universo dagli occhi color verde-venere*, una delle *Novelle fatte a macchina* (1973). Protagonista è Delfina, novella cenerentola degli spazi cosmici.

– Lei è terrestre, vero?
– Sì, di Modena. E lei è venusiano: si vede dai capelli verdi.
– Ma anche lei ha una bellissima cosa verde. Anzi, proprio verde-venere: i suoi occhi.
– Davvero? Le mie cugine dicono sempre che ho gli occhi color cicoria.

Delfina e il giovane venusiano ballano quel ballo e altri ventiquattro. Smettono soltanto quando la musica tace e gli altoparlanti, in tutte le lingue della Via Lattea, diffondono l'annuncio che tra qualche minuto il Presidente di Venere premierà la più bella della festa.

«Beata lei! – pensa Delfina. – Ma non sarà ora che scappi? Meno male; sono appena le undici e mezza. I Foglietti ripartono a mezzanotte in punto. Bisogna per forza che torni a terra con l'astronave. Mi nasconderò sul sedile di dietro, come all'andata».

Riscrivendo all'inizio degli anni '70 del XX secolo (l'uomo è ormai sbarcato sulla Luna) la favola di Cenerentola ambientata negli spazi cosmici, Gianni Rodari contribuisce a rimodellare l'immaginario collettivo su una nuova dimensione, cosmica. È nel sistema solare, ormai, non (solo) a Modena che si tengono le feste da ballo. Ma in questi spazi cosmici si consumano gli stessi drammi personali (le mie cugine, invidiose, dicono che ho gli occhi color cicoria; devo scappare da questo luogo fatato, sta per arrivare la mezzanotte) e si raggiungono le medesime soddisfazioni (Delfina balla quel ballo e altri ventiquattro con il bel giovane venusiano e infine lo sposa) che sulla Terra.

Ed è per questo, ci dice Rodari, che – anche nell'era delle astronavi – la ricerca della giustizia e della pace restano i primi e più grandi obiettivi dell'uomo. Anzi, se le sapremo usare quelle astronavi e quelle conoscenze che hanno ridotto il cosmo a cortile di casa, ogni Delfina potrà incontrare senza intoppi il suo principe e gli uomini, ormai cittadini dell'universo, potranno vivere meglio in giustizia e pace.

Per tutto questo e, come vedremo, per altro ancora Gianni Rodari merita la definizione di "scrittore cosmico e lunare" (il maestro di Omegna ci porterà anche sulla Luna). La stessa definizione con cui Italo Calvino, in quell'inizio degli anni '70, ha appena celebrato Ludovico Ariosto, "poeta cosmico e lunare", capace come nessun altro di utilizzare la favola e lo spazio cosmico (Luna compresa) per insegnare all'uomo a riflettere su se stesso [Calvino, 1970].

Lo spazio, specchio della Terra

Perché Gianni Rodari è così interessato allo spazio cosmico? Perché è la nuova frontiera, certo, con cui l'umanità si accinge a cimentarsi (si sta già cimentando). Ma anche perché… be', ce lo spiega lui stesso in *La parola Torino*, una delle novelle raccolte nel suo libro postumo, *Il gioco dei quattro cantoni* (1980):

Mentre così rifletto la mano, distrattamente, ha tracciato le lettere di una parola strana, eppure familiare...
ONIROT
Non ho mai sentito questa parola, non l'ho mai letta su un cartello stradale, su una stazione ferroviaria, su una cartolina illustrata, eppure mi sembra di conoscerla.
ONIROT
La guardo e ben presto mi do dello stupido. ONIROT è TORINO, scritto al contrario... È la parola TORINO vista in uno specchio. Finalmente tutto mi è chiaro: il sommergibile che galleggia nel Po tra i ponti di Torino proviene da un lontano pianeta, che è il "doppio" della Terra, uguale alla Terra, ma come una Terra vista in uno specchio cosmico...

Ma è ovvio, no? Lo spazio cosmico interessa Rodari perché è lo specchio della Terra. Dove l'uomo può riflettersi. Dove l'uomo può riflettere. Vengono in mente Ludovico Ariosto e Italo Calvino [Greco, 2009].

Non aveva, forse, Ludovico Ariosto, nel suo straordinario *Orlando Furioso*, guardato allo spazio cosmico come a uno specchio della Terra? Non aveva forse inviato Astolfo lì sulla Luna, nello spazio fuori dal nostro pianeta, a cercare la ragione smarrita sulla Terra? Per Ariosto, che Calvino definisce "poeta cosmico e lunare", lo spazio fuori dalla Terra non è solo un altro spazio fisico: è anche un altro spazio sociale e valoriale. Dove è possibile ritrovare il senno perduto. Dove è possibile ritrovare il senso perduto.

E, infatti, la ragione smarrita dal folle innamorato, Orlando, viene ritrovata da Astolfo sulla Luna e reinfusa nel corpo del suo legittimo proprietario. Solo così Orlando, eroe umanizzato, può riprendere il giusto posto nei ranghi dell'armata di re Carlo.

E non aveva, forse, Italo Calvino invitato i suoi colleghi scrittori a guardare il cielo non "per consolarci delle brutture terrestri", ma a usare lo spazio per riflettere e iniziare a cancellare le brutture terrestri?

Chi ama la luna davvero – scrive ad Anna Maria Ortese – non si accontenta di contemplarla come un'immagine convenzionale, vuole entrare in un rapporto più stretto con lei, vuole vedere *di più* nella luna, vuole che la luna *dica di più* [Greco, 2009].

Ecco, Rodari – che, come vedremo, è all'interno del dibattito sulla funzione sociale della letteratura che si svolge in Italia tra gli anni '50 e gli anni '70 del secolo scorso e a cui si richiama Calvino – ama lo spazio cosmico e, allora, non si accontenta di contemplarlo come un'immagine convenzionale, entra in rapporto più stretto con lui, vuol vedere *di più* nello spazio, vuole che lo spazio *dica di più*.

E cosa deve dire lo spazio cosmico, ormai a portata di astronave, Gianni Rodari lo scrive chiaramente in un articolo, *Rapporto a Marte*, pubblicato sull'*Unità* il 3 marzo 1957, sei mesi prima il lancio del primo satellite artificiale (lo Sputnik parte il 4 ottobre 1957) e dieci anni prima della lettera di Calvino alla Ortese (pubblicata sul *Corriere della Sera* il 31 dicembre 1967).

Come in uno specchio cosmico, Gianni Rodari dà la parola – anzi la penna – a un marziano perché descriva la Terra vista dallo spazio.

> Del livello tecnico-scientifico dei terrestri mi risparmierò di parlare: esaminando il satellite artificiale i nostri esperti potranno dedurne con sufficiente esattezza lo stato di conoscenze da cui è nato. Ad essi farò una sola raccomandazione: tengano conto che la minuscola pallottola pomposamente denominata "satellite" rappresenta il punto più avanzato, la somma di tutti i progressi, il prodotto dei migliori cervelli e dei migliori materiali e non può in nessun modo essere considerata un indice del livello della vita e della civiltà sulla Terra, ma soltanto un'anticipazione, una speranza.

Riflettendosi nello spazio, dunque, la Terra non si identifica con la sua scienza e la sua tecnologia di punta. Tuttavia la scienza e la tecnologia di punta sono un'anticipazione. Anzi, una speranza della Terra come potrebbe essere. Come dovrebbe diventare. Un luogo dove, come la Luna di Astolfo, è possibile ritrovare il senno – il senso – perduto.

Allo stato attuale, infatti, è un disastro. Politico:

> I terrestri, per cominciare, non sono ancora riusciti a unificarsi. I loro atlanti geografici, perfetti dal punto di vista tecnico, presentano il pianeta bizzarramente diviso in zone di diversa colorazione, corrispondenti ad altrettanti stati, tra i quali in questo periodo è in corso una gara di armamenti.

In questo bizzarro pianeta la scienza e la tecnologia vengono usati per distruggere, invece che per costruire.

La più potente forma di energia finora scoperta dai terrestri, quella atomica, è utilizzata quasi completamente per usi militari, cioè è quasi completamente sprecata.

Una follia, appunto.

Anche gli uomini più ragionevoli, per non restare soccombenti in questa costante prova di forza, sono costretti a sprecare tempo, denaro ed energia per provvedersi di macchine ed ordigni inutili e irragionevoli.

Il senno – il senso – perduto non ha solo una dimensione militare. Ma anche sociale.

Per quel che riguarda la struttura sociale, la Terra è un museo storico, un campionario assolutamente assurdo, che farebbe la felicità dei nostri etnografi; coesistono, sulla sua superficie, società primitive, popoli di cacciatori, società feudali fondate sulla schiavitù, società capitalistiche fondate sulla proprietà privata dei mezzi di comunicazione e società socialiste, nelle quali però si è ancora lontani dall'aver organizzato la vita in modo sopportabile in tutti i settori.

Lo spazio cosmico è, dunque, uno specchio potente e inesorabile: riflette una condizione desolante ma non rassegnata della Terra. La possibilità stessa di specchiarsi nello spazio – di riflettersi e di riflettere senza più alibi – spalanca alla speranza.

Perché lassù, nello spazio, si intravede un pianeta diverso. E questa visione invita al progresso. Invita alla pace.

Su quel pianeta c'è la città di ONIROT, che è l'immagine specchiata, il "doppio" di Torino... Vi abitano gli ONITOTESI... Vi si parla il dialetto ONITOTESE...
La città è attraversata dal gemello spaziale del fiume PO, che si chiama OP...
Queste sono le notizie, è curiosa, interessante...

Spazio relativistico

Nell'anno mirabile 1905 un giovane impiegato dell'Ufficio Brevetti di Berna lancia, per dirla con Louis de Broglie, tre razzi fiammeggianti che gettano una luce improvvisa su una regione ampia, buia e sconosciuta della fisica. Il giovane impiegato, 26 anni, si chiama Albert Einstein. E con uno di quei razzi assolutamente eterei – chiamato teoria della relatività ristretta – manda in soffitta, nientemeno che i contenitori ineffabili dove si svolgono gli eventi cosmici: lo spazio assoluto e il tempo assoluto, come tutti noi li immaginiamo e come Isaac Newton li ha definiti.

D'ora innanzi – commenta il matematico Hermann Minkowski – lo spazio in sé e il tempo in sé sono condannati a dissolversi in nulla più che ombre, e solo una specie di congiunzione dei due conserverà una realtà indipendente.

Quella congiunzione tra i due è lo spaziotempo relativistico.
Gianni Rodari lo sa bene. E lo scrive. Anzi, lo descrive. Lo spazio cosmico dove, dopo lo Sputnik, hanno iniziato a sfrecciare razzi e astronavi e dove i bambini, astronauti di domani, scorazzeranno in lungo e in largo nel prossimo futuro, non è lo spazio assoluto di Isaac Newton, ma è lo spazio relativistico – lo spaziotempo – di Albert Einstein.

Uno spazio, bizzarro, dove manca un punto di riferimento assoluto. Dove il tempo può scorrere con velocità diversa da punto a punto. Dove può essere anche fermato, se avete la capacità di saltare in groppa a un fotone e viaggiare alla velocità che ha la luce nel vuoto. Dove sono consentiti i viaggi avanti e indietro nel tempo.

Nell'universo relativistico è possibile, come immaginava già nel 1895 lo scrittore H. G. Wells, costruire *La macchina del tempo* e viaggiare nel passato con un mezzo moderno. Un principio di possibilità che non appartiene solo alla fantasia di uno scrittore che ha influenzato generazioni di adolescenti. Ma anche alla più rigorosa matematica applicata alla fisica, come ha dimostrato nel 1949 l'austriaco Kurt Gödel: considerato con Aristotele, il più grande logico di ogni tempo.

Apriamo a questo punto una parentesi e raccontiamo una breve storia. Alla fine degli anni '40 del XX secolo, Kurt Gödel lavorava in una stanza accanto a quella di Albert Einstein, presso l'Institute for

Advanced Study di Princeton, negli Usa. Come Einstein, era emigrato in America negli anni '30 per sfuggire al nazismo. Gödel era già molto famoso per via di quei suoi teoremi di impossibilità. Aveva spiegato infatti all'attonita comunità dei matematici che è impossibile per ogni sistema logico-formale, ivi inclusa la matematica, dimostrare la propria coerenza interna. E aveva spiegato, a un attonito funzionario del governo degli Stati Uniti, che è impossibile, con le regole della Costituzione americana, azzerare il rischio che, con strumenti del tutto legali, nel paese della libertà assuma il potere un despota e, proprio come è successo con Hitler in Germania, instauri una dittatura con (l'iniziale) consenso democratico.

Allo stesso modo, Kurt Gödel mostra a un perplesso Einstein le equazioni del campo gravitazionale consentono, nelle particolari condizioni di un universo che ruota su se stesso, di chiudere una linea spaziotemporale e di ritornare nel passato. Con la sua teoria della relatività generale, nel 1916, Einstein ha definitivamente distrutto l'idea stessa di spazio e di tempo assoluto. Essi non sono più i contenitori ineffabili ove accadono gli eventi dell'universo fisico, come voleva Newton. Ma sono attori tra gli attori sulla scena cosmica. In particolare lo spazio e il tempo formano un unico ordito quadridimensionale, lo spaziotempo, la cui geometria è continuamente modellata dalla materia. O meglio, dal campo gravitazionale. Come tu hai dimostrato, spiega Gödel a Einstein, la storia che ogni particella forma una linea nello spaziotempo. Una linea che si curva in presenza di campi gravitazionali molto intensi. Bene, se ammettiamo l'esistenza di un universo rotante e un campo gravitazionale abbastanza intenso, questa linea può chiudersi fino a formare un laccio: una curva del tempo chiusa (CTC). E la particella può tornare nel passato. Anzi, può viaggiare nel tempo. Visto che non c'è nulla, nella teoria della relatività, che impedisce alla particella o, magari, a un essere intelligente, di pendolare a piacimento tra passato, presente e futuro.

Come spiega anche il pulcino cosmico all'attonito professor Tibolla in una delle *Favole al telefono* (1960):

> – Lei dimentica, caro professore, che lassù siamo avanti col tempo di venticinque anni. Per esempio sappiamo già che il capitano dell'astronave terrestre che giungerà su Marte Ottavo si chiamerà Gino.

– Toh, – disse il figlio maggiore del professor Tibolla, – proprio come me.
– Pura coincidenza, – sentenziò il cosmopulcino. – Si chiamerà Gino e avrà trentatre anni. Dunque, in questo momento, sulla Terra, ha esattamente otto anni.
– Guarda guarda, – disse Gino, – proprio la mia età.

Viaggiando nello spaziotempo relativistico – ce lo dicono anche i filosofi della scienza – ci si imbatte in molti paradossi. Se io torno indietro nel tempo posso uccidere mio nonno e impedire la mia stessa nascita. Oppure...

– Non mi interrompere continuamente, – esclamò con severità il comandante dell'uomo spaziale. – Come stavo spiegandovi, noi dobbiamo trovare questo Gino e gli altri membri dell'equipaggio futuro, per sorvegliarli, senza che se ne accorgano, e per educarli come si deve.

Tornando indietro nello spazio – da Marte Ottavo alla Terra – e nel tempo – di venticinque anni – posso istruire per bene e indicare la strada migliore ai terrestri che sono già sbarcati sul pianeta lontano ma che non sono ancora partiti dalla Terra. Dio mio, che rompicapo! Ma con questi rompicapi i bambini, astronauti di domani, devono imparare a convivere. E se proprio non ce la fanno, possono chiedere lumi al professor Einstein. Anzi, Feinstein. Come propone Rodari in *I Ragni del Cosmo*, uno dei racconti che compongono *Il gioco dei quattro cantoni*, pubblicato postumo, nel 1980 appena dopo la sua morte.

Un bel giorno, così come sono scomparse, le navi riappaiono, giungono a destinazione. I comandanti non sanno dare giustificazioni della loro assenza. Per loro il viaggio è stato assolutamente regolare. Non è successo nulla... E tutti quei giorni senza notizie?... "Quali giorni?", domandavano sbalorditi. Era chiaro che nel loro tempo c'era stato un buco, uno strappo. Dovevano essere scivolati senza accorgersene in un altro universo. In un altro tempo. Un bel rebus.
Il professor Feinstein sostiene che la ragnatela c'è ancora. Passano ventiquattr'ore e comunica che la ragnatela non c'è più.

È stata "ritirata", dice: come si ritirano i panni dal filo quando sono asciugati. Roba da perderci la testa.

È evidente che quando parla di quel buco, di quello strappo nella rete dello spazio cosmico, il professor Feinstein ha in mente uno di quei *wormholes*, uno di quei buchi di tarlo, nella topologia dello spaziotempo la cui esistenza è stata proposta all'inizio degli anni '60 del XX secolo dal fisico teorico John Wheeler e che, almeno in linea di principio, consentono di prendere una scorciatoia quanto-relativistica a ritrovarsi istantaneamente e senza accorgersene in una parte diversa dell'universo. O magari in un universo parallelo.

> Gentilissimi Galattici, vi chiediamo scusa per il disturbo. Siamo due abitanti di un universo parallelo al vostro, appassionato del gioco chiamato "battaglia navale". Senza pensare di far nulla di male, abbiamo disegnato il nostro terreno di gioco in una zona del vostro spazio che credevamo vuota ed era invece percorsa dalle vostre linee. Alcuni dei nostri colpi hanno fatto deviare dalla nostra parte del cosmo alcune astronavi. Ci affrettiamo a restituirvele e a spostare altrove il nostro reticolato magnetico. Il signor maestro ci ha sgridato molto severamente e ci ha fatto scrivere cento volte per castigo, nel nostro quaderno: "Non dobbiamo mancare di rispetto agli universi paralleli!". Distinti ossequi. Firmato: Giurai, anni otto; Pierai, anni sette.

Non è una forzatura sostenere che Giurai e Pierai sono ragazzi di un altro universo (ragazzi del nuovo mondo) cresciuti alla scuola di Einstein, Gödel e Wheeler. Usi a conoscere e a non mancare di rispetto agli universi paralleli.

Velocità della luce

I viaggi tra le stelle dei bambini d'oggi, astronauti di domani, hanno un limite. La velocità della luce: poco meno di 300.000 chilometri al secondo. Viaggiando a quella velocità occorrono 8 minuti per raggiungere il Sole. Quattro ore o giù di lì per raggiungere Plutone. Poco meno di 9 anni per raggiungere Sirio. Poco meno di 3 milioni di anni per raggiungere la galassia Andromeda.

Coma ha dimostrato Albert Einstein nulla può superare la velocità della luce. Rodari lo sa. Viaggiare nello spazio cosmico non sarà affatto facile. E lo spiega con la sua solita divertita ironia in *Taxi per le stelle* uno dei racconti raccolti da Editori Riuniti in *Il tamburino magico* e pubblicato postumo, nel 1989.

– È un motore antigravitazionale che ci farà raggiungere la velocità della luce, più un metro.

Solo superando i vincoli della relatività, solo viaggiando alla velocità della luce più un metro i viaggi tra le stelle potranno diventare realtà. Occorrerà mettere a punto macchine eccezionali. Con motori particolari. Leggete la prossima voce e ne saprete (un pochettino) di più.

Macchina dello spazio e del tempo

Il problema di tecnologia relativistica comune a Giurai, Pierai e a tutti coloro che – ragazzi dalla fertile immaginazione e adulti col pallino della fisica teorica – sono usi a passare da un universo parallelo all'altro è come fare concretamente. Come realizzare un'astronave spaziotemporale in grado di scarrozzarli tra le diverse dimensioni dello spazio e/o tra passato, presente e futuro, le diverse dimensioni del tempo?

Il problema se lo pone l'astronomo e scrittore Carl Sagan nella prima parte degli anni '80 nel momento in cui deve scrivere il suo romanzo relativistico *Contact*. Anzi per la verità Sagan lo pone al collega fisico teorico Kip Thorne. Thorne, che conosce a menadito la fisica relativistica, ci pensa su, fa i suoi calcoli e gli risponde che tutto sommato è semplice: basta prendere due buchi neri, collegarli per mezzo di un *wormhole* e il gioco è fatto. L'astronave spaziotemporale è pronta. Purtroppo la soluzione (matematica) arriva tardi, quando Gianni Rodari già non c'è più. E tuttora l'indicazione del fisico americano non ha avuto pratiche conseguenze perché, purtroppo, non sappiamo come fare ad acchiappare due buchi neri e a collegarli tra loro mediante un *wormhole*.

Per fortuna per risolvere il medesimo problema allo scrittore italiano basta molto meno. Basta un telecomando. Come quello acquistabile in una botteguccia di Roma che compare in *Un giocattolo di Natale*, uno dei più bei racconti raccolti in *Il gioco dei quattro cantoni* (1980).

– Ho capito, – dissi all'ometto, – con il normale telecomando io cambio i canali sul video restando seduto sulla mia domestica poltrona: con questo aggeggio sono io stesso che passo da un canale all'altro, da un punto all'altro del globo terracqueo. Ma è… è una cosa… Come mai non ne è ho ancora sentito parlare?

– Cosa vuole, – fece l'ometto, – per il momento io sono il solo a produrre questo giocattolo e personalmente non amo la pubblicità. Ma presto, vedrà, i giapponesi me lo copieranno. Allora tutte le vetrine ne saranno piene, come già sono piene adesso di giocattoli elettronici "made in Japan".

– Può darsi, – dissi, – può darsi. Ma lei intento si lasci dire che questo suo apparecchietto è una meraviglia. Pensi solo alla sua utilità pratica, a parte il divertimento, per i ragazzi che debbono studiare la geografia.

– Oh, se è per questo, anche per quelli che debbono studiare la storia.

– Non mi dica che…

– Ma sì, glielo dico. Anzi, glielo mostro subito. Finora lei sì è spostato solo sui canali spaziali. Ma se io spingo questa levetta, ecco, l'apparecchio si sintonizza sui canali temporali.

– Una macchina del tempo?

Purtroppo *Il gioco dei quattro cantoni* è stato pubblicato nel 1980 postumo, quando Gianni Rodari era ormai morto. Cosicché lo scrittore non ha potuto svelarci tutti i segreti con cui l'omino della botteguccia romana costruiva il suo telecomando. E i giapponesi non hanno potuto copiarlo. Ma è certo che, avendo a disposizione quella macchina dello spazio e del tempo, anche Albert Einstein si sarebbe divertito.

Paradossi dei viaggi nel tempo

Chi conosce la fisica relativistica sa che i viaggi nel tempo sono teoricamente possibili. Basta infilare il giusto cunicolo spaziotemporale e ci si ritrova a vivere e ad agire nel passato. L'idea dava fastidio ad Albert Einstein, che della fisica della relatività è considerato (a ragione) il padre. Tant'è che – meraviglioso esempio di onestà intellettuale – la considerava motivo sufficiente a dimostrare l'incompletezza della sua stessa teoria.

Chi conosce la filosofia della fisica relativistica sa anche perché i viaggi nel passato infastidivano tanto Albert Einstein. Il motivo è che, risalendo all'indietro il corso del tempo, ci si imbatte immediatamente in formidabili paradossi. Gli effetti possono rimuovere le cause che li hanno prodotti. Per esempio: io posso tornare indietro nel tempo, uccidere mio padre prima che si sposi e impedire così la mia stessa nascita.

Non è necessario il parricidio per scombussolare le catene causali che mi hanno fatto nascere. E neppure l'assassinio. Basta impedire in qualsiasi modo a un qualsiasi mio avo di sesso maschile o femminile, non importa, di riprodursi in quello specifico momento con quello specifico altro mio avo e avviare così la costruzione del ramo da cui sono nato e il gioco è fatto: causa ed effetto non solo si separano, entrano in irrimediabile contraddizione. Come posso io, effetto, rimuovere la causa necessaria alla mia stessa esistenza? Se rimuovo la causa (l'atto che mi ha procreato) non ci sarò più io e se non ci sono come faccio a rimuovere la causa?

Non c'è solo il paradosso della coerenza. Ce ne sono anche altri che chiamano in causa la conoscenza, la stessa fisica (potrei tornare indietro al tempo in cui non c'era la materia così come la conosciamo?) e così via.

Questi paradossi e le loro infinite varianti devono essere ben noti a Gianni Rodari. Ecco cosa scrive in *Il pescatore di ponte Garibaldi* (una delle *Novelle fatte a macchina*, 1973) a proposito di Alberto, detto Albertone, sfortunato pescatore romano che si è recato alla Crono-Tours, agenzia di via Bissolati specializzata in viaggi nel passato:

> Il dottore schiaccia un bottone e Alberto si ritrova nel 1895: l'anno di nascita di suo padre. Lui è un trovatello che sta al brefotrofio. Passa degli anni d'inferno finché esce, va a lavorare nell'Atac, dove lavora anche suo padre; diventano amici. Quando suo padre si sposa e gli nasce un figlio, Alberatone lo consiglia per il suo bene:

– Chiamalo Giorgio, di soprannome Giuseppino. Vedrai che avrà fortuna.

Alberto convince suo padre a dargli un altro nome al momento della nascita. Alberto non è più Alberto. Rivive la sua vita per filo e per segno, ma al momento topico della sua vita – quando si aspetta che Giorgio, di soprannome Giuseppino, possa finalmente effettuare la pesca miracolosa nel Tevere – scopre che intanto sono cambiate le regole: per pescare una bella carpa occorre avere un fratello di nome Filippino. Ma Alberto ha solo una sorella, di nome Vittoria Emanuela.

Occorre ritornare nel passato e riscrivere un'altra storia di vita:

> Questa volta Albertone deve tornare indietro di molti secoli, diventare amico del bis-bis-bis-bisnonno del suo bis-bis-bis-bisnonno, andare con lui in pellegrinaggio a San Jacopo di Compostella per avere occasione di dormire nella stessa osteria. Mentre dorme gli fa di nascosto un'iniezione e in seguito a questa iniezione la discendenza cambia un pochino per volta, tanto poco che nessuno se ne accorgerebbe. Però, quando dovrebbe nascere Vittoria Emanuela, al suo posto nasce invece un maschietto, al quale viene messo il nome di Filippo, con l'intesa di chiamarlo Filippino. Tutto ciò prende un po' di tempo, ma quando Albertone fa ritorno ai giorni nostri, egli ha un fratello di nome Filippino, di anni trentasei, cuoco a bordo di un transatlantico e tuttora scapolo.

Piccole cause producono grandi effetti. Ma i paradossi dei viaggi del tempo producono sempre grande sconcerto. Infatti:

> Albertone osserva e tace. È impazzito, ma non lo dice a nessuno, se no lo mettono al manicomio. Lo si può sempre vedere, su un ponte o sull'altro, di giorno o di notte, mentre spia pazzamente le acque del Tevere.

Buco nero

Una mattina d'aprile verso le sei, al Trullo, i passanti che attendevano il primo autobus per il centro, alzando gli occhi a

studiare il tempo, videro il cielo della loro borgata occupato da un enorme oggetto circolare di colore oscuro, che se ne stava al posto delle nuvole, immobile, a un migliaio di metri sopra il livello dei tetti. Ci fu qualche – Oh, – qualche – Ah, – poi si udì un grido:
– Li marziani!
Fu come un segnale e una parola d'ordine. La gente cominciò a gridare e a correre da tutte le parti. Finestre si aprirono, altra gente si affacciò a curiosare, immaginando il solito incidente d'auto, poi guardò in su, e allora ci fu un gran chiamare e sbattere di imposte e rotolare di avvolgibili e ciabattare per scale e cortili.
– Li marziani!
– Er disco volante!
– Andiamo, sarà un'eclisse.
"La cosa", effettivamente, pareva un gran buco nero nel cielo, e aveva intorno una corona limpida e azzurra.
– Quale eclisse? Questa è la fine del mondo.

Quella mattina in cielo al Trullo non c'è un buco nero. Ma i passanti che attendono il primo autobus vedono qualche cosa, lassù, che richiama alla mente un buco nero. E, con esso, la fine del mondo.

Gianni Rodari scrive *La torta in cielo* a puntate sul *Corriere dei Piccoli* nel 1964. La prima puntata è proprio *Quella mattina al Trullo*. I fisici iniziano a usare il termine "buco nero" solo più tardi, nel 1967 grazie a un'intuizione di John Craig Wheeler, che in una conferenza battezza "black hole" (buco nero, appunto) un oggetto relativistico con una forza di gravità così grande – il cui campo gravitazionale è capace di deformare in maniera così potente lo spaziotempo – che neppure la luce può sfuggirgli. Tutto ciò che cade in un "buco nero" è perduto per sempre al nostro universo. Il buco nero è un "cosmic eraser", una gomma da cancellare cosmica. Per chi entra in un buco nero è letteralmente e definitivamente la "fine del mondo".

È chiaro che Gianni Rodari, descrivendo "la cosa" oscura che vedono nel cielo del Trullo i mattinieri passanti in quella mattina d'aprile, non si riferisce alla medesima "cosa" cui pensa Wheeler. Tuttavia sappiamo che Rodari conosce il concetto di spaziotempo e di buchi nelle spaziotempo. Per cui il riferimento non è del tutto casuale.

E allora? Cosa ci dice tutto questo?

Nulla. Ci offre lo spunto solo per tre riflessioni sulla osmosi delle parole e delle metafore tra letteratura e scienza. La prima riflessione è che John Wheeler riesce a impadronirsi di un'immagine di senso comune in ogni lingua e latitudine – un buco nero – e di una metafora anch'essa piuttosto comune – la fine del mondo come buco nero ove precipita ogni cosa – e le trasforma in un profondo concetto di fisica.

Una forzatura? Niente affatto. La riprova ce la fornisce lo stesso John Wheeler quando scrive, in un libro – *Cosmic Catastrophes* (Cambridge University Press, 2000):

> I buchi neri sono diventati un'icona culturale. Sebbene poche persone capiscano la fisica e la matematica insite nei buchi neri previsti dalle equazioni di Einstein, praticamente tutti comprendono il simbolismo dei buchi neri come bocche spalancate che inghiottono qualsiasi cosa intorno a loro e non lasciano nulla fuori. [Wheeler, 2000]

I fisici, prima di Wheeler, chiamavano "stella nera" o "stella scura" quell'oggetto relativistico dotato di una forza gravitazionale così grande da inghiottire qualsiasi cosa intorno a lui e non lasciare nulla fuori, neppure la luce. Ma, come scrive Leonard Susskind, quei nomi non coglievano la caratteristica essenziale dell'oggetto: quella di essere un profondo buco nello spazio dotato di un'attrazione gravitazionale irresistibile [Susskind, 2009]. E irreversibile. Quando qualcosa è inghiottita da un buco nero lo è per sempre. La separazione dal mondo esterno al buco nero è totale e, appunto, senza ritorno: irreversibile. Per chi entra in un buco nero è letteralmente la fine del (nostro) mondo.

L'intuizione linguistica di Wheeler è davvero geniale, dunque. La sua metafora davvero pregnante: perché offre sia al fisico sia al grande pubblico dei non esperti la descrizione essenziale di un oggetto lontano dall'esperienza comune. E come tutte le intuizioni geniali, non sempre è immediatamente compresa da tutti. Il nome, infatti, viene inizialmente bocciato dalla *Physical Review*, la rivista più prestigiosa utilizzata dalla comunità dei fisici, con una motivazione piuttosto bizzarra: quel nome, buco nero, suonava osceno. Ma Wheeler seppe difendere con determinazione la sua scelta e, infine, il nuovo termine passo. Oggi è di uso comune.

Anche Gianni Rodari si troverà spesso a dover difendere le sue intuizioni, il suo linguaggio, le sue metafore dai vari bacchettoni di turno. Ma alla fine quelle intuizioni, quel linguaggio, quelle metafore si sono affermate.

Ciò ci consente di proporre la seconda considerazione in merito alla metafora del buco nero come fine del mondo usata da Gianni Rodari prima di Wheeler. È chiaro che lo scrittore italiano non la utilizza con il significato esatto e rigoroso del fisico americano. Tuttavia la sua scelta non è casuale. Definendo un (apparente) buco nero la torta nel cielo del Trullo ed evocando la fine del mondo, Rodari è riuscito in qualche modo a catturare e a esprimere "lo spirito dei tempi". Chi si occupava di spazio cosmico nella seconda metà del XX secolo sapeva ormai quali e quanti eventi catastrofici possono accadervi. Gli mancavano solo le parole giuste per esprimerle. Gianni Rodari ne intuisce alcune e le utilizza in maniera non definita. Qualche anno dopo John Wheeler – in modo, crediamo, del tutto indipendente – utilizza quelle medesime parole per indicare qualcosa di molto più preciso e di altrettanto catastrofico. È un piccolo, piccolissimo esempio di quell'osmosi carsica di metafore e di concetti tra arte e scienza di cui ha parlato Eugenio Montale: un flusso impossibile da ricostruire nei sui nessi causali, eppure reale.

Astronomia

La signora De Magistris è una maestra in pensione andata via con i gatti di piazza Argentina, a Roma. È una gatta-persona. Che non rinuncia a fare la maestra. E a tenere lezioni. Di astronomia.

> Una sera essa spiegava le stelle al signor Morioni, già netturbino ed ora gatto nero con stella bianca sul petto. Altri gatti-persone e non pochi gatti-gatti seguivano le sue spiegazioni, guardando per aria quando lei diceva:
> – Ecco, là, quella è la stella Arturo.
> – Ho conosciuto uno che si chiamava Arturo, – diceva il signor Morioni – si faceva sempre prestare i soldi per giocare al lotto, ma non ha mai vinto.
> – Vedete quelle stelle là, là e là. Quella è l'Orsa Maggiore.

– Un'orsa in cielo? – domandò, scettico, il gatto Pirata, un gatto-gatto soprannominato così perché, come molti pirati della storia, era cieco da un occhio.

– Anzi – rispose la signora De Magistris – ce ne sono due: Orsa Maggiore e Orsa Minore. Anche di cani ce ne sono due: Cane Maggiore e Cane Minore.

– Cani – sputò Pirata, con disprezzo. – Bella roba.

– Ci sono molte altre stelle con nomi di animali? – domandò il signor Morioni.

– Moltissime. Ci sono il Serpente, la Gru, la Colomba, il Tucano, l'Ariete, la Renna, il camaleonte, lo Scorpione...

– Bella roba – ripeté il Pirata.

– Ci sono la Capretta, il Leone, la Giraffa.

– Ma allora è proprio un giardino zoologico.

Questo brano è tratto da *La stella Gatto*, una novella che troviamo riportata in *La macchina per fare i compiti e altre storie* (pubblicata nel 2003 da Editori Riuniti a cura di Roberto Piumini). Ma il cielo, con i suoi astri erranti, è presente in tutta l'opera di Gianni Rodari. Perché l'astronomia soddisfa una curiosità infantile – nel senso di primordiale e dunque fondamentale e, dunque, sempre attuale – dell'uomo. Lo scrittore lo sa bene. Come spiega nel *Libro dei perché*. Un libro apparso postumo, nel 1984, per la cura di Marcello Argilli, che raccoglie le risposte ai tanti perché che sono stati rivolti a Gianni Rodari dai giovani lettori dell'*Unità* e pubblicate nell'omonima rubrica tra il 18 agosto 1955 e il 25 ottobre 1956. Dopo una breve sosta, la rubrica riprese con il nome *La posta dei perché* a partire dal 25 maggio 1957, per chiudersi definitivamente il 5 giugno 1958.

I primi a chiamare per nome le stelle furono gli antichi: osservando le costellazioni ne scoprirono i disegni, videro l'Orsa e la Bilancia, i Gemelli e l'Ariete, ai pianeti diedero i nomi delle loro divinità: Giove, Mercurio, Marte, Nettuno. Con i nomi distinguiamo gli astri l'uno dall'altro, per osservarli e studiarli ad uno ad uno. Milioni di stelle, del resto, non hanno nome o hanno solo un nome di famiglia, il nome della nebulosa in cui navigano, granelli splendenti di polvere infuocata.

A Gianni Rodari il cielo piace. Ma gli piacerebbe ancora di più, come spiega in un'altra delle storie raccolte in *La macchina per fare i compiti e altre storie*, intitolata appunto *Il cielo, se...*

> Il cielo mi piace tanto, con la luna, le stelle e tutto il resto. Però mi piacerebbe di più se potessi cambiarlo ogni tanto a modo mio.

Gianni Rodari vuole capire com'è fatto l'universo mondo. Ma lo vuole capire non (solo) per ammirarlo. Lo vuole capire (anche) per cambiarlo. Perché non gli piace del tutto così com'è fatto.

Galassie

> Un giovane romano, impiegato di concetto,
> trasferito a Chieti per ragioni di ufficio,
> si porta nella valigia un sacchetto di terra
> raccolta sul Campidoglio un sabato notte
> dopo aver salutato gli amici e i superiori.
> Il sacchetto, legato con un cordoncino d'oro,
> sta sul comodino della camera d'affitto.
> Talismano che assicura il ritorno
> O acconto sulla tomba di famiglia?
> Ah, quel giovane, perché non vi procurate piuttosto
> Sacchetti di terre avventurose,
> Traiti, Le Azzorre, la taigà, le pendici del Kilimangiaro,
> terre di altri pianeti, di altri sistemi solari,
> scavate dal cuore della nebulosa di Andromeda?

La Grande Nebulosa di Andromeda – oggi chiamata Galassia di Andromeda – è una galassia spirale piuttosto grande (molto probabilmente più della nostra galassia, La Via Lattea) e alquanto speciale. Perché è visibile a occhio nudo nel cielo: all'astronomo arabo 'Abd al-Rahmān al-Sūfi che l'ha descritta per primo nell'anno 964, apparve appunto come un oggetto nebuloso. Perché nel 1755 il filosofo Immanuel Kant la indicò come la prova più evidente dell'esistenza di "universi isola", ovvero di "sistemi di stelle" distinti dalla nostra galassia. Perché all'inizio del XX secolo è stata al centro di un acceso dibattito tra astronomi sulla natura delle nebulose e sull'esistenza delle galassie. Nel 1953 la distanza della Grande Nebulosa – ormai Galassia – di Andromada da noi fu stimata in 2,9 milioni di anni luce. Oggi sappiamo non solo che essa appartiene al Gruppo Locale, un ammasso di galassie di cui anche noi facciamo parte. Ma che la nebulosa di Andromeda si avvicina alla Via Lattea alla velocità di 300 km al secondo, cosicché è molto probabile che ci scontreremo con essa e nel giro di 2,5 miliardi di anni formeremo un'unica grande galassia ellittica.

La nebulosa di Andromeda evoca dunque l'idea di spazi profondi, distanti e distinti dal nostro spazio, eppure in qualche modo attingibile. Nessuna meraviglia se vi fa riferimento anche Gianni Rodari.

La vocazione del giornalista/scrittore di Omegna, infatti, è quella di aprire gli spazi. Quelli geografici, per andare oltre ogni forma chiusa, provinciale. E soprattutto quelli mentali, per aprirsi al mondo e per aprirsi agli altri.

Questa sua dimensione universalistica Rodari la propone sempre. Non solo quando scrive esplicitamente per i bambini, menti naturalmente aperte. Ma quando scrive esplicitamente per gli adulti, menti – ahi noi – toppo spesso pronte a chiudersi come la corolla di una pianta carnivora anche (soprattutto) quando è sfiorata dalle ali di una farfalla.

E cosa c'è di più aperto degli spazi cosmici, dove scarrozzare liberi con la fantasia, per lasciarsi dietro gli spazi chiusi del proprio provincialismo geografico e mentale? Cosa c'è di meglio che avventurarsi tra i pianeti e gli infiniti mondi oltre il nostro giardino di casa (il sistema solare) fin nel luogo più remoto, nel cuore della nebulosa di Andromeda?

Il brano è tratto da *La terra natia,* una delle poesie che Gianni Rodari ha pubblicato nel 1968 sul numero 2 della rivista *Caffé* con il titolo *Materia Prima.*

Naturalmente non mancano, nelle opere "cosmiche" di Rodari, anche i riferimenti alla nostra galassia, alla Via Lattea. Ecco, per esempio, come ce la ritroviamo in *C'era due volte il barone Lamberto* (1978). Alcuni banditi hanno preso in ostaggio il barone Lamberto che vive su un'isola: l'isola di san Giulio, in mezzo al lago d'Orta. Ma non proprio a metà.

– Ecco come stanno le cose. L'isola è occupata militarmente. La villa è isolata dal resto del mondo e della Via Lattea.

Ancora una volta il messaggio è chiaro. Il nostro mondo, quello su cui possiamo agire e da cui possiamo rischiare di essere isolati, si estende fuori dai confini della Terra. Si estende, almeno, alla Via Lattea.

Stelle

Se un giorno alle stelle
si daranno nomi nuovi,
io ne prenoto una,
una vispa stellina
a destra della luna,
per darle il nome della mia bambina.
Astronomi e scienziati,
poeti e scolari,
saranno obbligati
a dire: com'è bella
Paola la stella!

Basterebbe questa poesia, *La stella Paola* (tratto da *Il libro dei perché*, 1984 ma pubblicata su *L'Unità* già sul finire degli anni '50), per capire quanto Gianni Rodari ami le stelle. Paola è Paola Rodari, la figlia di Gianni. In genere i papà e le mamme danno alle loro bambine il nome Stella. Nella speranza che brillino nel cielo della loro vita. Qualcuno, come i genitori di una mia cara amica d'infanzia, danno alle loro bambine addirittura il nome Chiara Stella. Gianni Rodari come al solito capovolge l'uso e il senso comuni e regala a una stella il nome della sua bambina. Perché tutti – a iniziare, toh, da astronomi e scienziati – siano obbligati a dire, alzando gli occhi al cielo: "com'è bella Paola, la stella".

Gianni Rodari gioca con il cielo e le sue lucentissime stelle proprio come gioca con le parole. Ma il suo rapporto con lo spazio cosmico, ormai è chiaro, non è superficiale. Lo scrittore è aggiornatissimo su quanto gli astronomi e gli scienziati vanno scoprendo in cielo e su come mappano il cielo. Ne è affascinato. E ogni tanto semina, qui e là, alcune notazioni. Che sembrano innocenti. Ma quelle notazioni sono come le bianche pietruzze che Hansel lascia nel bosco per segnare la strada. Come fa in questa filastrocca, *Dal dottore*, scritta per un bambino che non sta bene e, con sua madre, si reca dal medico (da *Filastrocche in cielo e in Terra*, 1960).

> È tanto magrino
> signora il bambino.
> A respirare stenta:
> quando gli si fa sentire trentatre
> è già tanto se dice trenta.
> Un cambiamento d'aria
> secondo me si addice:
> lo mandi a quel campeggio
> sulla Chioma di Berenice.

Il campeggio che il dottore propone alla madre del bambino è lassù negli spazi cosmici. Lo spazio dei bambini di domani. Di tutti i bambini, anche di quelli anemici e con il mal di pancia. Quanto alla Chioma di Berenice, si tratta di un'intera costellazione. Certo, non una delle costellazioni più note ai non esperti. È una delle "costellazioni moderne", individuata – pare – nel XVI secolo da Tycho Brahe: forse il più grande astronomo "a occhio nudo" di tutti i tempi. Capace, appunto, con la sua sola vista, senza strumento alcuno – il cannocchiale verrà usato da Galileo per osservazioni astronomiche solo a partire dal 1609 – di scrutare il cielo e di "leggerlo" con una definizione di dettaglio insuperata.

Non c'è nesso alcuno tra una visita medica e una costellazione. Rodari, impertinente, sembra buttare lì, a caso, la sua ennesima pietruzza cosmica. Ma, chi sa riconoscerle, quelle sue brillanti pietruzze, sa anche di ricostruire il percorso logico che vogliono indicare.

Ma torniamo delle stelle. Rodari ha una voglia pazza di dare un nome a ciascuna di loro, come si fa con le cose più care.

> I nomi delle stelle sono belli:
> Sirio, Andromeda, l'Orsa, i due Gemelli.
>
> Chi mai potrebbe dirli tutti in fila?
> Son più di cento volte centomila.

E in fondo al cielo, non so dove e come,
c'è un milione di stelle senza nome:

stelle comuni, nessuno le cura,
ma per loro la notte è meno scura.

Gianni Rodari, straordinario giocherellone di parole, nell'ultimo verso di quest'altra filastrocca ci propone il doppio senso di queste *Stelle senza nome* (un'altra delle *Filastrocche in cielo e in Terra*). Anche se nessuno le cura, la notte di una stella anonima è comunque meno scura per noi qui sulla Terra. Ogni stella, anche la più comune, anche senza nome, brilla di luce propria e rischiara la propria notte. Per una stella la notte è meno scura. Per una stella, semplicemente, non è mai notte.

Ma le stelle, anche le più comuni e senza nome, brillando lassù nel cielo che tutti ci sovrasta rendono meno scura anche la nostra notte. Che, grazie a loro, è meno scura.

Tante sono le stelle senza nome. Molti vorrebbero che una stella avesse il proprio nome. Anche un gatto balbuziente...

Zozzetto, dunque, domandò:
– E c'è... cec'è... c'è pu-pure il Ga-gatto?
– Mi dispiace – sorrise la signorina De Magistris – il Gatto non c'è.
– Fra tutte quelle stelle che si vedono, – fece il Pirata – non ce n'è una sola che porti il nostro nome?
– Nemmeno una.
Ci furono dei mormorii di disapprovazione e di protesta.
– Buona, questa...
– Scorpioni, millepiedi, scarafaggi, sì: gatti, niente...
– Contiamo meno delle capre?
– Siamo i figli della serva, noi?
Ma l'ultima parola, per quella sera, toccò al Pirata: – Non c'è che dire, gli uomini ci vogliono proprio bene. Quando ci sono da pigliare i topi, micio di qui, micio di là, ma le stelle le danno ai cani e ai porci. Mi caschi l'occhio buono se da oggi in avanti tocco più un topo.

La favola, l'avrete riconosciuta, è *La stella Gatto* (pubblicata postuma nel 2003 in *La macchina per fare i compiti e altre storie*, a cura di

Roberto Piumini). E in quella, come in tutte le favole, Rodari non lancia mai un messaggio di rassegnazione. O di sterile protesta.
La protesta va organizzata:

Alle nove arrivò il primo gruppo di turisti. Volevano entrare al Colosseo per visitarlo, ma l'ingresso era ostruito, tutti gli ingressi erano occupati dai gatti, non si poteva passare.
– Fia, fia, bestiacce! Noi folere fetere Coliseo.
– Prutti catti, pussa fia!
Qualche romano ci si offese: – Brutti gatti? Sarete belli voi! Ma senti 'sti pellegrini!
Volarono parole grosse, stava per scoppiare una rissa tra romani e turisti, quando una signora turista gridò:
– Pravi! Pravi micini! Fifa i catti!
Il fatto è che un momento prima la signorina De Magistris aveva dato il segnale, e i gatti avevano spiegato e ora facevano sventolare una grande bandiera bianca su cui avevano scritto: "Vogliamo giustizia! Vogliamo la stella Gatto!"

Be', succede anche questo – deva succedere anche questo – nell'era democratica dello spazio cosmico. Con quale esito?

– E che – gridò un vetturino borbottone – nun ve abbastanno li sorci, mò ve volete mangnà pure le stelle!
La signora turista, che era una professoressa di astronomia e aveva capito di che si trattava, spiegò la questione al vetturino. Il quale borbottò, convinto: – Be', cianno raggione puro loro, povere bbestie.
Insomma, fu una magnifica occupazione e durò fino a mezzanotte. Poi le varie tribù dei gatti si dispersero, a passi felpati, per la capitale addormentata.
La signorina De Magistris, il Signor Moriconi, il Pirata, Zozzetto e tutti gli altri gatti-gatti e gatti-persone dell'Argentina sfilarono silenziosamente per via dei Fori, piazza Venezia, via delle Botteghe Oscure.
Zozzetto, per la verità, aveva qualche dubbio: – Ma o... ora la ste... stella ce ce la da-danno o no?
Disse il Pirata: – Calma, Zozzetto, Roma non è mica stata fatta in un giorno. Adesso sanno che cosa vogliamo, sanno che

siamo capaci di occupare il Colosseo. La cosa deve fare la sua strada, poco alla volta. Se ci danno la stella gatto subito, bene. Altrimenti avvertiamo i gatti di Milano, e loro occuperanno il Duomo; prenderemo contatto con i gatti di Parigi, e loro occuperanno la Torre Eiffel. Eccetera, mi sono spiegato?
Zozzetto, invece di rispondere, fece una capriola: a fare le capriole non balbettava mica.
Il signor Moriconi, però, aggiunse: – Bene. Ma poi che non facciano scherzi. La stella Gatto ce la debbono dare che sia proprio sopra piazza Argentina, altrimenti non vale.
– Sarà così – disse il Pirata. E come sempre l'ultima parola fu la sua.

Pianeta

Il pianeta, al contrario, è l'oggetto cosmico di gran lunga preferito da Gianni Rodari. Lo ritroviamo nel titolo di una delle sue opere più belle, *Il pianeta degli alberi di Natale*. Lo ritroviamo in quasi tutte le sue opere, soprattutto in quelle scritte dopo la metà degli anni '50. Il motivo? Ce ne sono diversi. Uno è chiaramente espresso in *Il pianeta Giuseppe*, una delle *Filastrocche in cielo e in Terra*, 1960:

> Giuseppe Della Seta,
> anni quarantatre,
> professione pianeta.
> La cosa vi meraviglia?
> Vi pare comica?
> Un signore che ha famiglia
> dovrebbe avere un'occupazione
> meno astronomica?
> Abbiate un po' di comprensione.
> Il pianeta Giuseppe
> non fa niente di male:
> senza tante parole
> compie il giro del sole
> in giorni trecento,
> sessantacinque meno della Terra,
> con tutto che manca

d'allenamento.
Notiamo che si tratta
di un pianeta in pigiama.
Dormiva quando fu promosso
al rango interplanetario
e giusto aveva indosso
un pigiama rosso.
Molti sognano di volare
ma non si staccano dal cuscino:
di Giuseppe è rimasto appena
l'orologio sul comodino.

I pianeti, dunque, fanno sognare.
Anche se – proprio perché ormai – hanno un nome familiare.
E quello in cui viviamo è il tempo dei sogni interplanetari perché i pianeti sono diventati oggetti familiari. Giuseppe Della Seta è, infatti, solo uno dei pianeti che si affacciano nelle *Filastrocche in cielo e in Terra*, scritte da Rodari nel 1960. Mentre i terrestri hanno iniziato un'avventura tesa a ridurre lo spazio siderale a giardino della loro casa. Sono gli anni in cui stanno diventando familiari anche quegli oggetti cosmici dove l'uomo è destinato a sbarcare prossimamente: i pianeti, appunto.

Anche nelle *Favole al telefono*, pubblicate nel 1962 compaiono un bel po' di pianeti. C'è, per esempio, Mun, il pianeta dalle mille invenzioni, compresa la macchina per dire le bugie. Tutte le bugie del mondo. Quelle già dette, quelle che si stanno pensando e quelle che potranno inventare in futuro. La macchina funziona a gettoni. Ogni gettone, quattordicimila bugie. Ma infine la macchine esaurisce il suo repertorio. E le gente di Mun è costretta a dire la verità. Ecco perché Mun è *Il pianeta della verità*.

C'è il pianeta Beh, dove sono i vigili che si vedono affibbiare una multa se tentano di portare via la palla ai bambini che giocano per strada (*Il marciapiede mobile*).

E c'è il pianeta Bih, oggetto cosmico davvero speciale, perché non ci sono i libri e "la scienza si vende e si consuma in bottiglie". La zoologia è dolce, anzi dolcissima. L'aritmetica si mangia, ma a piccole dosi: a cucchiaini. Ci sono caramelle istruttive: hanno il gusto della fragola, dell'ananas, del ratafià; contengono facili poesie, i nomi dei giorni della settimana e la numerazione fino a dieci. Tutto è diverso, su Bih. Tranne una cosa, malgrado tutto questo ben di Dio i bambini continuano a fare i capricci (*La caramella istruttiva*).

C'è il pianeta X213, che non solo è abitabile: è anche commestibile! Lì su quel pianeta, si fa una prima colazione davvero speciale: "suona la sveglia, tu ti svegli, acchiappi la sveglia e la mangi in due bocconi" (*Cucina spaziale*).

E c'è, infine, il pianeta Marte Ottavo, dove è nato il pulcino cosmico. Quello che scarrozzando nello spaziotempo col suo uovo spaziale ricorda alla generazione dei bambini destinati a viaggiare tra le stelle che siamo tutti cittadini dell'universo (*Il pulcino cosmico*).

Nelle *Novelle fatte a macchina* del 1973 si menziona il pianeta Karpa – l'antico e famoso pianeta Karpa – che dista dalla Terra trentasette anni luce e ventisette centimetri.

In *Taxi per le stelle*, una delle storie raccolte in *Il tamburino magico* (pubblicato postumo nel 1989 a cura di Editori Riuniti), un signore prende un taxi – il taxi del signor Peppino Compagnoni – dalla Terra per il settimo pianeta della Stella Aldèbaran.

Dopo queste (e le altre prove che seguiranno) pensiamo che il lettore non avrà più difficoltà alcuna a credere che il pianeta è di gran lunga (insieme alla Luna) l'oggetto cosmico preferito di Gianni Rodari. Torniamo dunque alla domanda iniziale. Perché? Di risposte ne abbiamo fornite già alcune. Ma la più illuminante, ancora una volta, è la sua, quella di Gianni Rodari in persona. Fornita nell'introduzione a *Il Pianeta degli alberi di Natale* (1962):

> Ho rivelato per la prima volta l'esistenza del *Pianeta degli alberi di Natale* nel mio libro *Filastrocche in cielo e in Terra*. In un altro libro, *Favole al telefono*, ho poi descritto le più curiose caratteristiche di quel mondo bizzarro, pur senza nominarlo, dando notizia di strabilianti invenzioni come: la caramella istruttiva, lo staccapacci, il tristecca ai ferri.
> Sono lieto ora di fornire la prova definitiva che il *Pianeta degli alberi di Natale* esiste.
> Nella prima parte di questo libro potrete leggere la storia della sua esplorazione (ricavata dal giornale di Roma *Paese Sera* del 26 dicembre 1959). Nella seconda parte troverete altri documenti interessantissimi: il calendario di quel pianeta, con oroscopi e proverbi; le "poesie per sbaglio" che lassù vanno

molto di moda, e che comprendono anche alcuni simpatici giochi. Spero così di metter finalmente a tacere certi critici dubbiosi.

Il libro, dalla prima pagina all'ultima (ma anche dall'ultima alla prima) è dedicato ai bambini di oggi, astronauti di domani.

A ben vedere tutta l'opera di Gianni Rodari, almeno a partire dagli anni '50, è dedicata "ai bambini di oggi, astronauti di domani". E il "pianeta" – il pianeta abitabile – è l'oggetto cosmico principale candidato a ospitare i protagonisti di questa nuova era cosmonautica.

Sia in termini attuali. I pianeti sono i luoghi fisici dove andranno "i bambini di oggi, astronauti di domani". Presto quei bambini, come ci spiega in *Arrivederci sulla Luna*, l'ultima poesia del libro *Il pianeta degli alberi di Natale*:

Andranno sui pianeti
e faranno "cucù"
a noi poveri terrestri
rimasti quaggiù.

Sia in termini virtuali. I pianeti (abitabili) di Gianni Rodari sono (anche e sottolineo anche) gli altri, infiniti mondi specchio della Terra perché, come avrebbe detto Giordano Bruno, fatti della medesima specie della Terra. Mondi dove è possibile costruire una società umana migliore.

Il pianeta è il nuovo mondo dove realizzare un nuovo modo di vivere insieme.

Un modo/mondo fatto di giustizia e di uguaglianza. Ma un modo/mondo modellato anche dallo sviluppo della scienza e della tecnologia.

Cosa c'è sul pianeta degli alberi di Natale? Una società anarchica, gestita da un "Governo-che-non-c'è", perché va avanti da sola, grazie alla mancanza di tensioni sociali e alla presenza di macchine e robot intelligenti che fanno tutti i lavori pesanti.

I pianeti sono il luogo dove vivranno gli uomini di domani, cittadini dell'universo. Rodari ne è tanto convinto che tutte le sue opere, per molti anni, fanno riferimento a quell'oggetto cosmico: *Filastrocche in cielo e in Terra* (1960), *Favole al telefono*

(1962), *Il pianeta degli alberi di Natale* (1962), *I viaggi di Giovannino Perdigiorno* (1973).

E già. I pianeti sono i luoghi preferiti dove Giovannino Perdigiorno compie i suoi viaggi. Ne esplora tanti, Giovannino. Salta dall'uno all'altro. Trovandoli luoghi amichevoli. Luoghi piacevoli. Persino troppo. Come lascia intendere in *Il pianeta di cioccolato*, uno degli episodi di *I viaggi di Giovannino Perdigiorno* (1973):

> Giovannino Perdigiorno
> viaggiando in accelerato,
> capitò senza sospetto
> sul pianeta di cioccolato
>
> ...
>
> Giovannino, dopo un mese
> di fondente sopraffino,
> pensò: "Se resto ancora
> divento un cioccolatino...
>
> Magari divento un uovo
> con dentro la sorpresa...
> Signori me ne vado,
> vi saluto, senza offesa".

Scopo dei viaggi tra i pianeti di Giovannino (di Giovannino Rodari) non è l'esplorazione scientifica dell'universo fuori dalla Terra. Come l'Astolfo di Ariosto, Giovannino Perdigiorno (Giovannino Rodari) cerca sui quei luoghi lontani il senno perduto sulla Terra. Tuttavia la scelta dell'oggetto cosmico pianeta per indicare un mondo altro e insieme identico alla Terra è indicativa del fatto che viviamo in un'epoca in cui, grazie ai voli spaziali, i pianeti restano sì mondi "altri", ma sono divenuti mondi raggiungibili. Una propaggine della Terra. Un'estensione dello spazio virtuale e persino reale dove l'uomo può muoversi e agire.

Ma torniamo a Giovannino Perdigiorno. In tutta questa serie di viaggi tra i pianeti il ragazzo si imbatte in mondi bizzarri come e più del *pianeta cioccolato*, ma mai del tutto sconosciuti. *Il pianeta bugiardo* non somiglia forse un po' (più di un po') alla Terra?

> Giovannino Perdigiorno
> viaggiando un po' in ritardo,
> capitò per sua disgrazia
> sul pianeta bugiardo.
>
> Su quel mondo lontano
> per ordine di Sua Maestà
> è vietato severamente
> dire la verità.

I pianeti, dunque, come luoghi familiari. E come con tutti gli oggetti davvero familiari, con i pianeti si può avere un rapporto ironico, scherzoso. Li si può prendere in giro, come fa Rodari con *Il pianeta Bruscolo*, un'altra delle *Filastrocche in cielo e in Terra*:

> Si fa presto a parlare
> del pianeta Bruscolo:
> nell'intera via Lattea
> non c'è altro più minuscolo;

Ci si può scherzare con i pianeti, perché sono fatti della stessa pasta della Terra. Sono lo specchio della Terra. Ma lo scherzo non è disimpegno dalla realtà. Al contrario è un modo per tenere uno sguardo alla realtà di ogni giorno. Come accade a chi si reca sul *pianeta Bruscolo*, dove anche il tempo è minuscolo.

> lunedì è la Befana,
> mercoledì Quaresima,
> sabato san Silvestro
> e si prende la tredicesima

Il tempo corre così veloce, sul minuscolo pianeta Bruscolo, che la fine dell'anno arriva dopo una settimana. E con esso la tredicesima. Quella che aspettano gli operai. Su minuscolo *pianeta Bruscolo* proprio come sulla Terra.

Il tema del pianeta come nuova dimensione abitabile diversa dalla Terra, ma anche come specchio cosmico più fedele della Terra, ritorna in quest'altra filastrocca, *Distrazione interplanetaria* (tratta da *Filastrocche in cielo e in Terra*). Straordinaria:

Chissà se a quest'ora su Marte,
su Mercurio o Nettuno,
qualcuno
in un banco di scuola
sta cercando la parola
che gli manca
per cominciare il tema
sulla pagina bianca.
E certo nel cielo di Orione,
dei Gemelli, del Leone,
un altro dimentica
nel calamaio
i segni d'interpunzione...
come faccio io.
Quasi io sento
lo scricchiolio
di un pennino
in fondo al firmamento:
in un minuscolo puntino
nella Via Lattea
un minuscolo scolaretto
sul suo libro di storia
disegna un pupazzetto.
Lo sa che non sta bene,
e anch'io lo so:
ma rideremo insieme
quando lo incontrerò.

Su tutti e ciascun pianeta – sia esso Marte, Mercurio o Nettuno – ci si imbatte nella medesima condizione umana che sulla Terra. La distrazione è una dimensione interplanetaria. L'umanità è in una dimensione e ha una vocazione interplanetaria. Con tutti i suoi pregi e con ciascuno dei suoi limiti.

E tuttavia la ricerca di un mondo migliore, magari fuori dalla Terra, è un bisogno che non si esaurisce. In tutta la serie di filastrocche di cui è protagonista, Giovannino Perdigiorno cerca là fuori, sui pianeti, il mondo perfetto. Non lo trova mai. Perché quel mondo perfetto non esiste. Neppure nello spazio.

Però, per quanto infruttuosa, la ricerca continua.

Giovannino Perdigiorno
con tempo piovoso,
sbarcò da un'astronave
sul pianeta nuvoloso.

...

Giovannino non resiste
a tanta nuvolosità
e fugge in cerca di sole
tre Galassie più in là.

Giovannino era sbarcato fiducioso, manco a dirlo, sul *pianeta nuvoloso*. La sua ricerca di un posto al sole non ha successo. Ma, per quanto infruttuosa, continua. Deve continuare. Animata dalla speranza. Come è chiaramente indicato nel *Pianeta degli alberi di Natale*:

Dove sono i bambini che non hanno
l'albero di Natale
con la neve d'argento, i lumini
e i frutti di cioccolata?
Presto, presto, adunata, si va
nel Pianeta degli alberi di Natale,
io so dove sta.

Che strano, beato Pianeta...
qui è Natale ogni giorno.
ma guardatevi attorno:
gli alberi della foresta,
illuminati a festa,
sono carichi di doni.
Crescono sulle siepi i panettoni,
i platani del viale
sono platani di Natale.
Perfino l'ortica,
non punge mica,
ma tiene su ogni foglia
un campanello d'argento
che si dondola al vento.

In piazza c'è il mercato dei balocchi.
Un mercato coi fiocchi,
ad ogni banco lasceresti gli occhi.
E non si paga niente, tutto gratis.
Osservi, scegli, prendi e te ne vai.
Anzi, anzi, il padrone
ti fa l'inchino e dice:"Grazie assai,
torni ancora domani, per favore:
per me sarà un onore..."

Che belle le vetrine senza vetri!
Senza vetri, s'intende,
così ciascuno prende
quello che più gli piace e non si passa
mica alla cassa, perché
la cassa non c'è.

Un bel Pianeta davvero
Anche se qualcuno insiste
a dire che non esiste...
Ebbene, se non esiste esisterà:
che differenza fa?

Anche – soprattutto – nello spazio siderale, tra i pianeti, dove anche i problemi hanno una dimensione cosmica, il pessimismo della ragione deve lasciare il posto all'ottimismo della volontà. Ce lo ricorda Giovannino (Rodari) Perdigiorno quando sbarca sul *pianeta malinconico*:

Giovannino Perdigiorno
viaggiando in supersonico,
capitò nella capitale
del pianeta malinconico.

...

"Cielo, che pessimisti,
– Giovannino rifletté –
questo mondo senza speranza
proprio non fa per me".

Via, via scappare. Via, via: mettersi di nuovo alla ricerca.

Lo spazio è dunque la nuova dimensione dei bambini. Ma dei bambini che diventeranno adulti. Che devono diventare adulti. Gianni Rodari non ha dubbi (tratto da *Il pianeta fanciullo*):

Giovannino Perdigiorno
viaggiando per trastullo,
capitò con sorpresa
sul pianeta fanciullo.

...

Ma guardali un po' meglio
e il mistero scoprirai:
sono tutti bambini
che non crescono mai.

Di diventare grandi
non ne vogliono sapere:
così sono felici,
così vogliono rimanere...

...

E Giovannino disse:
"Arrivederci, fifoni!"

Gianni Rodari guarda ai pianeti specchio (migliore) della Terra – specchio di una Terra migliore – prima ancora che inizi l'epopea dello spazio. In una storia che scrive nel 1949 per *l'Unità* di Milano, *Le memorie della luna* (ripubblicato in *La macchina per fare i compiti e altre storie*).

"Qualche volta – scrive la Luna – la pianto e vado a girare attorno al pianeta Marte, che è sapiente ed educato, e ha la pancia tutta rigata di canali dritti".

Ma trent'anni dopo, quando scriverà *Il gioco dei quattro cantoni* (1980) rileverà che... Be', giudicate voi:

Oggi quel lontano pianeta si chiama Sirenide: tra poco sarà chiaro il perché. Nei primi tempi dopo lo sbarco dei terrestri nel suo sterminato oceano di acque color lilla, esso si chiamava semplicemente "*Acca due o*". Buffo nome per un pianeta. Ma non troppo. "Acca due o" è il simbolo chimico dell'acqua: un nome perfettamente adatto ad un corpo interamente avvolto dalle acque. Non un continente, non un'isola, non un solo scoglio su tutta la sua faccia tonda. Un capriccio del cosmo.

Be', il pianeta è abitato da sirene e per questo – quando verrà visitato dai terrestri – cambierà nome in Sirenide. E poi succederà che Leo, un terrestre, imparerà grazie alla scienza a respirare sott'acqua e che una sirenide, Noa, impererà grazie alla scienza a respirare fuor d'acqua.

E Noa disse:

– Io sono diventata come te, tu sei diventata come me...
E tutti e due erano diventati qualcosa che prima non esisteva. Cose che sono sempre capitate e sempre capiteranno.

Lo spazio è la dimensione del futuro. Ma, a ben vedere, non è qualitativamente diverso dalla Terra. Vi capitano cose che sono sempre capitate qui. Lo spazio è, semplicemente, lo specchio della Terra. Come dimostra quel sommergibile che galleggia sul Po in *La parola Torino* (in *Il gioco dei quattro cantoni*, 1980).

Il sommergibile

[...] proviene da un lontano pianeta, che è il "doppio" della Terra, uguale alla Terra, ma come una Terra vista in uno specchio... Su quel pianeta c'è la città di ONIROT, che è l'immagine specchiata, il "doppio" di Torino...

E non è forse uno specchio il pianeta Miro, che compare in quel racconto che è una serie di racconti cosmici intitolato *L'agente X.99*? Il pianeta è abitato da scimmioni a sei zampe che all'improvviso, colpiti della scintilla dell'intelligenza, ripercorrono, correndo, il percorso culturale che altre scimmie sul pianeta Terra...

E proprio perché simili alla Terra i pianeti lontani lì, nello spazio cosmico, possono essere abitati anche da fantasmi. Dai nostri fantasmi. È il caso del *pianeta Bort*, protagonista di una storia che compare sul *Corriere dei Piccoli* il 18 ottobre 1970 e intitolata, appunto *Quei poveri fantasmi*. Il pianeta è abitato da spiriti che non hanno più nulla da fare, perché nessuno più crede che esistano. Bort, che ha 14 lune e nessuno sa come facciano a non scontrarsi tra loro, non è più un luogo adatto ai fantasmi. E allora che fare? Non c'è una risposta univoca a questa domanda. Dipende da noi. Possiamo soccombere o combattere e cacciare via i nostri fantasmi. Per questo Rodari si inventa tre possibili risposte, lasciando che sia poi il lettore a scegliere tra queste o a inventarne un'altra.

Prima soluzione: i fantasmi, viaggiando alla velocità della luce, sbarcano sulla Terra, dove invece trovano un luogo ancora adatto...

Seconda soluzione: i fantasmi, viaggiando alla velocità della luce, si dirigono in direzione opposta alla Terra, finché sbarcano sul pianeta Picchio, lontano dal nostro pianeta trecento milioni di miliardi di chilometri e sette centimetri. Il pianeta è abitato solo da ranocchi paurosissimi. I fantasmi vi abitano beati per alcuni secoli, poi anche i ranocchi smettono di aver paura dei fantasmi...

Terza soluzione: i fantasmi del pianeta Bort e del pianeta Terra si riuniscono e cercano insieme un nuovo pianeta credulone...

Il futuro è aperto. Tocca a noi realizzarlo.

Sistema solare

Il sistema solare è l'insieme costituito dai pianeti e dagli altri oggetti che orbitano intorno alla stella Sole, a sua volta situato alla periferia di una galassia chiamata (dagli umani) Via Lattea.

Per molti secoli, almeno in Occidente, il sistema solare ha coinciso con l'universo stesso. Al centro, sosteneva Aristotele, è la Terra. Gli ruotano intorno il Sole, la Luna e altri cinque pianeti (Mercurio, Venere, Marte, Giove e Saturno). Il sistema è chiuso dalle stelle fisse.

Copernico contesta la distribuzione degli oggetti che lo compongono: il polacco pensa (a ragione) che il Sole è al centro del sistema, e che tutti gli altri oggetti, Terra compresa, ruotano intorno alla stella. Ma nel suo insieme il sistema solare resta quello, chiuso, di Aristotele e Tolomeo e si identifica con il cosmo stesso, il tutto meravigliosamente ordinato dei Greci.

Occorre attendere il 1610 e la pubblicazione del *Sidereus Nuncuis* di Galileo perché l'umanità possa constatare – e non solo immaginare, come aveva fatto Giordano Bruno – di vivere in un universo infinito popolato da infiniti mondi. E che il sistema solare è solo una minuscola parte del cosmo. Il giardino di casa di noi terrestri.

Un giardino che non è possibile, tuttavia, frequentare fisicamente fino agli anni '50 del XX secolo, quando l'uomo invia nello spazio le prime sonde e avvia l'era spaziale. Il giardino di casa diventa, finalmente frequentabile.

È un'era nuova. È la nuova era che Rodari si affretta ad annunciare. Ed ecco, dunque, che il sistema solare diventa la dimensione naturale dove i personaggi delle sue favole, storie, filastrocche e canzoni si muovono di routine. Il sistema solare è per Rodari quello che il bosco o il mare è stato per Andersen, per i fratelli Grimm o per Collodi.

La riprova? Quando, in *Novelle fatte a macchina* (1973), Rodari ripropone in chiave moderna la storia di Cenerentola, propone un nuovo spazio per l'antica storia. La sua Delfina da Modena cerca e trova il principe azzurro non al palazzo che sovrasta il borgo, ma in un palazzo su Venere, dove convergono, per ogni festa, settecentocinquantamila ospiti dall'intero sistema solare – dall'intera galassia – e ballano il *Saturn*, la danza che spopola tra gli abitanti dei pianeti che ruotano intorno al vecchio Sole.

Sole

Il Sole non è solo la stella posta (quasi) al centro del sistema cosmico che prende il suo nome, il sistema solare. Il Sole è il signore che da quella posizione domina la corte di pianeti e asteroidi che gli ruota intorno. Il Sole è il *dominus* gravitazionale di una fetta di spazio cosmico che si estende fino alla nube di Oort e oltre. E forse è per questo che Gianni Rodari, che non ama le signorie assolute, lo nomina poco, il Sole. O forse perché, semplicemente, non è e non sarai mai abitabile. E dunque è privo di interesse, per così dire, sociale.

Sta di fatto che Rodari preferisce o le altre stelle o, come vedremo, i pianeti. Io il Sole l'ho trovato citato, come oggetto cosmico, poche volte. Tre o quattro, non di più. E sempre in maniera un po' anonima. Come in questa filastrocca, *Il turno* (tratta da *Filastrocche in cielo e in Terra*, 1960):

> Il mattino fa ogni giorno
> il giro del mondo
> a destare le nazioni,
> gli uccelli, i boschi, i mari,
> i maestri e gli scolari.
>
> Da Oriente a Occidente
> il sole apre le scuole,
> i gessetti cantano
> sulle lavagne nere le parole
> più bianche di tutte le lingue.
>
> Si fa un po' per uno a studiare:
> quando a Pechino
> i ragazzi vanno a giocare
> entrano in classe quelli di Berlino,
> e quando vanno a letto ad Alma Atà
> suona la sveglia a Lima e a Bogotà.
> Si fa il turno: così non va perduto
> nemmeno un minuto.

Il turno sarebbe potuta diventare una filastrocca copernicana, se Gianni Rodari avesse amato davvero il sole. Ma la nostra stella, tra quei versi, appare più come un usciere, che ogni mattina si incarica di aprire le scuole da Oriente a Occidente, che non come il signore che Copernico ha definitivamente assiso sul trono di una porzione di spazio cosmico.

Per singolare coincidenza (o forse no) un altro piccolo riferimento al Sole lo troviamo in un'altra delle *Filastrocche in cielo e in Terra*, quella dedicata a *Il pianeta dei bugiardi*.

Un pianeta dove…

> Quando spuntava il sole
> c'era subito uno pronto
> a dire "Che bel tramonto!"

Anche se su quel pianeta sono tutti bugiardi patentati, non ci fa una bella figura, il Sole.

E, infine, il suo moto (apparente) intorno alla Terra, con l'alternarsi delle albe e dei tramonti, più che a un maestoso incedere cosmico viene accostato a un "vecchio trucco della natura". Questa è la traduzione di una poesia di Heinrich Heine proposta in *C'era due volte il barone Lamberto* (1978):

Signorina in riva al mare
Stava a piangere e sospirare.
Cos'era che tanto la contristava?
Era il sole che tramontava...

"Signorina, stia ben su allegra,
è un trucco vecchio come il cucù:
da questa parte il sole va sotto,
poi da quell'altra ritorna su".

Marte

Tra i tanti pianeti visitati da Gianni Rodari, ci sono anche quelli del sistema solare. Nelle sue opere, sebbene non troppo spesso, li troverete citati un po' tutti. A iniziare, stavo per dire ovviamente, da Marte. Il pianeta rosso. Il pianeta dei marziani.

Il pianeta, con Venere, più vicino alla Terra. E anche, con Venere, il più visibile a occhio nudo, per via della sua luminosità (luminosità relativa, dicono gli astronomi) e soprattutto per via della colorazione rossa.

Marte è il pianeta reale che forse più di ogni altro ha colpito l'immaginario degli uomini. Soprattutto dopo le osservazioni col telescopio. Basta ricordare che nel XIX secolo l'italiano Giovanni Schiapparelli individuò sul pianeta "canali" sulla cui natura – sono naturali o sono artificiali, frutto di una civiltà molto più avanzata di quella umana? – si è molto dibattuto. Ma ancora all'inizio degli anni '60 il noto astronomo e comunicatore Carl Sagan andava sostenendo che il pianeta poteva essere abitato da animali di grandezza compresa tra quella di una formica e quella di un orso. E che persino i suoi minuscoli e bizzarri satelliti, Phobos e Deimos, potrebbero essere stazioni orbitanti costruiti da una civiltà tecnologicamente molto avanzata.

Poi su Marte arrivarono le sonde inviate dall'uomo. La prima nel 1965. Era americana. Si chiamava *Mariner 4*. E non trovò alcun segno di vita sviluppata. Né case, né canali artificiali, né marziani. Subito dopo il pianeta rosso fu raggiunto dalle sonde *Viking I* e *Viking II*, a caccia di tracce anche elementari di vita. Non trovarono nulla. Ma molti, ancora oggi, sono convinti che sul pianeta qualcosa di vivente c'è o c'è stato.

È in questo clima che Gianni Rodari parla, talvolta, di Marte. Con grande rispetto. E in maniera del tutto inusuale. Già nel '48 ne scrive come del pianeta saggio, dove si reca la Luna, stanca di ruotare intorno alla poco giudiziosa Terra. E questa immagine viene reiterata anche più tardi. Per esempio, in questo brano tratto da *Le memorie della luna*, una delle storie raccolte in *La macchina per fare i compiti e altre storie* (pubblicato postumo nel 2003).

> Marte, che è sapiente ed educato, e ha la pancia tutta rigata di canali dritti.

È un'immagine per così dire ariostesca. Su Marte, spera Rodari, ci sono quella saggezza e quella mancanza di volgarità che sembrano smarriti sulla Terra.

Venere

Anche Venere viene citato da Gianni Rodari. Anche il pianeta che (ci appare) più luminoso, che è il più vicino in assoluto ed è il più simile, almeno per massa e volume, alla Terra non viene citato molto spesso.

Naturalmente il pianeta Venere che ci propone Rodari è molto lontano da quell'inferno torrido (la temperatura media sul suolo venusiano è di circa 460 °C) coperto da una fittissima e opaca nube di anidride carbonica che genera una pressione sulla superficie rocciosa di 92 atmosfere (muoversi su Venere è come muoversi a mille metri di profondità negli oceani terrestri) e dove al suolo scorrono (potrebbero scorrere) fiumiciattoli di piombo fuso.

In realtà molte di queste notizie sulle condizioni su Venere le abbiamo acquisite proprio all'inizio dell'era spaziale. Il pianeta è stato il primo a essere raggiunto da un satellite artificiale inviato dalla Terra. Solo negli ultimi venti anni tuttavia (dieci anni dopo la morte di Rodari) grazie alla sonda *Magellano* siamo riusciti a ricostruire la geografia venusiana: costituita da vaste pianure e un paio di altipiani con monti altissimi. Ancora agli inizi degli anni '60 del XX secolo, infatti, molti scienziati – tra cui Carl Sagan – pensavano invece che il pianeta fosse coperto da oceani, di acqua o anche di idrocarburi. La credenza era tanto diffusa che gli scienziati sovietici, quando la lanciarono nel 1967, dotarono la sonda *Venera 4* di un morsetto di zucchero, che avrebbe dovuto sciogliersi nell'oceano venusiano e liberare l'antenna.

Ma su Venere non c'è alcun oceano. E *Venera 4* non raggiunse neppure il suolo: distrutta dalla inattesa pressione atmosferica. Saranno altre missioni *Venera*, all'inizio degli anni '70, a fornirci la gran parte delle conoscenze oggi in nostro possesso sulla geofisica di Venere. In particolare fu *Venera 7* la prima sonda ad atterrare indenne, il 15 dicembre 1970, su Venere e a inviare i primi dati da un altro pianeta.

Oggi sappiamo che su Venere c'è un ambiente impossibile. Tanto che qualcuno la considera un ammonimento: ecco come sarebbe potuta (e potrebbe ancora) diventare la nostra Terra se l'atmosfera del nostro pianeta si fosse riempita di anidride carbonica e/o di gas serra. L'ipotesi è del tutto remota.

E, certo, non era presa in considerazione da Gianni Rodari, che ci propone invece Venere come un pianeta abitabile. È proprio su Venere che pensa di essere Romoletto, protagonista di *Ascensore per le stelle*, una delle *Favole al telefono* (1962) quando capita su un pianeta sconosciuto, simile alla Terra e popolato di scimmie.

Nell'immaginario di Rodari Venere non solo è un pianeta abitabile. È un pianeta piacevolmente abitabile. E piacevolmente abitato da civiltà superiori. È su Venere, infatti, che si svolgono gli eventi principali che coinvolgono la signorina Delfina da Modena nella novella *Miss Universo dagli occhi color verde-venere*, che è una riscrittura in chiave cosmica della favola di *Cenerentola* (in *Novelle fatte a macchina*, 1973).

Sul pianeta è in corso il gran ballo interplanetario che si tiene di norma in occasione dell'elezione del Presidente della repubblica di Venere.

Dicono che le feste da ballo su Venere siano una splendidezza. Ci arrivano giovanotti e ragazze da ogni angolo della Via Lattea.

Le feste da ballo a Palazzo sono di una tale splendidezza, per usare le parole di Rodari, che i venusiani hanno deciso di eleggere un presidente ogni due mesi pur di avere occasione per organizzarle.

Protagonista della storia che porta su Venere giovanotti e ragazze da ogni parte della galassia è la povera e infine fortunata Delfina, moderna Cenerentola. Perché Rodari ha voluto riproporne la storia trasportando il fatidico Palazzo (non più reale, ma democraticamente presidenziale) su Venere? Ma è chiaro. Per ambientarla non più nei confini angusti di un piccolo regno terrestre, ma nella nuova dimensione dove si muovono i giovanotti e le ragazze di oggi: lo spazio interplanetario, il sistema solare ridotto a giardino di casa, l'intera galassia, insomma la dimensione cosmica.

Plutone

Oggi è considerato un pianeta nano, quindi non ha il rango di pianeta adulto. Ma siamo certi che lui, Plutone, laggiù, alla periferia del sistema solare, se ne infischi alquanto di quel che pensano sulla Terra.

Prende il nome dal dio greco degli inferi. E, in fondo, il pianeta è un piccolo inferno gelato: (la temperatura media alla superficie è intorno ai 230 gradi sotto zero).

Eppure quel pianeta può essere un luogo migliore per vivere della Terra se il consorzio degli uomini decide di trasformare in un inferno il suo meraviglioso pianeta. Tratto da *Il giudice a dondolo*, nell'omonimo *Il giudice a dondolo* (raccolta di racconto "per adulti" pubblicata postuma nel 1989)

> Il giorno stesso scrisse all'Onu, per annunciare la sua decisione di ritirarsi dal consorzio umano. "Se ne avessi i mezzi – egli precisò, nella lettera di quattro facciate indirizzata al Segretario generale – emigrerei sulla luna, o altrove. La cosa non è praticamente fattibile. Giuridicamente, tuttavia, niente mi impedisce di assumere da questo momento la cittadinanza del pianeta Plutone, riservando naturalmente a quelle autorità la decisione

finale in proposito. Quel che mi preme è di scindere *in toto* ed *ex abrupto* le mie responsabilità dalla razza umana".

Luna

Chi ama la Luna davvero non si accontenta di contemplarla come un'immagine convenzionale, vuole entrare in un rapporto più stretto con lei, vuole vedere *di più* nella luna, vuole che la luna *dica di più*.

Per Italo Calvino la Luna è qualcosa di più di un astro errante. È un oggetto cosmico che racconta all'uomo dell'universo, di se stessa, di lui stesso.
Per Italo Calvino la Luna è l'astro narrante [Greco, 2009].
Anche per Gianni Rodari.

La luna scrive le sue memorie. Non ha penna né matita, perciò è costretta a scrivere con una stella cometa, intingendo la coda nel buio della notte. Non ha nemmeno carta, scrive sulle nuvole, che poi volano via.

Il brano è tratto da *Le memorie della luna*, una delle storie raccolte in *La macchina per fare i compiti e altre storie* (pubblicate postume nel 2003).
Scriverà pure sulle nuvole, la Luna di Rodari, per alimentare tutta la nostra immaginazione. Ma non si dimentica di darci piccole, grandi lezioni di astronomia.
Primo. La Luna è sempre la stessa, naturalmente, da ovunque la si guardi (da *La luna di Kiev*, in *Filastrocche in cielo e in terra* (1960):

Chissà se la luna
di Kiev
è bella
come la luna di Roma,
chissà se è la stessa
o soltanto sua sorella...
"Ma son sempre quella!
– la luna protesta –

non sono mica
un berretto da notte
sulla tua testa!
Viaggiando quassù
faccio luce a tutti quanti,
dall'India al Perù,
dal Tevere al Mar Morto,
e i miei raggi viaggiano
senza passaporto".

Secondo: la Luna fa tre movimenti nel cielo. Meglio di tutti gli astri erranti (almeno di quelli che vediamo a occhio nudo), come precisa con puntiglio in *Le memorie della luna*, una delle storie raccolte in *La macchina per fare i compiti e altre storie*.

Sono più brava di tutte le trottole, perché faccio tre girotondi in una sola volta: attorno a me stessa, attorno alla terra, attorno al sole.

Terzo: è uguale, ma anche un po' diversa dalla terra. Come è ben spiegato in *I mari della luna*, un'altra delle *Filastrocche in cielo e in Terra*:

Nei mari della luna
tuffi non se ne fanno:
non c'è una goccia d'acqua,
pesci non ce ne stanno.
Che magnifico mare
per chi non sa nuotare!

Come tutti gli uomini, fin dall'antichità, Rodari guarda alla Luna, l'oggetto cosmico più vicino alla terra, che appare nel cielo grande come il Sole e che, dopo lo stesso Sole, è il più luminoso. Come a tutti gli uomini anche a Gianni Rodari la luna parla del cosmo, come spazio fisico.

Come a tutti i grandi che – da Dante a Galileo, da Ludovico Ariosto a Giordano Bruno, da Giacomo Leopardi a Italo Calvino – hanno dato espressione alla vocazione profonda delle letteratura italiana, la filosofia naturale, anche a Gianni Rodari, anche attraverso Gianni Rodari, la Luna parla di poesia. Come è evidente da questo brano in prosa tratto da *Il padrone della luna*, una delle storie raccolte in *La macchina per fare i compiti e altre storie*:

> Mia è la luna, e la gente passeggia la notte lungo il fiume, al suo lume. È la verità: voi vi prendete il lume di luna, voi la consumate senza risparmio. E che farò quando la luna sarà tutta consumata?

Certo Kum, il dittatore della città di Huma, è fuori di senno. Crede di possedere la Luna. Crede di esserne il padrone. Ma nella sua follia dice una profonda verità. Cosa saremmo – cosa sarebbe la poesia – se la Luna fosse tutta consumata e scomparisse?

La Luna è fatata, come è ben scritto in *Le belle fate*:

> Le belle fate
> dove saranno andate?
> Non se ne sente più parlare.
> Io dico che sono scappate:
> si nascondono in fondo al mare,
> oppure sono in viaggio per la luna
> in cerca di fortuna.

La Luna è rassicurante. Ce lo dice anche la scienza. Tenendola al guinzaglio, l'asse terrestre è più stabile e il nostro pianeta evita catastrofici cambiamenti del clima. A *La luna al guinzaglio*, è dedicata questa filastrocca che dà il titolo a un intero capitolo del *Pianeta degli alberi di Natale* (1962).

> Con te la luna è buona,
> mia savia bambina:
> se cammini, cammina
> e se ti fermi tu
> si ferma anche la luna
> ubbidiente lassù.
>
> È un piccolo cane bianco
> che tu tieni al guinzaglio,
> è un docile palloncino

che tieni per il filo:
andando a dormire lo leghi al cuscino,
la luna tutta notte
sta appesa sul tuo lettino.

La Luna è talmente rassicurante che, venisse meno, assisteremmo a una catastrofe cosmica. Come è spiegato in *La torta in cielo* (1964).

> Appoggiò la cesta traboccante e profumata al manubrio della bicicletta, alzò la gamba destra per montare in sella, alzò meccanicamente anche gli occhi: *patapumfete*, giù per terra lui, la bicicletta e la cesta. Maritozzi e cornetti rotolarono nella polvere in ordine sparso.
> I cascherini romani sono famosi perché non cascano mai: ma succede in un minuto quel che non è successo in mille anni. Il garzone del fornaio si rialzò e si rifugiò in bottega, gridando:
> – Aiuto! È caduta la luna!
> Per giustificare la sua caduta non ci voleva meno di una catastrofe cosmica.

Di chi è la Luna, poetica fatata e rassicurante? Che domande! È dei bambini. È lei stessa bambina. Ed ecco *La luna bambina*, un'altra delle filastrocche della serie *La luna al guinzaglio*:

> E adesso a chi la diamo
> questa luna bambina
> che vola in un "amen"
> dal Polo Nord alla Cina?
>
> Se la diamo a un generale,
> povera luna trottola,
> la vorrà sparare
> come una pallottola.
>
> Se la diamo a un avaro
> corre a metterla in banca:
> non la vediamo più
> né rossa né bianca.

Se la diamo a un calciatore,
la luna pallone,
vorrà una paga lunare:
ogni calcio un trilione.

Il meglio da fare
è di darla ai bambini,
che non si fanno pagare
a giocare coi palloncini:

se ci salgono a cavalcioni
chissà che festa;
se la luna va in fretta,
non gli gira la testa,

anzi la sproneranno
la bella luna a dondolo,
lanciando grida di gioia
dall'uno all'altro mondo.

Della luna ippogrifo
reggendo le briglie,
faranno il giro del cielo
a caccia di meraviglie.

La Luna bambina è anche birichina. E narra anche a gente birichina. Come capita in *Il paese dei bugiardi* (sempre in *Filastrocche in cielo e in Terra*).

Di sera, se la luna
faceva più chiaro
di un faro,
si lagnava la gente:
"Ohibò, che notte bruna,
non ci si vede niente".

La Luna in Rodari, come in tutti gli autori "cosmici e lunari", si distingue sempre, tra gli astri nel cielo. Come si ricava da questo brano tratto da *La statua parlante*, in *Venti storie più una* (1969).

– Chi sono io?
– Tu sei Beomondo Terzo detto il Giusto, – rispose la voce, – imperatore di Murlandia, di Brislandia e di Merovia, granduca delle terre d'oltremare, signore dei sette deserti, dominatore dei due Poli.
– Anche dei Poli? – ripeté incredulo Beomondo.
– Del Polo Nord e del Polo Sud. Verranno a renderti omaggio creature d'altri mondi: verranno dalla Luna e dai Pianeti.

La Luna, dunque, e poi tutti gli altri astri erranti. La luna e i pianeti. È indubbio, Gianni Rodari merita quella definizione di autore "cosmico e lunare" con cui Calvino ha inteso celebrare Ludovico Ariosto e che appartiene di diritto a chiunque sa interrogare la Luna. A chi sa come farle dire qualcosa di più.

Tuttavia Gianni Rodari, come Calvino e forse persino più di Calvino, appartiene a quella generazione di grandi autori per cui la Luna non è più solo un astro distante e irraggiungibile, ma è diventata un astro vicino e calpestabile. La Luna può essere oggetto non (solo) di viaggi immaginari come quello di Dante e Beatrice nel *Paradiso* o di Astolfo nell'*Orlando Furioso*, ma anche di viaggi reali.

Il primo lo compie una sonda sovietica, il *Lunik 1*, lanciata il 2 gennaio 1959. La navicella manca il suo grosso bersaglio: di 6.000 chilometri. Maggiore fortuna ha il *Lunik 2* che, lanciata il 12 settembre di quello stesso anno, raggiunge l'astro il giorno dopo. È il primo oggetto umano che arriva sull'astro narrante, anche se si schiaccia al suolo. Ma le imprese lunari non mancano nei mesi e negli anni successivi. Il 4 ottobre 1959 viene lanciata *Lunik 3*, che fotografa la faccia nascosta della Luna. La faccia mai vista prima.

E non è mica finita. Il 3 febbraio 1966 *Lunik 9* atterra dolcemente nell'Oceanus Procellarum, dimostrando quello che poi realizzeranno gli americani Neil Armstrong ed Edwin Aldrin, astolfi in carne e ossa, il 21 luglio 1969: sulla Luna l'uomo può mettere piede.

Ed è dunque anche a questa Luna, astro narrante e calpestabile, che Gianni Rodari rivolge i suoi desideri di viaggio. Come in *Sospiri*, una delle *Filastrocche in cielo e in terra*:

"*Vorrei, vorrei...*
Volerei sulla Luna
In cerca di fortuna.

E voi ci *verreste*?
Sarebbe carino,
dondolarsi sulla falce
facendo uno spuntino...

O come in *Io vorrei*, della serie *La luna al guinzaglio*:

Io vorrei che nella Luna
ci si andasse in bicicletta
per vedere se anche lassù
chi va piano non va in fretta.

Io vorrei che nella Luna
ci si andasse in micromotore
per vedere se anche lassù
chi sta zitto non fa rumore.

Io vorrei che nella Luna
ci si andasse in accelerato
per vedere se anche lì
chi non mangia la domenica
ha fame il lunedì.

Già, ma perché gli scienziati vogliono andare sulla Luna? Ce lo spiega, Rodari, in *Il libro dei perché*:

Perché gli scienziati vogliono andare sulla Luna?
"Per vedere com'è fatta. Per vedere le stelle da vicino. Per vedere la Terra, che da lassù sembrerà una luna azzurrina. E diranno così:
*Di qui si vede finalmente
quanto piccola è la Terra:
non c'è posto per fare la guerra,
statevi in pace, gente con gente."*

Capiti quanti e quali sono i motivi per andare sulla Luna? Perché da lì avremmo una vista da lontano realizzando quello che Ludovico Ariosto e Giordano Bruno hanno avuto il coraggio di immaginare, perché avremmo della nostra Terra una vista migliore (sarebbe

finalmente "visibile" nella sua finitezza), perché avremmo una vista della Terra che ci induce alla pace, piuttosto che alla guerra.
Andare sulla Luna, dunque, per stare meglio sulla Terra.
No, non è davvero possibile fare a meno della Luna. E Gianni Rodari lo dimostra in questa storia a tre finali che ha per sfortunato protagonista *Il dottor Terribilis* in *Il tamburino magico*.
E cosa vuole fare lo scienziato più cattivo mai inventato da Rodari con il suo supercrick atomico?

– Tra poche ore l'apparecchio sarà pronto. Partiremo questa sera stessa.
– Partiremo, dottor Terribilis?
– A bordo, s'intende, del nostro stesso supercrick atomico.
– In che direzione, se è lecito?
– Direzione spazio, o mio Famulus, tanto ricco di interrogativi.
– Lo spazio!
– E più precisamente la Luna.
– La Luna!
– Vedo che stai passando dai punti interrogativi ai punti esclamativi. Orsù bando agli indugi ed eccoti il mio piano. Col mio supercrick solleverò la Luna, la staccherò dalla sua orbita e la collocherò in un punto dell'universo a mia scelta.
– Colossale!
– Di lassù, caro Famulus, tratteremo con i terrestri.
– Eccezionale!
– Rivolete la vostra Luna? Ebbene, pagatela a peso d'oro, ricompratela dal suo nuovo proprietario, il dottor professor Terribile Terribilis.

PRIMO FINALE
Quella sera la Luna non spuntò. Sulle prime la gente pensò che qualche nuvola la nascondesse. Ma il cielo era sereno. La notte stellata. E la Luna, per dirla come si sarebbe detto una volta, brillava soltanto per la sua assenza.
Furono gli astronomi a rintracciarla, dopo attente ricerche, piccolissima per la distanza, dalle parti della costellazione del Sagittario.
[...] Nessuno sulla Terra si preoccupò molto della scomparsa della Luna. Infatti gli Stati Uniti, l'Unione Sovietica, l'Italia, la

Francia, la Cina, il Giappone e molte altre potenze provvidero immediatamente a inviare nello spazio una grande quantità di lune artificiali, l'una più luminosa dell'altra.

SECONDO FINALE
La sparizione della Luna destò sgomento e preoccupazione da un capo all'altro della Terra.
– Come faremo a contemplare il chiaro di Luna, se la Luna non c'è più? – si domandavano i sognatori.
– E io, che andavo a letto al chiaro di Luna per risparmiare la corrente elettrica, dovrò rassegnarmi ad accendere la lampadina? – si domandava un avaro.
– Ridateci la nostra Luna! – gridavano i giornali.

E la Luna tornerà al suo posto, con un colpo di scena.
Perché non è possibile stare senza la Luna.

Comete

Sulla natura delle comete si è discusso a lungo. Galileo stesso le considerava, sbagliando, mere illusioni ottiche, dovute all'interazione tra la luce del Sole e i vapori che si elevano nell'atmosfera terrestre.

Ai tempi di Rodari la natura delle comete era, invece, ormai ben nota. Bolidi di ghiaccio sporco, di polveri e pietrisco che attraversano il sistema solare, descrivendo lunghe orbite intorno al Sole.

Nel sistema solare risolto a giardino di casa dei terrestri le comete non possono essere che divertenti aquiloni per i bambini di oggi, astronauti di domani. Come Rodari propone in *Il mago delle Comete*, una delle *Favole al telefono* (1960):

> Una volta un mago inventò una macchina per fare le comete. Somigliava un tantino alla macchina per tagliare il brodo, ma non era la stessa, e serviva per fabbricare comete a volontà, grandi e piccole, con la coda semplice o doppia, con la luce gialla o rossa, eccetera.
> Il mago girava per paesi e città, non mancava mai a un mercato, si presentava anche alla Fiera di Milano e alla Fiera dei cavalli, a

Verona, e dappertutto mostrava la sua macchina e spiegava com'era facile farla funzionare. Le comete uscivano piccole, con un filo per tenerle, poi man mano che salivano in altro diventavano della grandezza voluta, ed anche le più grandi non erano più difficili da governare di un aquilone. La gente si affollava intorno al mago, come si affolla sempre intorno a quelli che mostrano una macchina al mercato, per fare gli spaghetti più fini o per pelare le patate, ma non comprava mai una cometina piccola così.
– Se era un palloncino, magari, – diceva una buona donna, – ma se gli compro una cometa il mio bambino chissà che guai combina.
E il mago: – Ma fatevi coraggio! I vostri bambini andranno sulle stelle, cominciate ad abituarli da piccoli.

I bambini di oggi da adulti andranno nelle stelle: questa è davvero una nuova era. Che, Rodari ne è convinto, presto si affermerà. Ma non senza resistenze.

> – No, no, grazie. Sulle stelle ci andrà qualcun altro, mio figlio no di sicuro.

Dizionario cosmico

Il dizionario dell'uomo nello spazio

Esplorazioni spaziali

È l'anno 1958 quando Gianni Rodari pubblica *Gelsomino nel paese dei bugiardi*. In questa lunga favola i temi scientifici non sono presenti in massa. Fanno solo capolino, qui e là. Ma la traccia è significativa.

Il libro esce, infatti, poco dopo il lancio dello Sputnik, che ha fatto parlare il mondo intero e ha dato inizio a un'era – quella delle esplorazioni spaziali – di cui Rodari avverte tutta la novità.

Questa nuova era fa il suo capolino nel capitolo intitolato *Date l'ultimo saluto a Benvenuto-Mai seduto*. Il vecchio Benvenuto è in prigione. E una guardia si confida con lui. Essendo padre, parla dei figli.

La guardia continuò per un pezzo, sospirando, a parlare del suo lavoro, del pianoforte che non aveva mai posseduto, dei suoi bambini.
– Il maggiore ha dieci anni, – diceva, – e l'altro giorno anche lui a scuola ha svolto il suo bravo tema. I maestri lo danno sempre, e dice sempre a quel modo: Che cosa farai da grande? "Farò l'aviatore – ha scritto mio figlio – e volerò sulla luna con lo sputnik". Io glielo auguro proprio, ma tra un paio d'anni dovrò mandarlo a lavorare, perché la mia paga non basta alla famiglia. È difficile, vero, che possa diventare un esploratore dello spazio?
Benvenuto fece cenno di no: voleva dire che non era difficile, che niente è impossibile, che non bisogna mai perdere la speranza di realizzare i propri sogni.

È l'ultimo consiglio di Benvenuto-Mai seduto.

Le esplorazioni umane nello spazio, appena iniziate, sono certo una metafora: la metafora dell'avvento di una nuova era, l'era della conoscenza. Ma sono anche un fatto. Sono esplorazioni autentiche. Scientifiche. E Gianni Rodari lo puntualizza spesso. Per esempio in questa scena tratta da *La sposa sirena*, una delle storie raccolte in *Il gioco dei quattro cantoni* (1980). Un'astronave con uomini a bordo è giunta su un nuovo pianeta, Acca due o. Il pianeta è ricoperto per intero da un oceano. Ma cosa ci sia sotto la superficie è del tutto ignoto. Occorre, appunto, esplorare.

> E in quell'acqua lilla, che al tramonto si tingeva di viola, vivevano almeno dei pesci?
> Alla domanda si sforzava di dare una risposta la spedizione comandata dal colonnello Baran. Essa aveva fissato la sua base su una stazione spaziale, a trecento chilometri di altezza, dalla quale ogni mattina un razzo anfibio, appositamente studiato, trasportava su «Acca due o» una pattuglia di esploratori i quali si imbarcavano poi su agili canotti di gomma per condurre i loro esperimenti.
> Affondavano nell'acqua apparecchi fotografici, cineprese, telecamere, per riprendere la vita degli abissi, se una vita esisteva.

Ma forse nessuno ci restituisce l'idea epica e un po' malinconica dell'uomo esploratore dello spazio come l'agente X.99, protagonista di molte storie in *Il gioco dei quattro cantoni*. Chi era costui? Ce lo dice egli stesso. Sono il...

> [...] guardiano del radiofaro sull'asteroide X.99, una pallottola rocciosa su cui il sole sorgeva e tramontava venti volte in ventiquattr'ore. Sì, è per questo che sono conosciuto come l'agente X.99. Dal nome scientifico dell'asteroide.

Sputnik

Il 4 ottobre 1957 dalla base di Baikonur, nella repubblica socialista del Kazakistan, l'Unione Sovietica lancia un razzo che mette in orbita una sfera di alluminio di 58 centimetri di diametro e 83,6 chilogrammi di peso cui è stato dato il nome di Sputnik 1. La sfera di alluminio, da cui spuntano quattro lunghe antenne, segue un'orbita ellittica intorno alla Terra tra 228 e 947 chilometri di altezza.

Sputnik in russo vuol dire "compagno di viaggio", ovvero satellite. E infatti lo Sputnik è il primo satellite artificiale della storia. Il primo "compagno di viaggio" della Terra realizzato dall'uomo. Segna l'inizio della nuova era. L'era della esplorazione umana dello spazio.

Il lancio dello Sputnik fa molto rumore. Negli Stati Uniti, per esempio, viene vissuto come un vero e proprio schiaffo che modificherà non solo la politica americana dello spazio, ma la considerazione che gli Usa hanno della scienza e della tecnologia di punta. Dopo lo "schiaffo dello Sputnik" gli Stati Uniti avviano un vasto programma teso non solo ad acquisire la leadership nel campo della missilistica (con ovvi interessi militari) e dello spazio, ma dell'intera tecnoscienza.

Anche Gianni Rodari viene colpito dal lancio dello Sputnik. E non solo perché il nuovo "compagno di viaggio" della Terra è stato inviato lassù dall'Unione Sovietica, patria del socialismo reale. Ma anche e soprattutto perché Rodari intuisce, prima di altri, che con il lancio dello Sputnik non inizia solo l'era dello spazio (e non sarebbe poco), ma subisce una definitiva accelerazione la transizione dalla società industriale alla società della conoscenza.

Nulla sarà come prima. I bambini di oggi da adulti vivranno in un mondo forse migliore. Comunque diverso.

Dopo lo Sputnik l'impegno letterario di Gianni Rodari cambia. Il suo dizionario diventa improvvisamente cosmologico. Lo Sputnik gli ha consegnato nuovi stimoli. Una nuova chiave di interpretazione del mondo. Una nuova fonte di ispirazione poetica.

Tratto da *Il maestro Garrone*, una delle *Favole al telefono* (1960):

Gianduia lanciava coriandoli da uno *sputnik* d'argento…

Satelliti artificiali

Con lo Sputnik, il 4 ottobre 1957, è iniziata la "corsa allo spazio". Già nel mese successivo al primo lancio, il 3 novembre, l'Unione Sovietica manda in orbita lo Sputnik 2. È molto più pesante del primo (ben 508,3 chilogrammi). Ma soprattutto ha a bordo una cagnolina, Kudrjavka, destinata a diventare famosa (chissà perché?) come Laika.

Kudrjavka è il primo essere vivente inviato nello spazio.

Il 31 gennaio 1958 un terzo satellite artificiale raggiunge lo spazio, si chiama Explorer 1 e questa volta è stato lanciato dagli Stati Uniti. D'ora in poi è un continuo crescendo di missioni. Nel giro di pochi mesi lo spazio ha iniziato a essere affollato da satelliti artificiali: di ogni genere e funzione. Civili e militari; scientifici, meteorologici, per comunicazioni.

Dapprima è una corsa a due: tra Usa e URSS. Poi arrivano altri paesi. Il terzo è proprio l'Italia, che il 15 dicembre 1964 lancia nello spazio il satellite San Marco 1.

Ma cosa significa, esattamente, lanciare un satellite nello spazio? Ovviamente ci sono oggetti diversi. Quelli come gli Sputnik, gli Explorer e i San Marco destinati a orbitare intorno alla Terra – veri e propri "compagni di viaggio" – e le sonde, destinate a viaggiare nello spazio fuori dalla Terra ma senza necessariamente diventare "compagno di viaggio", satellite, di alcun oggetto cosmico.

Per essere posti in orbita, i satelliti artificiali devono raggiungere un'altezza minima dalla Terra di circa 130 chilometri. In cinquant'anni e oltre di satelliti artificiali ne sono stati messi in orbita centinaia. Comprese due vere e proprie case spaziali: la Mir, che ha assistito dallo spazio alla dissoluzione del paese che l'aveva mandata lassù, l'Unione Sovietica; e la Stazione Internazionale, che è invece una vera e propria "casa comune" dello spazio.

Tutto ciò ha reso lui, lo spazio, un luogo improvvisamente familiare. Molto familiare. Un cambiamento subito colto da Gianni Rodari. Come dimostra *Il satellite Filomena*, una delle *Filastrocche in cielo e in Terra*, pubblicate – badate bene – nel 1960.

> Oh che caso, oh che scena,
> la signorina Filomena
> è diventata artificiale.
> Se ne stava sul terrazzo
> a leggere il giornale,
> e senza alcun sospetto
> né preavviso
> si è trovata d'improvviso

in orbita,
né più né meno di un razzo,
a seimila chilometri di quota.
Per fortuna aveva gli occhiali,
la vecchia signorina:
così può guardare
il Labrador, la Cina,
le rovine di Palmira,
tutta la terra che gira
disegnata come un atlante,
coi mari e i continenti al posto giusto.
E si secca? Macchè: ci piglia gusto.
È un satellite regolare
in ogni movimento:
per gli astronomi osservarlo
è un vero godimento.
La radio questa sera dopo cena
trasmetterà il «bip bip»
della signorina Filomena.

Gagarin

Poi arriva lui, Jurij Alekseevič Gagarin, il primo uomo a volare nello spazio. È il 12 aprile 1961, ore 9.07 di Mosca, che il colonnello dell'aviazione sovietica pronuncia la parola "partiamo". I motori si accendono e il razzo inizia a salire. L'uomo ha iniziato in prima persona l'esplorazione dello spazio.

Gagarin, viaggiando a 27.000 chilometri orari, compie un'intera orbita intorno alla Terra – "vista da quassù la terra è blu ed è bellissima", esclama alla radio – poi, 88 minuti dopo è già a Terra.

Ed è un trionfo.

Gagarin diventa il simbolo vivente di ciò che può realizzare l'uomo, liberando il suo ingegno e in spirito di pace. Un nuovo eroe, positivo. Così viene celebrato da molti. Così viene celebrato da Gianni Rodari.

Il colonnello è un punto di riferimento di molti personaggi delle sue storie. Per esempio per quel vecchietto che si ritrova nello spazio su un cavallo a dondolo, in *La giostra di Cesenatico*, una delle

Favole al telefono pubblicate nel 1962, e ascoltando le note del disco della giostra esclama:

> Se nel tempo di un disco faremo un giro della terra, batteremo il record di Gagarin.

Le *Favole al telefono* sono state scritte nel pieno dell'eccitazione generata da Gagarin. Il colonnello, infatti, ricompare anche nella storia successiva, *Sulla spiaggia di Ostia*:

> Uno dopo l'altro, intanto, tutti i romani sulla spiaggia si decisero a guardare per aria, e si additavano ridendo quel bizzarro bagnante.
> – Anvedi quello, – dicevano, – ci ha l'ombrellone a reazione!
> – A Gagarin, gli gridavano, – me fai montà puro ammè?

Ancora in *Uno e sette*:

> Ho conosciuto un bambino che era sette bambini.
> Abitava a Roma, si chiamava Paolo e suo padre era un tranviere. [...] Però abitava anche a Mosca, si chiamava Juri, come Gagarin, e suo padre faceva il muratore e studiava matematica.

E, infine, in *Ascensore per le stelle*. Dopo una serie di avventure nello spazio con il suo ascensore/astronave Romoletto, garzone del bar sottocasa, consegna l'ordinazione a quell'antipatico del marchese Venanzio:

> – Be', ma dove sei stato tutto questo tempo? Ma ce lo sai che da quando vi ho ordinato queste maledette birre e questo stramaledetto tè ghiacciato sono passati ben quattordici minuti? Al tuo posto Gagarin sarebbe già arrivato sulla Luna.
> «Anche più in là», pensò Romoletto...

Astronauti

Dopo Jurij Gagarin il numero degli astronauti – tecnicamente, di coloro che sono volati a un'altezza di almeno 100 chilometri dalla Terra – aumentò rapidamente. Quasi tutti divennero famosi. A iniziare da Alan Shepard, che il 5 maggio 1961 divenne il primo americano nello spazio, e da Valentina Vladimirovna Tereškova che il 16 giugno 1963 divenne la prima donna nello spazio.

All'inizio degli anni '60 del XX secolo, dunque, l'astronauta cessa di essere un mito e diventa un mestiere. Un mestiere cui possono aspirare i bambini di oggi.

È normale, dunque, che tra i nuovi giocattoli dei bambini d'oggi, astronauti di domani, che compaiono nelle storie di Rodari ci siano loro, i nuovi esploratori del cosmo. Con il razzo nello zaino. Dal capitolo *Il Pilota Seduto atterra* in quella epopea del giocattolo che è *La Freccia azzurra* (1964):

> Quando doveva fermarsi, il Motociclista alzava un braccio.
> – Alt! Qui abita Francesco Daverio, anni nove. Chi scende?
> Scendevano degli astronauti, portandosi sulle spalle il loro razzo interplanetario.

Rodari ne è convinto: siamo entrati nell'era degli astronauti. E dunque delle astronaute. Come rileva la Bambola Nera, innamorata cotta del Pilota Seduto.

> – Ma in fin dei conti – gridò tra i singhiozzi la Bambola Nera – perché non potrebbe venire anche il Pilota Seduto da questa bambina Livia? Gli aeroplani sono forse fatti soltanto per gli uomini? Al giorno d'oggi le donne volano nel cosmo, tale e quale come i signori maschi, e io non vedo perché la bambina Livia dovrebbe accontentarsi di una bambola…

Cosmonauti

I cosmonauti sono gli astronauti… dell'Unione Sovietica. A loro Rodari dedica la *Cucina spaziale*, una delle *Favole al telefono* (1960):

> Un mio amico cosmonauta è stato sul pianeta X213, e mi ha portato per ricordo il menù di un ristorante di lassù. Ve lo ricopio tale e quale…

Un amico, il cosmonauta, che si ripresenta nella favola successiva, *La caramella istruttiva*:

> Un mio amico cosmonauta mi ha portato per ricordo una di quelle caramelle. L'ho data alla mia bambina, ed essa ha cominciato subito a recitare una buffa filastrocca, nella lingua del pianeta Bih, che diceva pressappoco:
> *anta anta pero pero*
> *penta pinta pin però,*
> e io non ci ho capito niente.

Astronave

Gli astronauti viaggiano nello spazio come i marinai per mare. La nave degli astronauti è l'astronave. L'astronave è la macchina che regala all'uomo la dimensione dello spazio. È il simbolo di una nuova era.

La torta in cielo, che Gianni Rodari scrive nel 1964 è un inno all'astronave. Quella che parcheggia sui cieli del Testaccio, a Roma, è più di un'astronave. È una stazione spaziale. La più dolce delle stazioni spaziali.

Ma un'altra astronave davvero particolare è quella che appare in una delle più belle tra *Le favole al telefono* (1960) intitolata *La giostra di Cesenatico*:

> Una sera un vecchio signore, dopo aver messo il nipote in una jeep, salì lui pure sulla giostra e montò in sella a un cavalluccio di legno. Ci stava scomodo, perché aveva le gambe lunghe e i piedi gli toccavano terra, rideva. Ma appena l'ometto cominciò a far girare la giostra, che meraviglia: il signore si trovò in un attimo all'altezza del grattacielo di Cesenatico, e il suo cavalluccio galoppava nell'aria, puntando dritto il muso verso le nuvole. Guardò giù e vide tutta la Romagna, e poi tutta l'Italia, e poi la terra intera che si allontanava sotto gli zoccoli del cavalluccio e ben presto fu anche lei una piccola giostra azzurra che girava, girava, mostrando uno dopo l'altro i continenti e gli oceani, disegnati come una carta geografica.
> «Dove andremo?» si domandò il vecchio signore.

In quel momento gli passò davanti il nipotino, al volante della vecchia jeep rossa un po' stinta, trasformata in un veicolo spaziale. E dietro di lui, in fila, tutti gli altri bambini, tranquilli e sicuri sulla loro orbita come tanti satelliti artificiali.

L'astronave, ancorché bizzarra, è il mezzo di locomozione delle nuove generazioni. Come dice il solito vecchietto al bambino in un'altra favola, *A giocare con il bastone*, delle medesima raccolta:

> – Tienilo, tienilo – disse. – Che cosa me ne faccio, ormai, di un bastone? Tu ci puoi volare, io potrei soltanto appoggiarmi.

Ecco ancora un'astronave che sarà pure strana, ma ci restituisce ancora l'immagine della "normalità dello spazio" per le nuove generazioni. Tratto da *Ascensore per le stelle*:

> A tredici anni Romoletto venne assunto come aiuto garzone al bar Italia. Gli affidarono i servizi a domicilio. [...] Una mattina telefonò al bar l'interno quattordici del numero centotre, voleva quattro birre e un tè ghiacciato, "ma subito, o li butto dalla finestra", aggiunse una voce burbera, ed era quella del vecchio marchese Venanzio, terrore dei fornitori.
> L'ascensore del numero centotre era di quelli proibitissimi, ma Romoletto sapeva come ingannare la sorveglianza della portinaia, che sonnecchiava nella guardiola: sgattaiolò non visto nella cabina, infilò le cinque lire nell'apparecchio a scatto, schiacciò il bottone del quinto piano e l'ascensore partì cigolando. Ecco il primo piano, il secondo, il terzo. Dopo il quarto piano, invece di rallentare, l'ascensore accelerò la corsa, schizzò davanti al pianerottolo del marchese Venanzio senza fermarsi, e prima che Romoletto avesse il tempo di meravigliarsi tutta Roma giaceva ai suoi piedi e l'ascensore saliva alla velocità di un razzo verso un cielo tanto azzurro da sembrar nero.
> – Ti saluto, marchese Venanzio, – mormorò Romoletto con un brivido. Con la mano sinistra egli reggeva sempre in equilibrio il vassoio con le consumazioni, e la cosa era piuttosto da ridere, considerando che intorno all'ascensore si allargava ormai ai quattro venti lo spazio interplanetario, e la terra, laggiù laggiù, in fondo all'abisso celeste, ruotava su se stessa trascinando

nella sua corsa il marchese Venanzio che aspettava le quattro birre e il tè ghiacciato.
«Almeno non arriverò tra i marziani a mani vuote» pensò Romoletto, chiudendo gli occhi. Quando li riaperse, l'ascensore aveva ricominciato a scendere, e Romoletto tirò un sospiro di sollievo:
– Dopo tutto, il tè arriverà ghiacciato ugualmente.

Anche la Befana e Pulcinella si adeguano ai nuovi veicoli, come dimostrano queste battute tratte da *Il maestro Garrone* (in *Favole al telefono*, 1960):

> Novità, novità. Dappertutto novità.
> La Befana quest'anno è arrivata a bordo di un razzo a diciassette stadi [...]
> Novità a Carnevale: il vecchio Pulcinella ha indossato una tuta spaziale, Gianduia...

Viaggi spaziali

Ce lo ricordano ancora oggi i versi con cui Omero narra dell'odissea di Ulisse. I viaggi epici dell'uomo nel passato – un passato che continua – sono avvenuti nei mari, con le navi. I viaggi epici dell'uomo del futuro – un futuro che è già iniziato – avverranno tra gli astri, con le astronavi.

Lo confessiamo, l'accostamento tra mare, spazio e odissea non è propriamente nostro. Già nel 1968 Arthur Charles Clarke aveva scritto il suo *2001: Odissea nello spazio*, pubblicato in contemporanea con l'uscita dell'omonimo film diretto da Stanley Kubrick.

Se dunque il paragone tra vasti oceani e spazio cosmico vale (eccome se vale: la scelta della parola astronave per indicare il mezzo per navigare – ci risiamo! – nello spazio non sta forse lì a dimostrarlo al di là di ogni lecito dubbio?), allora non sarà impossibile che possa accadere domani di salire su un'astronave e durante il viaggio da un astro all'altro sentire il grido allarmato di un marinaio, pardon di un astronauta, che nel pieno rispetto della procedura grida: "Capitano, un uomo in cielo!". Allora quando si griderà nel pieno rispetto delle procedure "Uomo in cielo." i viaggi spaziali, compresi i drammatici imprevisti, saranno diventati routine, come preannuncia Gianni Rodari in *Un uomo in cielo*, una delle *Filastrocche in cielo e in Terra*, pubblicate nel 1960, all'alba dell'era spaziale:

In rotta per Aldébaran
la vedetta gridò:
– Capitano, un uomo in cielo! –
L'astronave si fermò.
Fu ripescato il naufrago:
era un giovane idraulico
di Paderno Dugnano,
caduto all'insù
dal balcone del terzo piano
in una notte di luna
per il peso della testa
troppo gonfia di sogni.
Gli facemmo gran festa,
rispose a ogni domanda.
Dopo cena il nostromo
gli dette la sua branda.

Non è detto che i viaggi nello spazio – nuova dimensione dei bambini di oggi, astronauti di domani – debbano essere paragonati solo a quelli in mare. I viaggi spaziali avranno caratteri simili anche ai normali spostamenti sulla terraferma. Possiamo allora immaginare che, per spostarci da casa al lavoro, la mattina andremo in stazione – una stazione spaziale – per prendere al volo, è il caso di dirlo, l'astrotreno delle 7.34. Eccoci, dunque, in un giorno qualsiasi di un anno qualsiasi del futuro non tanto remoto a *La stazione spaziale*:

Nella stazione spaziale
c'è un traffico infernale.
Astronavi che vengono,
astronavi che vanno,
astronavi di prima classe
per quelli che non pagano le tasse.
L'altoparlante

non tace un istante:
«È in partenza dal primo binario
il rapido interplanetario.
Prima fermata Saturno».
«L'astroletto da Giove
viaggia con un ritardo
di minuti trentanove».
La gente protesta:
—Che storia è questa qua?
Mai un po' di puntualità.
– Devo essere a Plutone
prima di desinare!
– Io perdo un grosso affare:
mi sentiranno quelli
dell'Amministrazione...

In un angolo della stazione
due timidi sposini
in viaggio di nozze:
vanno su certi pianetini
di un'altra nebulosa
dove hanno una zia
che si chiama Ponti Rosa
e fa la portinaia
in un osservatorio d'astronomia.
E questo è un venditore
di frigoriferi a rate:
dice che su Nettuno
non c'è ancora stato nessuno
del suo ramo,
farà quattrini a palate.

Questa signorina,
maestra di ricamo,
va su Venere per un corso
di perfezionamento,
ma il suo fidanzato
non è troppo contento,
lui sta a Milano

e fa l'impiegato,
ha paura che sposi un Venusiano.

Nelle edicole ci sono
i giornali spaziali:
«Il paese di Arturo»,
«La gazzetta dell'Orsa Minore»,
«L'osservatore
del Sagittario,
con supplemento straordinario
 a fumetti».
Diamo un'occhiata ai titoli:
«Ultimissime da Sirio:
la vittoria nel campionato
manda la folla in delirio».
«Rapina: casse vuote
nella banca di Boote».
«Il delitto di Marte
avvolto nel mistero».

Un momento, un momento:
ma allora il cosmo intero
non sarebbe che un ingrandimento
di qualche paesotto
dell'Ohio o del Varesotto?
A parte le astronavi,
questa specie di stazione
potrebbe stare tutta
in provincia di Frosinone
o di Piacenza...

Forse ho visto troppi film di fantascienza.

No, Gianni Rodari frequentava con assiduità la letteratura e anche il cinema di fantascienza. Ma non ha visto "troppi" film né letto "troppi" romanzi. I viaggi nello spazio che egli ci propone non sono avventure. Ma favole del quotidiano. E, dunque, anche i mezzi per viaggiare nello spazio sono tipici della favola. Di una favola moderna. Come nella filastrocca *L'ascensore*:

Io so che un giorno l'ascensore
al quarto piano non si fermerà,
continuando la sua corsa
il soffitto bucherà,
salirà tra due comignoli
più su delle nuvole e del vento
e prima di tornare a casa
farà il giro del firmamento.

Forse non sarà impossibile, domani, prendere un ascensore spaziotemporale e fare il giro del firmamento. Ma lo spazio diventerà una dimensione quotidiana solo quando vi svolgeremo attività ordinarie: per esempio faremo turismo come preconizza lo scrittore di fantascienza Robert Anson Heinlein in un romanzo, *Minaccia alla Terra*, del 1957. O lo attraverseremo con mezzi ordinari, come propone Gianni Rodari in *Taxi per le stelle*, una delle storie con tre finali possibili di *Il tamburino magico* (pubblicato postumo):

– Dovrebbe vederlo da solo che non è uno scherzo, – replicò il passeggero. – Stiamo volando, e con ciò?
– Ma come, «con ciò»! Il mio taxi non è mica un missile!
– In questo momento, faccia conto che sia un taxi spaziale.

Il taxista divenuto spaziale si perde nella nuova dimensione. Così come nei tempi passati (prima che inventassero il navigatore satellitare e la guida dei taxi a Terra fosse diretta dallo spazio!) il taxista si perdeva in città. In tutti i tre finali proposti per la storia il taxi scarrozza per il cosmo. Il più rassicurante è il terzo. Quello in cui il taxista, Peppino Compagnoni, mette su un'azienda di viaggi cosmici (ritorna il tema di Heinlein) con una linea di taxi dalla Terra a Saturno, via Marte. E ritorno.

Bambini spaziali

Gagarin, Shepard e la Tereškova. Lo Sputnik, i satelliti e le astronavi. Certo. Ma i veri protagonisti della nuova era, ci ricorda Gianni Rodari, sono loro, i bambini. Anzi, i bambini spaziali:

Di bambini spaziali
ne conoscete? Io sì.
Ce n'è uno a Torino,
uno a Canicattí,

un terzo va all'asilo
a Sant'Angelo Lodigiano,
un quarto sta a Napoli,
un quinto a Milano.

Ce n'è uno a Firenze
che sbaglia le divisioni,
un altro a Omegna
e adesso ha gli orecchioni.

Aspettate che guarisca,
vedrete cosa fa:
tra vent'anni sulla Luna
a spasso se ne andrà.

Aspettate che crescano
e vedrete se sono
bambini spaziali
oppure non lo sono.

Andranno sui pianeti
e faranno «cucù»
a noi poveri terrestri
rimasti quaggiù.

Ma forse una cartolina
ce la saprete mandare:
dopo tutto, siamo giusti,
chi vi ha insegnato a volare?

È la filastrocca *Arrivederci alla Luna*, tratta da *Il pianeta degli alberi di Natale* (1962).
    È la filastrocca che, forse, meglio di ogni altra descrive l'inedito salto tra le nuove e le vecchie generazioni.

ETI (extraterrestri intelligenti)

"Non è possibile che vi sia un solo mondo abitato, nell'universo infinito". Invoca un criterio di impossibilità Metrodoro di Chio, discepolo di Democrito ed esponente illustre della corrente degli atomisti, nel IV secolo avanti Cristo, per sostenere che non siamo soli nell'universo. Secondo la scuola di pensiero, inaugurata da Leucippo e da Democrito, cui appartiene Metrodoro, infatti, "il tutto è infinito". E nel tutto, "in parte pieno, in parte vuoto", infiniti atomi si muovono componendosi e scomponendosi in un continuo divenire, che in ogni istante forgia infiniti mondi e altrettanti ne decompone. L'uomo non può essere il solo essere intelligente nel cosmo. Nell'universo infinito ci sono, in ogni istante, *molti mondi* come la Terra, abitati da molti esseri che per forza di cose devono essere simili all'uomo.

Anche se troverà un fiero e influente avversario in Aristotele, l'idea che non siamo soli nell'universo è piuttosto comune tra i filosofi dell'antica Grecia. E – da Lucrezio a Giordano Bruno, fino a Herbert George Wells e a Carl Sagan – continuerà a essere presente nel pensiero e nella letteratura occidentale.

Tuttavia è solo alle 5:00 esatte del mattino dell'8 aprile del 1960 che inizia la storia di SETI, la storia della ricerca con metodo scientifico di ETI, intelligenze extraterrestri. Quando l'americano Frank Drake riesce, finalmente, a puntare il radiotelescopio da 26 metri di diametro in dotazione al National Radio Astronomy Observatory di Green Bank, West Virginia, Stati Uniti, verso Tau Ceti, una stella della costellazione di Cetus, che si trova ad appena 11,9 anni luce dal sistema solare. Nel nostro cortile di casa, su scala cosmica.

Un anno prima, nel 1959, Giuseppe Cocconi e Philip Morrison avevano pubblicato su *Nature* il primo studio scientifico sulla possibilità di scambiare segnali radio su distanze interstellari tra eventuali intelligenze capaci di riceverli e decifrarli.

L'inizio di questa storia, peraltro contemporanea all'inaugurazione dei viaggi nello spazio, non deve essere sfuggita a Gianni Rodari. Sta di fatto che gli extraterrestri (quasi mai davvero extra e quasi sempre molto terrestri) popolano le sue storie in prosa e in versi.

Così come popolano il nostro immaginario. Suscitando, in prima battuta, reazioni scontate. Quelle espresse nella novella *Strani casi della Torre di Pisa* (da *Novelle fatte a macchina*, 1962):

– Una mattina il signor Carletto Palladino è lì, come sempre, ai piedi della Torre di Pisa a vendere ricordini ai turisti, quando una grande astronave d'oro e d'argento si ferma in cielo e dalla sua pancia esce un coso, un elicottero forse, che scende sul prato detto "dei miracoli".
– Guardate! – esclama il signor Carletto. – Gli invasori spaziali!
– Scappa e fuggi, – strilla la gente, in tutte le lingue.

La prima e scontata reazione è la paura. La paura dell'altro.

Ma gli extraterrestri, in numero di tre, escono dalla loro astronave e invece di attaccare i pisani li salutano, a dodici mani perché hanno quattro braccia ciascuno. Vengono in pace.
Anche se sono (appaiono diversi) sono simili agli umani. Spesso troppo simili.

– Guardi, – dice il capo spaziale al sindaco, mostrando un bottone della sua tuta, – lo vede questo? Se io lo schiaccio, Pisa salta per aria e non torna più a terra.

Ricattatori. Piccoli ricattatori, sia pure dotati di effetti speciali. Gli extraterrestri non fanno saltare per aria la Torre, ma la rimpiccioliscono. E – sotto la minaccia delle armi – annunciano di volersela portare via. Insomma, la vogliono (umanamente) rubare. Il sindaco di Pisa non può fare altro che inveire, con la testa proiettata al futuro però:

– Andate al diavolo! – risponde il sindaco. – Pirati! Ma ve ne pentirete. Un giorno avremo anche noi i dischi volanti…

Gli extraterrestri che immagina Rodari possono essere buoni, cordiali e prepotenti, proprio come lo sono i terrestri. E come spesso accade ai prepotenti qui sulla Terra, anche gli extraterrestri ladruncoli e prevaricatori possono essere puniti: se non è possibile con la forza legittima della legge, basta un po' di astuzia. Carletto Palladino riesce a rifilare ai karpiani una copia e a conservare a Pisa la sua autentica, magnifica Torre.

Nelle opere di Gianni Rodari la prima reazione dei terrestri (non dei bambini, però) quando incontrano gli alieni è sempre di paura: la paura dell'altro. Cui invece fa da contrallare l'atteggiamento sostanzialmente pacifico e comunque molto umano degli extraterrestri. Con tutti i pregi e tutti i difetti dell'umano. Una volta che si sono conosciuti, tra umani ed extraterrestri si stabilisce un rapporto di consuetudine. Come succede in *La sposa sirena*, una delle storie raccolte in *Il gioco dei quattro cantoni* (1980). In questo caso gli extraterrestri sono i sirenidi. Dopo essere sbarcati (ammarati) sul pianeta Acca due o i terrestri stabiliscono con i sirenidi buoni rapporti, che diventano consuetudine. Tanto che:

> Da un pianeta all'altro era un continuo va e vieni di visitatori, studiosi, turisti.

Una quasi costante nei rapporti tra gli umani ed ETI (le intelligenze extraterrestri) è la presenza degli studiosi. Anzi, degli scienziati. Messi in campo per affrontare la novità in termini razionali.

Marziani

Crunch! Scrash! ovvero *Arrivano i Marziani*, una delle *Novelle fatte a macchina* del 1973:

> Una bella mattina arrivano i Marziani. Prima volano su Roma con i loro dischi d'argento...
> I dischi sono tre. E tre marziani mettono la testa fuori dalle cupolette. Sono di un bel verdino primavera hanno le antenne in fronte, proprio come la gente se li immagina. Però non è vero che sono piccolini: anzi, sono alti circa tre metri e cinquanta.

Gli ETI di Rodari vivono sui più disparati pianeti. E vengono da ogni angolo dello spazio cosmico. E tuttavia anche Gianni Rodari quando pensa agli extraterrestri pensa, in primo luogo, a loro: i Marziani.

> Salve! Come vedete siamo Marziani e siamo venuti con intenzioni più che altro affettuose. Dunque, presentiamoci. Io sono il comandante AB17.

I Marziani sono gli extraterrestri con cui storicamente i terrestri – la letteratura e il cinema, gli astrofili e persino gli astronomi

(ricordate i canali di Schiapparelli?) dei terresti – hanno più consuetudine.
Malgrado questa consuetudine persistono difficoltà di comunicazione. Come intuisce il vicequestore Fiorillo, giunto ad accoglierli con settemila camionette:

> Di colpo la sua intelligenza deduttiva, esercitata in anni di indagini su ogni sorta di delitti, gli fa intravedere la verità: i marziani parlano a fumetti e capiscono solo i fumetti…

Non è facile, parlare con i Marziani.

I Marziani e, soprattutto, l'immaginario terrestre dei Marziani (l'immagine che abbiamo dell'altro da noi) fanno capolino in diverse storie rodariane. Per esempio compaiono inopinatamente in *C'era due volte il barone Lamberto* (1978). La gente li immagina, naturalmente, come "ometti verdi con le corna". E naturalmente, senza neppure vederli, ne ha paura.

È forse nell'incipit di *La torta in cielo* (1964) che i marziani – che l'immaginario marziano – vengono descritti da Gianni Rodari in maniera davvero indimenticabile:

> Una mattina d'aprile verso le sei, al Trullo, i passanti che attendevano il primo autobus per il centro, alzando gli occhi a studiare il tempo, videro il cielo della loro borgata occupato da un enorme oggetto circolare di colore oscuro, che se ne stava al posto delle nuvole, immobile, a un migliaio di metri sopra il livello dei tetti. Ci fu qualche – Oh, – qualche – Ah, – poi si udì un grido:
> – Li marziani!

Nulla come quel grido in romanesco, *Li marziani!*, autentica "popular science", rende l'immaginario scientifico (o, se si vuole, fantascientifico) popolare. Anzi, popolaresco. E il continuo non è certo da meno:

> Fu come un segnale e una parola d'ordine. La gente cominciò a gridare e a correre da tutte le parti. Finestre si aprirono, altra gente si affacciò a curiosare, immaginando il solito incidente d'auto, poi guardò in su, e allora ci fu un gran chiamare e sbattere di imposte e rotolare di avvolgibili e ciabattare per scale e cortili.

> – Li marziani!
> – Er disco volante!

La chiamata al telefono di Augusto è, poi, esilarante:

> Augusto rientrò nel bar, infilò un gettone nell'apparecchio e fece il numero dei pompieri.
> – Pronto, correte al Trullo, sono arrivati i marziani!

Dovete sapere che il 30 ottobre 1938 il regista Orson Welles, all'interno del programma radiofonico *La guerra dei mondi*, tratto dall'omonimo romanzo del quasi omonimo scrittore (Herbert George Wells), dai microfoni della CBS annuncia ai cittadini americani lo sbarco dei Marziani nel New Jersey.

Pochi minuti dopo, ricorderà Welles, in tutti gli Stati Uniti le case iniziano a svuotarsi e le chiese a riempirsi. È il panico. È il caos. "Avevamo sottostimato la vena di follia della nostra America".

Il gioco radiofonico di Orson Welles diventa un classico, oggetto di studio ancora oggi degli psicologi di massa e dei sociologi dei media.

Ma è un gioco ripetibile? Cosa sarebbe accaduto, in Italia, a Roma, al Trullo, se Orson Welles avesse trasmesso il suo famoso annuncio dai microfoni dell'EIAR, l'Ente italiano per le audizioni radiofoniche, madre della futura RAI?

Non abbiamo una risposta. Ma Gianni Rodari con *La torta in cielo*, effettua, come dire?, una simulazione.

All'inizio è il panico. Come negli Usa.

Poi la paura cede il passo a una più casereccia diffidenza:

> L'altoparlante di Diomede tuonava intanto: – Bambini, attenzione! Non accettate regali dai marziani! Essi vi daranno dei dolci avvelenati: non mangiateli!

Ma alla fine i bambini romani danno festanti l'assalto all'astronave aliena – supposta marziana – parcheggiata lassù, sui cieli del Trullo. E se la mangiano:

> Il professor Zeta si aggirava raggiante, aiutava i più deboli a staccare il cioccolato dal pavimento e a rompere le pareti di

croccanti, indicava i filoni del miglior gelato, alzava tra le braccia i più piccoli perché potessero raggiungere il soffitto di panna montata.
– È lei il marziano? – gli domandavano i ragazzi.
– Sì, sono io. Sono un marziano. Mangiate e bevete, siete ospiti di Marte.
– Viva Marte! – gridavano i ragazzi, tra un boccone e l'altro.

Dizionario terrestre

Dizionario del pianeta Terra

Il pianeta Terra

Se cercate la definizione di Terra su qualche dizionario – su quel grande dizionario digitale che è *wikipedia*, per esempio – troverete non solo che questo è il nome con cui chiamiamo il terzo pianeta in ordine di distanza dal Sole, ma anche che esso è "la casa di milioni di specie, inclusa quella umana" (voce Earth in wikipedia.org, in inglese); che è "il pianeta su cui vive l'umanità" (voce Terra in wikipedia in italiano); che è "la nostra patria nello spazio" (voce Terra in la garzantina *Astronomia e cosmologia*, Garzanti editore).

Il pianeta è un concetto astronomico, dunque fisico. Casa e patria sono concetti ecologici e sociali.

La Terra è l'una e l'altra cosa, ovviamente. Un pianeta – il più grande dei pianeti "terrestri", ovvero solidi, del sistema solare. Ma è anche il luogo dell'unica "biosfera" conosciuta. L'unica abitata da società culturalmente sviluppate. Terra è, dunque, una parola che contiene in sé sia un concetto astronomico, sia un concetto ecologico, sia un concetto sociale.

Ora leggete questa spiegazione accompagnata dalla filastrocca proposta da Gianni Rodari come risposta a una delle tante domande rivoltegli dai bambini su *l'Unità* (fine anni '50) e poi raccolte in *Il libro dei perché*:

Perché non sentiamo la terra girare?
Perché il moto della terra è uniforme, senza scosse. La terra naviga in un mare senza onde, lo spazio, come un'immensa astronave.

C'è un'astronave che si chiama Terra,
nello spazio lanciata

per un lungo viaggio.
Noi siamo l'equipaggio,
ognuno è passeggero e capitano.
Andremo lontano,
se avremo coraggio.

Vi troviamo espressi, bene, tutti i tre concetti.

La Terra è un pianeta. Della "stessa specie", come sosteneva Giordano Bruno e come ha osservato Galileo puntando il cannocchiale sulla Luna, di tutti gli altri infiniti mondi (planetari) che popolano l'universo. È un pianeta che si muove nello spazio: orbita intorno al sole e gira vorticosamente su se stesso; ruota, con il Sole, intorno al centro della galassia e si allontana, con tutta la galassia, da (quasi) tutte le altre galassie. Già ma perché non sentiamo la Terra muoversi e in particolare girare su se stessa? Rodari, che ha buoni fondamentali di fisica, fornisce una spiegazione pienamente galileana: a causa della relatività del moto.

Prima di Galileo era in uso distinguere due assoluti: il moto e la quiete. Un corpo o è in moto o se ne sta fermo. Galileo sostiene – e dimostra – che moto e quiete sono concetti del tutto relativi. Si è in moto o in quiete non in assoluto, ma rispetto a un punto di riferimento. Si può essere, nel medesimo tempo, in moto e in quiete. Un satellite in orbita geostazionaria è in quiete rispetto alla Terra, ma in movimento (con la Terra) intorno al Sole.

E, inoltre, è impossibile distinguere uno stato di quiete da un moto uniforme (uniformemente accelerato) fino a quando quel moto non viene perturbato. Poiché la Terra si muove nello spazio – un mare senza onde – non possiamo sentirla né girare né muoversi perché tutto – noi, l'atmosfera e i gravi che cadono nell'atmosfera – formiamo un sistema unico inerziale che è in uno stato di moto uniforme indistinguibile da uno stato di quiete.

Rodari usa una metafora, resa attuale dall'inizio dell'era spaziale, per ridurre a sintesi questa argomentazione. La Terra è come un'astronave che si muove nello spazio senza perturbazioni e noi siamo gli astronauti.

Ma l'astronave è una metafora spendibile anche in chiave ecologica. Sia perché l'astronave è un oggetto che, proprio come la Terra, si muove nello spazio con uomini a bordo. Sia perché è da un'astronave che gli uomini hanno potuto osservare, per la prima volta, la Terra da un punto di fuori dalla Terra, avendo chiara la percezione visiva dalla sua unità. Sia perché la Terra, come l'astronave, è un sistema sostanzialmente chiuso.

Non è un caso che, a partire dagli anni '70 del secolo scorso, la metafora "Terra come astronave" viene usata dagli economisti ecologici per ridurre a sintesi efficace un concetto piuttosto complesso. Le attività dell'uomo hanno raggiunto livelli tali da interferire, a scala globale, con i grandi cicli biogeologici. L'uomo è diventato un attore ecologico globale. La sua economia non somiglia più a quella del *cow-boy*, che per vivere ha a disposizione immense praterie e può usare liberamente le risorse naturali senza intaccarle, ma somiglia sempre più a quella di un astronauta, che per vivere ha bisogno di utilizzare con oculatezza le risorse del suo ambiente: per esempio, non deve consumare più ossigeno di quanto l'ambiente riesca a produrne; deve riciclare i suoi rifiuti, se non vuole esserne sommerso.

La Terra come astronave è una metafora efficace anche per esprimere il concetto di società e ancor più di *polis*. Noi tutti siamo – dobbiamo sentirci – passeggeri e capitani della nave spaziale. Non possiamo litigare, perché l'astronave è un ambiente troppo stretto per sopportare conflitti tra gli astronauti. Dobbiamo lavorare tutti insieme, con coraggio e saggezza, per raggiungere la meta.

Il cielo

Il pianeta Terra ha una sua articolata struttura. Una parte interna e nascosta, formata da un nucleo denso e compatto e un mantello, fluido e magmatico. Sopra una crosta, la superficie, per tre quarti coperta di acqua, su cui vivono la gran parte delle specie. E, infine, un'atmosfera: il cielo blu.

Già, ma perché il cielo è blu (da *Il libro dei perché*, raccolta postuma delle rubriche tenute su *l'Unità* nella seconda parte degli anni '50)?

> Perché il cielo è blu?
> I raggi del sole non sono tutti uguali. Ci sono quelli che hanno gambe lunghe (onde lunghe) e quelli che hanno gambe corte (onde corte). Questi piccoletti sono azzurri e violetti: quando il

sole ci sta sul capo, arrivano loro e tingono l'aria di turchino. Quando il sole è al tramonto, essi si perdono per strada: arrivano i raggi gambalunga e dipingono le nuvole di rosso. Deve essere così anche in Austria, perché…

Il cielo di Vienna
è lo stesso preciso
che c'è a Milano,
a Carpi e a Treviso:
beata la nuvola,
viennese o italiana,
che in cielo va e viene
e non paga dogana.

Il clima

La superficie del pianeta Terra riceve energia (soprattutto) dal Sole. L'interazione tra quei raggi, l'atmosfera e gli oceani determina il clima del pianeta Terra: ovvero l'evoluzione dinamica di un insieme di parametri che caratterizzano l'atmosfera e la superficie del pianeta, come la temperatura, l'umidità, la pressione atmosferica, i venti, le piogge.

Il clima cambia nel tempo. Ma anche nello spazio. All'equatore, per esempio, fa sempre caldo (in media, fa più caldo che altrove). Mentre ai poli fa sempre freddo (in media fa più freddo che altrove).

Già, ma perché al Polo Nord fa freddo (da *Il libro dei perché*, raccolta postuma delle rubriche tenute su *l'Unità* nella seconda parte degli anni '50)?

Perché al Polo nord fa sempre freddo?
Perché ai due poli della terra i raggi solari giungono inclinati, di sbieco. I fattori del clima, però, sono molti, ed alcuni di essi possono essere modificati dal lavoro dell'uomo: si possono creare mari dove oggi vi sono deserti, si possono sbarrare stretti e impedire alle acque dei mari freddi di scendere in altri mari.
Quante cose potranno essere fatte quando tutte le energie dell'umanità potranno essere dedicate a opere di pace.

Quando la pace brillerà
su tutta la terra come un sole

*forse anche il Polo fiorirà
di margherite e di viole.
Nel paese dei pinguini
spunteranno i ciclamini,
e gli orsi bianchi, coi loro orsetti,
andranno a cogliere mughetti.*

Tratto da *L'omino della pioggia*, una delle storie raccolte postume in *La macchina per fare i compiti e altre storie*:

Le nuvole hanno tanti rubinetti. Quando l'omino apre i rubinetti, le nuvole lasciano cadere l'acqua sulla terra.

L'omino è il paziente regolatore del ciclo delle acque:

Guarda in basso, e vede la terra secca e fumante, senza una goccia d'acqua. Allora corre in giro per il cielo ad aprire tutti i rubinetti.
E va sempre avanti così.

L'orogenesi

Non è solo il clima che si modifica sulla Terra nel corso del tempo. È l'intero pianeta che cambia. La Terra è un pianeta evolutivo. Sono stati i geologi i primi a comprenderlo tra la fine del XVIII e l'inizio del XIX secolo. Poi anche i biologi hanno capito che le specie qui sulla Terra evolvono: la prima teoria dell'evoluzione biologica è di Lamarck e risale all'inizio del XIX secolo; poi è venuto Darwin e nel 1859, con la pubblicazione dell'*Origine delle specie*, ci ha delineato la struttura della teoria dell'evoluzione biologica oggi accettata. Infine abbiamo dovuto attendere il XX secolo perché Albert Einstein elaborasse le sue equazioni cosmologiche (1917) e il matematico Alan Friedman (1922) si accorgesse che quelle equazioni contenevano in sé il segreto di un universo in necessaria e perenne evoluzione.
Ma torniamo alla geofisica. La struttura della Terra cambia nel tempo. E sulla sua superficie ce ne sono i segni evidenti: le montagne. All'evoluzione geofisica del pianeta e, in particolare,

all'orogenesi fa esplicito riferimento Gianni Rodari in *Le montagne camminano*, una delle storie raccolte postume in *La macchina per fare i compiti e altre storie*:

> Nei tempi antichi, le montagne uscirono dal mare. Una alla volta, si capisce. Prima spuntò la testa del Monte Bianco, poi quella del Monte Rosa, poi la punta del cappello del Cervino.

La storia dell'origine delle Alpi così come ce la propone Rodari non è tratta da un manuale di geofisica. Tuttavia racconta che la Terra non è un pianeta eternamente uguale a se stesso. Che è cambiato nel tempo. Così cambiato che una volta anche le montagne delle Alpi se ne stavano al caldo nel Mediterraneo.

In realtà la storia racconta qualcosa di più. Che c'è uno scontro tra placche. E che le Alpi sono nate dallo scontro tra la placca africana e quella europea. E ancora che, dopo essere emerse, le montagne sono state modellate dalle intemperie. La storia non sarà un trattato, ma è efficace nel descrivere i tratti essenziali della storia geofisica delle nostre montagne e nel restituire ai suoi giovani e meno giovani lettori l'immagine di un mondo che cambia incessantemente per cause diverse.

Il fulmine

Se la Terra è un pianeta dinamico, l'atmosfera è la sua parte più attiva. Vi accadono un sacco di cose. Tra i più bizzarri, tra quelli che hanno più colpito l'immaginario degli uomini, c'è certamente il fulmine, accompagnato dal tuono. Tratto da *Il fulmine*, una delle storie raccolte postume in *La macchina per fare i compiti e altre storie*.

> Quando ci sono i temporali, le nuvole diventano allegre e si mettono a giocare ai birilli con i campanili, con le torri, con le cime delle piante, invece delle solite palle, le nuvole tirano i fulmini. Gli uomini però sono furbi, e hanno messo dappertutto dei parafulmini, che attirano i fulmini come calamite. Le nuvole si arrabbiano perché non riescono mai a buttar giù il loro bersaglio, e brontolano.
> Questo brontolio è il tuono.

Il fulmine è uno dei modi più impressionanti – visibile per definizione – con cui la natura esprime tutta la sua straordinaria e a volte terribile potenza. E Gianni Rodari lo sottolinea. Tuttavia l'uomo ha messo a punto una strategia per imparare a parare almeno alcuni dei colpi potenti e talvolta tremendi della natura: la tecnologia. La tecnologia per parare i colpi dei fulmini si chiama parafulmine.

No, non crediate che Rodari sia un apologeta della tecnica. Ne è anche attento critico, come vedremo. Rodari sa che anche la natura, ormai, deve stare attenta. Se mal utilizzata, la tecnologia cessa di essere un'arma di difesa dell'uomo e diventa un'arma di offesa. Verso la natura. E verso se stesso.

L'arcobaleno

Nei racconti, nelle favole, nelle filastrocche, nelle canzoni, nei brani di Rodari c'è cultura scientifica. Ma non c'è divulgazione della scienza. Questa è la regola. Una regola che ammette, come abbiamo già avuto modo di vedere, numerose eccezioni. Talvolta Rodari solleva un tema scientifico, spesso in maniera (apparentemente) casuale. E poi lo sviluppa anche da un punto di vista divulgativo. Tenendo alta la qualità del narrare (o, se volete, la caratura artistico-letteraria).

Un esempio? Correte a leggere la storia delle *Mucche di Vipiteno* con cui apre il *Gioco dei quattro cantoni* (1980). Coprotagonista è l'arcobaleno:

> Una mucca di Vipiteno aveva mangiato l'arcobaleno. [...]
> – Ma cosa sta dicendo? Ma lo sa che l'arcobaleno, più o meno, è un'illusione ottica?

Ed ecco come Rodari non resiste alla pulsione del (grande) divulgatore:

> Il principio dell'arcobaleno, già indicato da monsignor De Dominis, vescovo di Spalato, nel 1590 e precisato da Cartesio nel 1637 e da Newton nel 1704, spiega il fenomeno come una conseguenza della dispersione e della riflessione che la luce del sole subisce attraversando le gocce di pioggia cadenti nella nube che sta di fronte all'osservatore.

Dizionario terrestre

Dizionario degli abitanti del pianeta Terra

Biodiversità

Se dovessimo immaginare la forma e il contenuto dell'astronave Terra che viaggia nello spazio cosmico, nessuna immagine risulterebbe migliore, forse, dell'Arca di Noè. Della nave che ospita, a coppie, tutti gli animali del pianeta.

In realtà l'astronave Terra è qualcosa di più, anche in termini qualitativi, dell'Arca. Perché non ospita solo gli animali, ma l'intera biodiversità: tutte le diverse specie viventi del pianeta. Divisi in tre grandi domini: gli eucarioti, i batteri e gli archea.

Ma a quanto ammonta la biodiversità del pianeta? Quante sono le specie viventi? Non lo sappiamo. Finora gli scienziati ne hanno classificato circa 2 milioni, ma c'è chi giura che il numero è almeno 5 se non 50 volte superiore. Bisogna studiare ancora, per individuarle tutte. Prima che molte si estinguano.

Già, perché il guaio è che la biodiversità sull'astronave Terra si sta erodendo. È come se l'Arca di Noè stesse perdendo per strada molti dei suoi ospiti. In realtà da sempre le specie, proprio come gli individui, nascono, si sviluppano, si riproducono (generando nuove specie) e muoiono. Il fatto è che oggi la velocità con cui le specie scompaiono non solo è superiore a quella con cui nuove specie stanno nascendo, ma è anche decisamente superiore al tasso normale di estinzione. Anzi, pare proprio che la velocità con cui la biodiversità si sta erodendo è del tutto inedita: sconosciuta in passato e superiore, si calcola, anche a quella delle grandi estinzioni di massa registrate negli ultimi 500 milioni di anni. Le estinzioni di massa sono quelle in cui a scomparire è almeno il 60% delle specie. Se ne sono verificate cinque, nell'ultimo mezzo miliardo di anni, ovvero da quando è nata la vita animale.

Se l'attuale erosione dovesse continuare per alcuni decenni, ci troveremmo nel piano della sesta grande estinzione di massa delle specie viventi.

L'uomo è la principale concausa di questa veloce erosione. E le Nazioni Unite, fin dal 1992, hanno proposto una Convenzione per evitare che l'erosione provocata dall'uomo si trasformi nella sesta estinzione di massa. Sarebbe una perdita enorme. In termini biologici. Ma anche in termini economici. Sia perché il 40% dell'economia dell'uomo è in qualche modo legata alla varietà delle specie viventi. Sia perché nel loro Dna le specie note e sconosciute contengono uno scrigno genetico che – dall'agricoltura alla farmaceutica – può produrre nuova ricchezza.

Ma torniamo a Gianni Rodari. Nelle sue opere non fa riferimento esplicito alla biodiversità. E neppure ai diversi domini e ai diversi regni del vivente. Rodari si limita, in genere, a parlare degli animali (e spesso delle piante). Gli animali (e talvolta le piante) sono tra i protagonisti più numerosi delle sue narrazioni, in prosa o in versi. E come potrebbe essere diversamente?

Non ricorderemo, pertanto, tutte le volte che cita un animale. Non sarebbe possibile – se non pubblicando per intero la sua *opera omnia* – e non sarebbe neppure utile. Perché non basta citare un animale per fare riferimento, anche indiretto, a concetti di interesse scientifico. Ci limiteremo, allora, a ricordare quando Gianni Rodari si richiama in maniera esplicita alla ricchezza del loro numero. Alla biodiversità.

Alla biodiversità degli animali che popolano il cielo, per esempio. Ecco la filastrocca *Come si chiamano gli uccelli*. Tanti nomi, va da sé, significano tante specie (da *Filastrocche in cielo e in Terra*, 1960):

Come si chiamano gli uccelli

Codone, marangone,
mestolone, fischione,
moriglione;

ghiandaia, beccaccino,
balestruccio, topino,
migliarino;

merlo, fringuello, luì,
beccapesci, cutrettola, colibrì:
gli uccelli si chiamano così.

Nel 1994 il biologo inglese Robert May calcolò che l'85% delle specie macroscopiche mai vissute sul pianeta Terra hanno abitato sulla terraferma e solo il 15% negli oceani. Nel 2009 un altro biologo inglese, Michael Benton, ha dimostrato che May si sbagliava, probabilmente, per difetto: perché attualmente tra il 95 e il 98% delle specie viventi multicellulari sono terrestri e soli tra il 2 e il 5% sono marine.

Ma poiché il numero delle specie viventi è enorme e sconosciuto, anche il numero delle specie che vivono in mare è piuttosto grande e sconosciuto. Il discorso e il rovello valgono anche per gli individui. Come dimostra Gianni Rodari in *Quanti pesci ci sono nel mare?* un'altra delle *Filastrocche in cielo e in Terra*:

Tre pescatori di Livorno
disputarono un anno ed un giorno

per stabilire e sentenziare
quanti pesci ci sono nel mare.

Disse il primo: «Ce n'è più di sette,
senza contare le acciughette».

Disse il secondo: «Ce n'è più di mille,
senza contare scampi ed anguille».

Il terzo disse: «Più di un milione!»
E tutti e tre avevano ragione.

Sul rapporto tra biodiversità terrestre e marina ecco un'altra filastrocca, *Domande*:

Un tale mi venne a domandare
quante fragole crescono in mare?
Io gli rispondo di mia testa:
quante sardine nella foresta

In *C'era due volte il barone Lamberto*, del 1978, c'è infine il richiamo alle specie scomparse. O evolutesi. Comunque difficili da pronunciare:

– Pensi se avessimo dovuto ripetere la parola «pterosauro».
– E cosa vuol dire?
– Rettile volante della preistoria. C'era la settimana scorsa nelle parole incrociate.

Topi

Tra Barbarano Romano e Tuscanica, l'antica Etruria meridionale, c'è un signore soprannominato Moscardino. Come mai? Mentre in *L'affare del secolo*, una delle storie contenute in *Il gioco dei quattro cantoni* (1980) risponde a questa domanda, Rodari ne approfitta per fare sana divulgazione su uno degli ospiti dell'astronave Terra:

> Il moscardino, presente nella regione (*Moscardi avellanarius*), viene chiamato anche «topo delle nocciole», ma solo per equivoco. Somiglia al ghiro, ma ghiro non è. A sua volta, poi, il ghiro somiglia allo scoiattolo, con il quale è facile confonderlo per la sua coda a pennacchio. Per distinguere i tre animali, caso mai se ne presentasse la necessità, basterà ricordare che la coda del ghiro è più corta del suo corpo, sebbene di poco, e che il moscardino porta un bellissimo mantello dorato.

Ragno

Ogni animale ha il suo habitat. Ogni animale cerca di adattarsi a diverse condizioni ambientali. Talvolta l'adattamento è difficile. Come dimostra questa *Lettera di un ragno al suo padrone di casa*, in *Il gatto parlante e altre storie*:

> Egregio signore, sono un vecchio ragno e sono vissuto finora proprio alle sue spalle, dietro il busto di gesso di questo strano personaggio con due facce che mi sembra che si chiami il dio Giano. Anzi, senta:
> *Il buon dio Giano*

com'era strano:
aveva due facce
per fare le boccacce.
Dietro la testa, guarda caso,
gli spuntava un altro naso.

Però non è del dio Giano che voglio parlarle, ma della mia vecchia e povera persona. Ero un bel ragno grasso e nero ai miei tempi, ma sono stato ridotto così dalle tante battaglie che ho dovuto sostenere con la di lei moglie che ogni mattina distruggeva con un solo colpo di scopa le mie pazienti creazioni nel campo della tessitura. Se lei fosse un pescatore e un pescecane le distruggesse tutte le mattine la rete, come farebbe a vivere? Con questo non voglio paragonare la sua signora a un pescecane. Ma insomma, mi sono dovuto ridurre a dare la caccia ai moscerini in libreria, e mi sono accampato in un piccolo rifugio, dietro la testa del dio Giano, che non se ne lamenta troppo. Così sono invecchiato. Le mosche, sono sempre più rare, con tutti gli insetticidi che hanno inventato. Vorrei pregare la sua signora di lasciarne vivere almeno due o tre la settimana, di non farle morire proprio tutte. Ma so che questo è impossibile; la sua signora odia le mosche, perché le sporcano le tovaglie e i vetri delle finestre. Perciò ho deciso di lasciare questa casa e di trasferirmi in campagna. Là forse troverò da vivere. Ho ricevuto un messaggio da alcuni miei amici che vivevano in solaio e sono emigrati in giardino; si trovano bene e mi invitano a raggiungerli. Sì, signore, ce ne andiamo tutti. I ragni lasciano le case degli uomini, perché non vi trovano più cibo. Me ne vado senza malinconia, ma mi sarebbe sembrato di farle un dispetto e di mancarle di cortesia andandomene senza salutare. Suo devotissimo
Ragno Ottozampe

Millepiedi

Ai millepiedi e al rapporto che instaurano con gli umani – ma anche alle definizioni talvolta frettolose della saggistica – è dedicato un intero capitolo, *I millepiedi* appunto, in *Il giudice a dondolo* (pubblicato postumo):

L'enciclopedia Pomba sostiene che i miriapodi (tra i quali si annoverano i millepiedi) «fanno vita nascosta e notturna» e «non hanno in genere alcuna importanza pratica». Su quest'ultima affermazione sono in grado di smentire l'importante pubblicazione, che avrebbe dovuto almeno accennare alla funzione dei millepiedi nella villeggiatura...

Prendete il libro e continuate a leggere l'esilarante racconto di un uomo, raffinato intellettuale, cui la "presenza indesiderabile" di innocui millepiedi rovinano la villeggiatura. Saranno anche piccoli e innocui, ma chissà perché in molti uomini – grossi, robusti e razionali – questi piccoli esseri suscitano un insopprimibile ribrezzo che talvolta diventa una vera ossessione. Sarebbe interessante capire dove ha origine questa ripugnanza (che sembra) del tutto immotivata.

Evoluzione

Non sappiamo ancora come sia avvenuto. Ma, certo, è avvenuto. In un'epoca compresa tra 3,5 e 3,9 miliardi di anni fa, forse addirittura prima, sulla Terra è apparsa la prima forma di vita. Ed è nata la prima cellula. Forse la cellula capostipite di tutte le forme di vita e di tutti gli organismi viventi presenti oggi sul pianeta.

La vita, la nostra vita, ha dunque una storia lunga. Che si misura in miliardi di anni, nel "tempo profondo". Nel corso di questa lunga storia sulla Terra, la vita si è modificata e diversificata. Si è evoluta. Con un processo che, almeno in prima battuta, non sembra affatto graduale.

Arche e batteri, organismi formati da una sola cellula, sono stati gli unici abitanti del pianeta, in tutti primi 2 miliardi di anni della storia della vita. Dimostrando una straordinaria capacità di diversificarsi e di modificarsi in relazione ai cambiamenti dell'ambiente, ma anche di modificare l'ambiente. Se, per esempio, la Terra ha un'atmosfera unica nel sistema solare, un'atmosfera che è un autentico assurdo chimico, perché densa di un elemento, l'ossigeno, tra i più reattivi conosciuti, lo si deve a quei piccoli organismi costituiti da una sola cellula priva di nucleo.

Due miliardi di anni fa, dopo un salto evolutivo enorme, forse il più grande mai compiuto da organismi viventi, sono nate le grosse cellule eucariote. Quelle di cui sono costituiti gli animali e le piante.

Ma ancora per centinaia di milioni di anni, la vita, pur continuando a diversificarsi, è stata rappresentata sulla Terra solo da organismi composti da una sola cellula.

I primi organismi animali sono apparsi in tempi piuttosto recenti: meno di 600 milioni di anni fa. Ma anche la loro storia, dopo la cosiddetta "esplosione del Cambriano", è stata caratterizzata da numerosi e importanti processi biologici di innovazione e diversificazione.

Per riassumere: da una piccola cellula, da pochi organismi animali è sbocciata la straordinaria ricchezza della diversità biologica che caratterizza oggi la Terra. Malgrado viviamo nel mezzo di un'altra, grande estinzione di massa, oggi il pianeta è popolato da milioni, forse da decine di milioni, di specie diverse.

Qual è stato il motore di questa spinta all'evoluzione e alla crescita di diversità biologica?

Ed è possibile considerare la lunga storia della vita come l'ordinato avanzamento dagli organismi più semplici ai più complessi, dai più primitivi ai più sviluppati, dai più piccoli ai più grandi?

A queste domande sappiamo rispondere. Da oltre centocinquant'anni abbiamo una teoria in grado di spiegare i fatti noti: la teoria dell'evoluzione biologica per selezione naturale del più adatto. La struttura di questa teoria poggia su un tronco solido e ha tre rami portanti che, dal 1859 a oggi, sono stati più volte innestati, ma non sono mai stati tagliati. Il tronco, solido e stabile, è quello dell'ipotesi darwiniana dell'evoluzione per selezione naturale del più adatto. I rami portanti, solidi ma più volte innestati, sono rispettivamente: la "potenza", ovvero il luogo ove agisce la selezione naturale; l'"efficacia", ovvero la capacità creatività della selezione naturale; la "portata", ovvero la capacità della selezione naturale di determinare l'evoluzione biologica a grande scala.

L'idea fondante di Darwin – il tronco della sua teoria – è che gli organismi viventi evolvono mediante un meccanismo, la selezione naturale, che assicura un vantaggio riproduttivo agli organismi più adatti a vivere nell'ambiente che cambia. L'ipotesi darwiniana ha sempre resistito alla prova dei fatti ed è stata clamorosamente confermata dalle nuove conoscenze che il XX secolo ha prodotto intorno alla biologia a dimensioni molecolari. Questa idea costituisce, oggi più che mai, la struttura profonda della teoria dell'evoluzione biologica.

Dal tronco dipanano i tre rami portanti dell'albero della teoria. Tre rami tutti individuati e definiti dallo stesso Charles Darwin. Tre rami forti che, hanno resistito, alla prova dei fatti. Anche se negli ultimi trent'anni hanno subito innesti e sfrondature. Che non li hanno indeboliti, ma rafforzati e arricchiti.

Il primo ramo è quello della "potenza". Ovvero del "luogo biologico" ove agisce la selezione naturale. Darwin, quel luogo, lo indica con chiarezza: è l'organismo, inteso proprio come individuo vivente. È lui che lotta per la sopravvivenza. È lui che si riproduce, facendo nascere nuovi individui: ciascuno diverso dall'altro, ciascuno con un potenziale adattativo diverso dall'altro. Ed è su di lui, sull'organismo, che agisce la selezione naturale, premiando con il successo riproduttivo, in media, i più adatti e punendo con l'insuccesso riproduttivo, in media, i meno adatti.

L'organismo è l'unità fondamentale del mondo vivente. E Darwin riesce nell'impresa di assegnare all'unità fondamentale del mondo vivente la massima capacità dinamica.

Negli anni recenti l'indicazione primaria di Darwin, ovvero l'esistenza di un "luogo biologico" ove agisce la selezione naturale, non è stata abbandonata. Il primo ramo non è stato abbattuto. Ma è stato innestato. Alcuni hanno individuato nel gene un altro "luogo della selezione". Stephen Jay Gould ed Elisabeth Vrba, per esempio, hanno dimostrato che la selezione agisce a diversi livelli gerarchici di organizzazione del vivente, per esempio a livello di intere specie. Nella competizione adattativa le specie si comportano, a volte, come fossero individui. Nella "teoria gerarchica della selezione" elaborata da Gould e Vrba l'organismo non è il solo "individuo" su cui agisce la selezione naturale, ma sono in qualche modo "individui" anche il gene, la cellula, la specie, i demi (aggregati temporanei di diversi organismi) e i cladi (linea filetica di organismi che discendono da un antenato comune). Naturalmente la "teoria gerarchica della selezione" non sostituisce il ramo darwiniano ove riposa l'agente causale dell'evoluzione biologica, ma lo innesta e lo arricchisce.

Il secondo ramo nell'albero della teoria evolutiva è quella della "efficacia": la selezione naturale ha una forza creatrice. In altri termini non si limita ad agire come una falce e a eliminare gli individui (geni, cellule, organismi, specie, demi, cladi) meno adatti, ma in qualche modo "crea" gli individui più adatti all'ambiente che cambia. Anche questa primaria indicazione di Darwin non è stata abbandonata. Il secondo ramo non è stato reciso. È stato, però, innestato.

Tra gli innesti vi sono, certo, i vincoli strutturali. Per esempio la morfogenesi e la capacità di auto-organizzazione della materia vivente. Ma vi sono, anche e soprattutto, i vincoli storici. Gli accidenti congelati. Quelli che Gould, osservando i pennacchi dentro San Marco a Venezia, ha chiamato ex-attamenti. La selezione naturale "crea". Ma, come uno scultore, utilizza la materia esistente oggi sulla Terra (il marmo, il bronzo, la plastica) e i vincoli strutturali imposti dalle leggi fisiche e chimiche. Nel caso dell'evoluzione biologica, è la storia che fornisce la materia e sono le leggi morfogenetiche che impongono i vincoli.

Il terzo ramo, infine: quello della "portata". Possono gli agenti microevolutivi (la variabilità degli individui, le selezione naturale a livello degli individui) rendere conto della spettacolare diversificazione che la materia vivente mostra sulla Terra? Come possono le piccole mutazioni casuali a livello di Dna e il setaccio delle selezione naturale essere responsabili di quell'evoluzione che dai batteri ha portato ai dinosauri o all'uomo? A questa domanda Darwin rispondeva sì, il meccanismo che determina l'evoluzione biologica a piccola scala, gradualmente nel tempo determina anche l'evoluzione a grande scala.

Anche questo ultimo ramo non è stato tagliato dalle nuove conoscenze biologiche e dalle nuove teorie evoluzionistiche. Tuttavia anch'esso è stato innestato e arricchito. In particolare Stephen Jay Gould e Niles Eldredge hanno mostrato, circa trent'anni fa, che l'evoluzione biologica non è necessariamente graduale, ma procede anche per lunghe stasi e rapide accelerazioni.

D'altra parte ormai sappiamo che nel corso della sua storia sulla Terra, lunga 3,5 o forse 3,9 miliardi di anni, la vita sulla Terra è andata incontro a un processo di graduale diversificazione intervallata da repentine catastrofi, con bibliche estinzioni di massa. Anche la storia di molte specie è andata incontro a periodi di sostanziale stasi evolutiva, intervallati da improvvise accelerazioni.

No, non equivocate. Non troverete in Gianni Rodari la divulgazione di questa complessa struttura della teoria dell'evoluzione biologica. Però se conoscete – come conosceva lui – i punti fondamentali della teoria, potrete apprezzare i tanti luoghi e i tanti momenti in cui Rodari parla di evoluzione.

Dove? Be', tanto per iniziare, in *Il libro dei perché* (che raccoglie le rubriche pubblicate su *l'Unità* nella seconda parte degli anni '50):

> È nato prima l'uovo o la gallina?
> Prima l'uovo, prima l'uovo! La prima di tutte le galline venne fuori dall'uovo di un uccello che non era del tutto una gallina; e il primo di questi *uccelli-quasi-gallina* venne fuori dall'uovo di un rettile e così si va sempre indietro, fin che si arriva ai primi esseri viventi, che erano qualcosa come uova piccolissime ed invisibili, galleggianti sulle acque. Ma a proposito di uova:
> «Io dall'uovo
> non mi muovo
> se non so che cosa trovo
> fuor dell'uscio
> del mio guscio...»
> Un pulcin così pensò,
> e nel uscio si tappò
> tanto ben... che soffocò.

La trasmutazione delle specie ha portato, anche, al passaggio da un regno all'altro del vivente. Come? Una spiegazione, straordinaria, la troviamo in *Il gioco dei quattro cantoni* (1980) storia principale dell'omonimo libro, dove Rodari ci parla dell'evoluzione biologica come aspirazione. E ironizza sulla presunta "gerarchia delle specie":

> Che ne sappiamo veramente, noi, delle piante? Ci siamo informati sui loro progetti per il futuro? E se il regno vegetale aspirasse a raggiungere il livello del regno animale?

Gli animali, sotto pressione, cercheranno di migrare nel dominio dell'uomo. Ma al gioco dell'evoluzione non c'è mai fine:

> Se gli animali invadono il dominio umano e le piante quello animale, – essa si chiede, – chi occuperà il regno vegetale?

In montagna la maestra Santoni trova la risposta:

Osserva, sorride, torna ad osservare. Da una roccia sbocciano fiori di rododendro, mughetti da un'altra, da una terza violette di montagna. Direttamente dalla pietra, senza il soccorso, di radici, com'è facile constatare, senza il supporto di rami, foglie, eccetera. Le rocce stanno fiorendo. Sì, esse stanno entrando di pieno diritto nel regno vegetale.

È chiaro, dunque il gioco dei quattro cantoni è il gioco dell'evoluzione:

> E noi? – si chiede trepidando la maestra Santoni. – E noi, dove andiamo? Dico noi uomini, intendendo per uomini, si capisce, anche le donne, di cui si occupano tanto poco le definizioni scientifiche...

La risposta è scontata. Noi stiamo organizzando questo gioco dei quattro cantoni. Noi stiamo tornando indietro, nel rettangolo dell'evoluzione:

> Facendosi coraggio, la maestra Santoni osserva se stessa, cominciando dalle unghia. E non si sorprende affatto, date le premesse della sua osservazione, e l'ipotesi che campeggia sullo sfondo, di scoprirsi un'unghia che basta un'occhiata a descrivere e classificare, a un occhio non ignaro di mineralogia come il suo: si tratta di pura ematite ottaedrica. [...] "Mi sto, – conclude la maestra Santoni, – mineralizzando, come era logico".

> "La natura [...] è in preda a un totale rivoluzionamento di ruoli. Il regno minerale trapassa nel vegetale, questo diventa animale, quest'ultimo si umanizza e agli uomini non rimane, come sta in effetti accadendo, che occupare il mondo delle pietre e dei cristalli. Si verifica qualcosa di paragonabile a un universale gioco dei quattro cantoni. Il cosmo rivela, con tutto il rispetto, la sua sostanza ludica".

La maestra comunica al ministero quanto ha scoperto. Ma il capo di gabinetto del ministro è scettico:

> Gentile signora, – egli scrive, – per fare il gioco dei quattro cantoni bisogna essere in cinque. Nella sua ipotesi sono

presenti, al momento, solo quattro giocatori. Chi sarebbe il quinto?

Già chi sarebbe il quinto? Anche la vedova Santoni se lo chiede:

Anch'essa si chiede chi farà da quinto nel gioco? Il buon Dio? I marziani? Una forma di vita sconosciuta alla biologia terrestre? Esseri di pura energia? L'antimateria?

La conclusione è:

La maestra Santoni allinea diligentemente i punti interrogativi e si ricorda sorridendo di tutte le volte che i suoi scolari hanno usato il punto esclamativo in luogo dell'interrogativo e viceversa, chiudendo magari la loro composizione, anziché con il dovuto punto, con una virgola sospesa sull'abisso, così: ,

Anche quella umana, specie tra le specie evolve. Ancora una volta la spiegazione è nel *Libro dei perché*:

Perché nel mondo ci sono tante razze e di tanti colori?
Con precisione credo che non lo sappia nessuno. In gran parte le differenze di colore tra gli uomini dipendono dalla diversità degli ambienti in cui i gruppi umani si sono sviluppati, adattandosi ai diversi climi, alle diverse condizioni di vita. Sono differenze che sono nate e si sono formate durante centinaia di migliaia di anni: una storia che non è ancora stata scritta.
Ma il colore della pelle è un particolare secondario: l'importante è che siamo tutti uomini, pensiamo, amiamo, lavoriamo e vogliamo vivere una vita più felice.
È vero che di fuori
gli uomini sono di tanti colori:
neri, bianchi, gialli, così così.
Ma dentro siamo uguali
come tanti gemelli,
da Pechino a Canicattì
siamo tutti fratelli
tranne pochi elementi

che sono parenti
solo al portafoglio;
cognati e cugini
soltanto dei loro quattrini.

Oggi sulla storia dell'uomo sappiamo un po' di più. La diffusione sul pianeta dell'uomo africano (*Homo sapiens*) è avvenuta negli ultimi centomila anni e così anche la caratterizzazione pigmentata della pelle. Ma per il resto Rodari ci spiega bene l'evoluzione della nostra specie. Che non ha razze.

Ciclo biologico

A rigor di termine, si possono distinguere diversi tipi di cicli biologici. C'è quello del singolo individuo, chiamato "ciclo ontogenetico". C'è quello della specie, chiamato "ciclo metagenetico". Ci sono, ancora, i cicli biologici degli svariati elementi che fanno parte della chimica della vita: il ciclo del carbonio, il ciclo dell'azoto e così via.

In *Che cosa ci vuole*, una delle *Filastrocche in cielo e in terra* (1960) Gianni Rodari ci propone il poetico ciclo ontogenetico di un albero:

Per fare un tavolo
ci vuole il legno,
per fare il legno
ci vuole l'albero,
per fare l'albero
ci vuole il seme,
per fare il seme
ci vuole il frutto,
per fare il frutto
ci vuole il fiore:
per fare un tavolo
ci vuole un fiore.

La filastrocca è poi diventata una famosissima canzone proposta da quel poeta della musica leggera che era Sergio Endrigo.

Estinzioni

Le specie viventi, proprio come gli organismi, nascono, vivono e poi muoiono. Una specie sopravvive se il tasso di mortalità, nel tempo, non è superiore al tasso di natalità. Insomma, se non muoiono più individui di quanti ne nascono.

Anche la biodiversità del pianeta si conserva o addirittura aumenta se il numero delle specie che muoiono non è superiore a quelle che vengono originate.

Se, nella storia di una specie, il tasso di mortalità supera per lungo tempo quello di natalità, la specie declina e rischia di estinguersi.

Se, nella storia della vita, si verifica che il tasso di mortalità delle specie è stabilmente superiore al tasso di natalità si parla di fase di estinzione. Se la scomparsa delle specie è superiore al 60% di quelle presenti sul pianeta si parla di "grande estinzione". Negli ultimi 600 milioni di anni si sono avute almeno 5 "grandi estinzioni". L'ultima, 65 milioni di anni fa, ha portato alla scomparsa dei dinosauri (con parziale evoluzione in uccelli). La più grave è avvenuta nel Permiano, 220 milioni di anni fa: allora scomparve quasi il 98% delle specie animali.

Oggi il tasso di mortalità delle specie è superiore al tasso di natalità. Siamo in una fase di estinzione. Di più: la velocità di estinzione è superiore a quella di ogni altra epoca storica conosciuta. Se continua così rischiamo di trovarci in un'altra grande estinzione di massa: la sesta. Questa volta conosciamo una delle principali concause: l'uomo.

Gianni Rodari affronta il tema. Non quello delle grandi estinzioni. Ma certo quello delle estinzioni. E lo affronta in termini evoluzionistici. Come dimostra questa storia nella storia di *C'era due volte il barone Lamberto* (1978).

Rodari incontra sul lago di Cusio un ragioniere con delle strane pinne:

> Ecco non sono normali pinne di gomma ma, per quanto strano possa sembrare, pinne naturali. Esse spuntano direttamente dalla carne, continuandone l'estensione nello spazio, mutandone l'abituale conformazione anatomica. Fanno parte integrante del corpo del ragioniere, come le sue orecchie.

La zona interessata è quella delle spalle:

– Ecco, lì debbono spuntare le pinne. In altri sei mesi di allenamento spero di riuscire a farmele crescere.
– Capisco, – dico, senza riuscire a nascondere la mia curiosità, – lei si sta allenando per...
– Per diventare un pesce, sissignore.
[...]
– Mi sembra, – dico, – un lodevole progetto. Ha anche il suo aspetto scientifico, come richiedono i tempi. L'esperimento meriterebbe certamente di essere finanziato da qualche importante accademia, da un istituto di zoologia, dalla fondazione ittiologica di Borca, dalla facoltà di piscicoltura di Bagnella...

Ma perché il ragioniere vuole diventare un pesce?

– Ebbene, signore, non ha mai sentito dire che il Cusio è, per effetto dell'inquinamento, della moria dei pesci, dell'estinzione di ogni attività biologica, "un lago morto"? [...] Io amo il Cusio. E voglio che esso viva. Per questo intendo dargli la mia vita, dopo averla convenientemente adattata al cambiamento.
E chi sa per quanto tempo mi sarebbe toccato di ascoltare i suoi sfoghi patriottico-zoologici, ma anche, ovviamente, ecologici, se, nel guardarmi incontro...

Lasciamo al lettore il gusto di scoprire come sia andata a finire.

Uomo di Neanderthal

Tra i vari abitanti della Terra c'è l'uomo. E come tutti gli abitanti della Terra l'uomo è cambiato nel tempo. Ha subìto un processo di evoluzione. Negli ultimi milioni di anni le specie umane sono state diverse sulla Terra. Con alcune *Homo sapiens*, la nostra specie, ha convissuto. Abbiamo prove certe, per esempio, che in Europa la nostra specie ha convissuto con l'uomo di Neanderthal.
A lui, al nostro cugino estinto, Gianni Rodari fa un piccolo riferimento, forse non troppo lusinghiero, in *Occhi felici*, tratto da *Il giudice a dondolo* (pubblicato postumo):

– Ma no, le assicuro che quel signore veste un costume dell'età della pietra. Non so se lo faccia in omaggio al carnevale: in questo caso sarebbe giustificato. Osservi l'ascia di pietra, rozzamente scolpita. L'uomo di Neanderthal non avrebbe saputo fare di peggio.
Perplesso, mi azzittai, cercando intanto di ricordare chi fosse l'uomo di Neanderthal.

Evoluzione culturale

Theodosius Dobzhansky, uno dei teorici della cosiddetta "teoria sintetica dell'evoluzione", che ha unificato la genetica e l'evoluzionismo darwiniano, la definiva "il secondo trascendimento" nella storia della vita sulla Terra. Il primo è stato il passaggio dal non vivente al vivente e il secondo è stato il passaggio dal biologico al culturale. Molte specie hanno capacità culturali, ovvero capacità di apprendere dall'esperienza e comunicarle ai propri simili. Ma certo l'uomo è quello che più di ogni altra specie ha acquisito queste capacità e ne ha fatto la base della propria vita. La cultura è il tratto distintivo dell'uomo, come spiega la maestra Santoni in *Il gioco dei quattro cantoni* (1980) la storia principale dell'omonimo libro di Rodari:

> Ecco – riflette la maestra Santoni. – Ma era da immaginarselo, era quasi inevitabile. Se le piante diventano animali, agli animali non rimane che emigrare nel regno più vicino, che è poi il nostro. È ben vero che noi uomini (e donne, si capisce, a dispetto della grammatica che ci comprende nel genere maschile) apparteniamo a nostra volta al regno animale. Ma in tanti millenni ce ne siamo distinti. La nostra cultura fa di noi un regno diverso da quello dei gatti o, poniamo, delle pulci e dei topi.

L'evoluzione culturale ci fa diversi (ma non totalmente diversi) dagli altri esseri viventi. Ma l'acquisizione di questo tratto distintivo, il secondo trascendimento nella storia della vita, non è stato miracoloso. È il frutto dell'evoluzione. Storico e per certi versi ripetibile. Come Rodari spiega in uno dei racconti, *Il Dio del Fuoco*, che è parte della serie *L'agente X.99*, parte a sua volta di *Il gioco dei quattro cantoni*.
È *L'agente X.99* che parla:

Preparo la mia piccola astronave da ricognizione, faccio il salto, controllo l'impianto, che stava tra le montagne sulla rive di un laghetto dall'acqua verde. Renata, intanto, bruca e saltella. Pare impazzita di gioia, poveretta, dopo mesi di esilio tra le nude pietre di X.99. Si allontana senza che io me ne preoccupi. Quando sono per ripartire, non la vedo più. Dev'essersi inoltrata in quel boschetto, andrò a vedere. Be', che mi prenda un colpo, la trovo quasi subito: è lì che si lascia mungere da due grossi scimmioni. Uno mungeva il latte direttamente nella bocca dell'altro, a turno. Un'altra dozzina di scimmie stava a guardare. Come si accorgono di me, si agitano un bel po', ma non si spaventano, non scappano. E quei due continuano a bersi il mio latte. La cosa mi diverte tanto, che non ho neanche voglia di arrabbiarmi. M'infilo tra le labbra una sigaretta, cavo l'accendino e lo faccio scattare.

Quello è stato, l'accendino. Alla vista della fiammella, uno dopo l'altro, tremando di paura, gli scimmioni si gettano a terra, in adorazione. Sta' a vedere, penso, che mi hanno scambiato per il Dio del Fuoco. Ma subito mi correggo. Chi ha mai visto delle scimmie comportarsi a quel modo? Nel loro gesto di adorazione è già visibile il salto dalla condizione animale a una condizione pre-umana. La fiammella dell'intelligenza è già accesa in quelle teste che si muovono aritmicamente, emettendo lunghi mugolii che di lontano somigliano al canto.

Resto lì un bel pezzo a riflettere sulla relazione che dovrò spedire a Terra. Finalmente mi ricordo di dover ripartire, chiamo Renata, mi avvio verso l'astronave. E gli scimmioni mi vengono dietro, avrei potuto divertirmi un bel po', se ne avessi avuto voglia. Invece mi viene un'altra pensata. Prendo due ciottoli e comincio a batterli l'uno sull'altro, con forza. Poi mi avvicino a una scimmia, le metto i ciottoli in mano, le faccio ripetere il mio gesto. Lo stesso faccio con tutte le scimmie. «Lavorate, lavorate!» ordino ad alta voce. «Sotto, forza, picchiare, picchiare!» E loro picchiano senza sapere quello che fanno, ma facendolo con tutta l'anima. Dai ciottoli, qua e là, sprizzano scintille. Le scimmie, spaventate, lasciano cadere i ciottoli. Ma io glieli rimetto in mano, ricominciano a battere. E finalmente, in fondo al gruppo, vedo uno scimmiotto che afferra l'idea. Batte le sue pietre (forse è stato fortunato, gli sono capitate quelle giuste),

ne cava le scintille e si ferma perplesso, ma non spaventato. Ricomincia, torna a fermarsi. Mi guarda. «Bravo», lo incoraggio, «datti da fare che ci sei...» Ora le scintille non sprizzano più per caso dal cozzo fra due pietre: è lui che le fa sprizzare. E lui l'ha capito. L'hanno capito le sue mani e hanno trasmesso il messaggio al cervello. Il cervello ha afferrato l'idea. Lo scimmiotto si leva in piedi, in preda a una specie di estasi. Si pone davanti ai suoi compagni, fa sprizzare le scintille dei sassi, lancia festose grida di orgoglio. Ha già dimenticato il mio accendino, il Dio del Fuoco, l'adorazione di poco fa... È lui l'inventore del fuoco, mi spiego? – «Al lavoro» grido, «al lavoro!»
Che cos'ho fatto dopo? Niente, ho fatto. Me ne sono venuto via. Per certe cose basta la prima lezione. Per il resto, sapevo di potermi fidare della corrente che si era stabilita tra le loro mani e il loro cervello.
Tutto qua. Niente di miracoloso, come vede.

Evoluzione culturale e (è) progresso. Ecco come e perché (tratto da *Storia universale*, l'ultima, e non a caso, della *Favole al telefono*, 1960):

In principio la Terra era tutta sbagliata, renderla più abitabile fu una bella faticata. Per passare i fiumi non c'erano i ponti. Non c'erano sentieri per salire sui monti. Ti volevi sedere? Neanche l'ombra di un panchetto. Cascavi dal sonno? Non esisteva il letto. Per non pungersi i piedi, né scarpe né stivali. Se ci vedevi poco non trovavi gli occhiali. Per fare una partita non c'erano palloni: mancava la pentola e il fuoco per cuocere i maccheroni, anzi a guardare bene mancava anche la pasta. Non c'era nulla di niente. Zero via zero, e basta. C'erano solo gli uomini, con due braccia per lavorare, e agli errori più grossi si potè rimediare. Da correggere, però, ne restano ancora tanti: rimboccatevi le maniche, c'è lavoro per tutti quanti.

Origine del linguaggio

L'evoluzione culturale ha subito una decisiva accelerazione quando *Homo sapiens* ha acquisito la sua esclusiva capacità di parlare con un linguaggio ricco di parole e di espressioni. Da *Il libro dei perché* (raccolta postuma delle rubriche tenute su *l'Unità* nella seconda parte degli anni '50):

Perché si parla?
La risposta è molto lunga e comincia addirittura centinaia di migliaia di anni or sono, quando i primi uomini cominciarono a vivere insieme, a difendersi dagli altri animali, a cacciare insieme. Fu in quel tempo che inventarono, quasi senza accorgersene, il linguaggio, una parola alla volta, per comunicare gli uni con gli altri. Se ogni uomo vivesse per conto suo, sarebbe muto, come una pianta. Le prime parole saranno state semplicissime: un mugolìo che voleva dire «*sono contento!*», un altro che voleva dire «*pericolo! pericolo!*», un altro che voleva dire «*ahi che male!*». Adesso abbiamo vocabolari pieni di parole per dire tutto quello che vogliamo. Ma la cosa importante è ancora molto semplice: ed è di dire semplicemente la verità:

> *Seguendo le tue parole*
> *come tracce sul sentiero*
> *sono entrato nella tua testa,*
> *ho visto ogni tuo pensiero,*
> *ho visto che passavano*
> *le cose che tu dici.*
> *Segno che sei sincero,*
> *leale con gli amici.*
> *I miei pensieri e i tuoi*
> *si sono stretti la mano:*
> *in due si pensa meglio*
> *e si va più lontano.*

Anatomia umana

L'uomo non è solo cultura. È anche corpo. E al corpo umano Gianni Rodari presta spesso attenzione, cogliendo l'occasione per proporre anche piccole pillole di divulgazione scientifica. Come succede, per esempio, in *C'era due volte il barone Lamberto* (1978), a proposito delle funzioni del midollo osseo (del barone, ma non solo):

[…] d'inverno, più che altro, va in Egitto a cuocersi al sole le vecchie ossa, specialmente quelle lunghe, il cui midollo è tanto importante perché è la fabbrica dei globuli rossi e dei globuli bianchi.

O, anche, nel medesimo racconto ecco proporci un'azione fisiologica praticata da tutti ma sconosciuta, almeno nella denominazione, ai più: la nittitazione (alzi la mano che ne aveva sentito parlare prima):

> Mi domando come abbia potuto tollerare, il grande Napoleone, che la «Enne» del suo nome imperiale avesse lo stesso suono di quella di navalmeccanico, nottolino, natica.
> – Naso, nausea, nittitazione, – aggiunge Anselmo.
> – Che vuol dire nittitazione?
> – L'atto di aprire e chiudere rapidamente gli occhi.

Poi passa a parlare degli occhi e di tutto il sistema visivo:

> Gli occhi, fino a qualche settimana fa seminascosti dalla pesante cortina delle palpebre, si affacciano alla luce con rinnovata vivacità. Si vede l'iride azzurra che circonda il foro nero della pupilla come il lago d'Orta circonda l'isola di San Giulio.
> – Direi, – riferisce il barone, analizzando le proprie sensazioni, – che i coni e i bastoncelli della mia retina si siano svegliati da un lungo sonno. Il nervo ottico era un tubo intasato: adesso i messaggi vanno e vengono dal cervello a velocità supersonica.

Ancora il barone Lamberto, scrutata con la lente d'ingrandimento e offre una dotta illustrazione della scatola cranica:

> – Qui, – egli conclude, – dove l'osso parietale destro incontra l'osso denominato etmoide, o la lente m'inganna, o io sono un visionario, oppure sta spuntando un secondo capello. Sì, ecco, ha bucato il cuoio capelluto, ha messo fuori prudentemente la punta, spinge pian piano, passa…

E, per finire, non trovate fantastica questa descrizione dell'intero corpo umano, con tutti i sistemi e gli apparati?

Il barone Lamberto e il suo fido maggiordomo passano sistematicamente in rassegna, senza nulla trascurare:

> il sistema scheletrico;
> il sistema muscolare (ci vogliono due mattine solo per quello, perché i muscoli sono più di seicento e vanno controllati uno per volta);
> il sistema nervoso (è così complicato che fa venire i nervi);
> l'apparato digerente (il barone ormai digerirebbe anche i gusci delle lumache);
> l'apparato circolatorio;
> i vasi linfatici;
> le ghiandole endocrine;
> il sistema riproduttivo.

Tutto in ordine, dai corpuscoli tattili, che avvertono il cervello se l'acqua del bagno è troppo calda o troppo fredda, alle trentatre vertebre della colonna, sia quelle mobili che quelle fisse. […] I due esaminatori, come viaggiatori coraggiosi, percorrono e ripercorrono il labirinto delle vene e delle arterie, sbucando da ventricoli e orecchiette, mescolandosi alle emazie e ai leucociti.
– Signor barone, i reticolociti si stanno moltiplicando che è un piacere.
– E cosa sarebbero i reticolociti?
– Dei globuli rossi più giovani.
– Avanti con la gioventù, allora.
Barone e maggiordomo s'infilano nel tunnel di Corti e penetrano nell'orecchio, sbarcano nelle isole di Langerhans dalle parte del pancreas, si arrampicano sul pomo d'Adamo, si avventurano nel groviglio dei glomeruli di Malpigli che se ne stanno raggomitolati nei reni, fanno l'altalena con l'ossigeno e l'anidride carbonica dentro e fuori dai polmoni, salgono sul ponte di Varolio, soffiano nella tromba di Eustachio, suonano gli organi del Golgi, tendono tendini, riflettono sui riflessi, fagocitano fagociti, fanno il solletico ai villi intestinali, mettono in moto la doppia elica del Dna. Ogni tanto si perdono di vista.
– Signor barone, dove si è nascosto?
– Sto aprendo il piloro. E tu, dove sei?

– Qua vicino. Sto succhiando i succhi gastrici. Ci troviamo tra un momento nel duodeno.

Patologia

Sebbene tutta l'opera di Rodari sia espressione di un realismo fantastico, senza concessioni al bamboleggiamento, la patologia è quasi sempre assente dalle sue opere. La fa, invece, da padrona in *C'era due volte il barone Lamberto*, del 1978.

C'è, infatti, la malattia:

> In mezzo alle montagne c'è il lago d'Orta. In mezzo al lago d'Orta, ma non proprio a metà, c'è l'isola di San Giulio. Sull'isola di San Giulio c'è la villa del barone Lamberto, un signore molto vecchio (ha novantatre anni), assai ricco (possiede ventiquattro banche in Italia, Svizzera, Hong Kong, Singapore, eccetera) sempre malato. Le sue malattie sono ventiquattro. Solo il maggiordomo Anselmo se le ricorda tutte. Le tiene elencate in ordine alfabetico in un piccolo taccuino: asma, arteriosclerosi, artrite, artrosi, bronchite cronica, e così avanti fino alla zeta di zoppía.

C'è la diagnosi:

> Certe volte il barone Lamberto sente un dolorino qui o là, ma non riesce ad attribuirlo con precisione ad una delle sue malattie. Allora domanda al maggiordomo:
> – Anselmo, una fitta qui e l'altra lì?
> – Numero sette, signor barone: l'ulcera duodenale.
> Oppure: – Anselmo, ho di nuovo le vertigini. Che sarà mai?
> – Numero nove, signor barone: il fegato. Ma ci potrebbe essere anche lo zampino del numero quindici, la tiroide.
> Il barone confonde i numeri.
> – Anselmo, oggi vado malissimo con il ventitre.
> – Le tonsille?
> – Ma no, il pancreas.
> – Con il suo permesso, signor barone, al pancreas abbiamo assegnato il numero undici.

– Cosa mi dici! Il numero undici non è la cistifellea?
– Cistifellea cinque, signor barone. Controlli lei stesso.

E, infine, c'è la cura. Talvolta, in eccesso. Come rilevano molti medici, oggi più che mai:

Accanto a ogni malattia Anselmo ha annotato le medicine da prendere, a che ora del giorno e della notte, i cibi permessi e quelli vietati, le raccomandazioni dei dottori: «Stare attenti al sale, che fa aumentare la pressione», «Limitare lo zucchero, che non va d'accordo con il diabete», «Evitare le emozioni, la scale, le correnti d'aria, la pioggia, il sole e la luna».

Altro

L'universalismo è uno dei valori di riferimento in cui Gianni Rodari crede e che propone alle nuove generazioni. Tutti gli uomini sono uguali. Contrariamente a quanto pensano molti, soprattutto tra quelli che hanno una pelle bianca, tutti gli uomini appartengono, per dirla con Albert Einstein, a un'unica razza: quella umana, appunto.

L'altro, semplicemente, non esiste.

Questo sentire – questo valore fondante del pensiero di Rodari – è chiaramente espresso nella filastrocca *Gli uomini blu* (da *I viaggi di Giovannino Perdigiorno*, 1973):

Giovannino Perdigiorno,
girando intorno a Corfú,
capitò nel paese
degli uomini blu.

Vedendo un uomo bianco
quelli si spaventarono:
lo legarono mani e piedi
e in gabbia lo ficcarono.

Poi dodici professori
e duecento studenti

lo studiarono in lungo e in largo,
gli contarono i denti,

misurarono la sua testa
scoprendo con stupore
che aveva due occhi
un naso e il raffreddore.

Lo fecero camminare
parlare del meno e del più
e conclusero: «Ma guarda,
sei un uomo pure tu!

Credevamo fossi un mostro
perché non sei turchino:
tante scuse per lo sbaglio,
vieni, bevi un bicchierino...»

Questo sentire universalistico – questo valore – ha solide basi scientifiche. Sono gli studi di biologia e, in particolare, di genetica che consentono di affermare che la specie *Homo sapiens*, a differenza di altre specie animali (come, per esempio, i cani), non è divisibile in razze o in gruppi irrimediabilmente diversi tra loro. Nell'ambito della specie umana "l'altro" semplicemente non esiste. E non è un caso, forse, che Gianni Rodari chiami proprio la scienza – i dodici professori e i duecento studenti – a risolvere il mistero della apparente alterità di un uomo dalla pelle bianca capitato in un paese di uomini dalla pelle blu.

Dizionario ecologico

Ecologia

A dare il nome ecologia alla

[…] scienza dell'insieme dei rapporti degli organismi con il mondo circostante, comprendente in senso lato tutte le condizioni dell'esistenza

fu nel 1866 il tedesco Ernst Haeckel. Non c'è dubbio, sono stati gli scienziati nel XIX secolo a scoprire e a iniziare a studiare l'economia che governa la casa comune degli esseri viventi sul pianeta Terra.
Ma l'ecologia è diventata cultura diffusa o, se volete, "coscienza ecologica" molto più tardi. È solo negli anni '60 del XX secolo, infatti, che l'opinione pubblica scopre i primi problemi ecologici globali. Come, per esempio, l'inquinamento radioattivo generato dagli esperimenti nucleari in atmosfera. O come l'inquinamento chimico, denunciato come problema emergente e globale nel 1963 da Rachel Carson con un libro allarmato e allarmante: *La primavera silenziosa*. Ed è, infine, nel 1968 che il biologo Paul Ehrlich pubblica il suo libro, *The Population Bomb*, in cui dimostra che, tra i problemi ecologici globali, c'è l'esplosiva capacità riproduttiva conseguita dalla specie umana. Moltiplicandosi con un successo senza precedenti, l'uomo rappresenta una minaccia per gli equilibri ecologici locali e globali.
È a Stoccolma, infine, con la conferenza delle Nazioni Unite del 1972 che nasce una "coscienza ecologica" diffusa.
Non è dunque un caso che Gianni Rodari, con la prontezza del grande giornalista, ne parli esplicitamente, della "coscienza ecolo-

gica", in un'opera del 1973, *Novelle fatte a macchina*, e più precisamente nella novella *I misteri di Venezia*:

> – Quei gatti vengono qua dentro solo per fare pipì. [...] Questa cantina è il loro gabinetto. La fanno qua per non inquinare ulteriormente le acque della Laguna. A quanto pare i gatti veneziani hanno una squisita coscienza ecologica.

Alberi

La coscienza ecologica ha, per necessità, una componente emozionale. Voglio salvare la natura (qualsiasi cosa questo significhi) perché amo la natura e gli esseri viventi. E tra gli esseri viventi tra i più amati ci sono certamente gli alberi. Tratto da *Gli alberi non sono assassini*, una delle novelle di *L'agente X.99* a sua volta contenuta in *Il gioco dei quattro cantoni* (1980):

> Una volta che passavo nelle vicinanza di Parco, un impulso irresistibile mi costrinse a scendere su quel pianeta. Avanzai fino al limitare della foresta. Gli alberi sono assolutamente immobili. Ripassai rapidamente le lezioni del professor De Mauro poi, risoluto a levarmi il pensiero, formai con le braccia un messaggio: "Gli uomini e gli alberi sono amici".

Alberi morenti

In quei medesimi anni '70 si vide, in Europa, che gli alberi si stavano ammalando. A causa delle piogge acide, dissero gli scienziati. Informazione che Rodari puntualmente riprende in *La canzone del cancello*, una delle storie raccolte in *Il gioco dei quattro cantoni* (1980):

> – Ascolti, – disse il bambino, – questa è la canzone del castagno morente. Lo vede là, quell'albero? È un castagno. È malato, come quasi tutti i castagni d'Europa. Questa è una cosa che abbiamo studiato a scuola.

L'anidride solforosa aveva fatto vittime.

Rifiuti

L'opinione pubblica dotata, come i gatti di Venezia, di una crescente "coscienza ecologica" si accorge che l'economia dell'uomo così come si è venuta sviluppando nel XX secolo non produce solo ricchezza, ma anche rifiuti.

I rifiuti degli uomini stanno invadendo il pianeta. Ma il processo non è ineluttabile. Il cerchio si può chiudere. Come va dicendo Barry Commoner. E come sostiene Rodari.

Da *I ricordini di Osiride*, una delle novelle di *L'agente X.99* a sua volta contenuta in *Il gioco dei quattro cantoni* (1980):

> Ero sbarcato sul pianeta Osiride, un pianetino fuori mano, per una faccenda di cui mi aveva incaricato la mia compagna. La prima cosa che mi colpì fu un sacchetto di plastica. Anzi, molti pacchettini di plastica. Ogni abitante del pianeta, camminasse per la strada, lavorasse nel suo ufficio, pranzasse al ristorante, ne portava uno con sé assicurato alla cintura.
>
> [...] Ne vuol sapere una buona? C'era un ragazzino che si mangiava le unghie. A un tratto si guarda intorno, allarmatissimo, apre il sacchetto e ci sputa dentro. Nemmeno uno spicchio d'unghia, dunque, doveva cadere per terra.

Il traffico

Le piogge acide, certo. Le montagne di rifiuti da smaltire e il cerchio della produzione umana che non si chiude, certo. Ma il grande problema ecologico emergente negli anni del boom economico è il traffico. Il fiume di automobili che inizia a sommergere le città. Un problema che il giornalista Rodari vuol portare alla luce e lo scrittore risolvere. A proposito di sommergere...

Tratto da *In margine a un progetto per allagare Roma*, in *Il giudice a dondolo* (pubblicato postumo):

> Un quotidiano della sera, commentando l'esperimento di un'isola pedonale nel centro di Roma, tra il Corso e la falde (strette, non larghe) del Pincio, è uscito con la proposta di pompare il Tevere fuori dagli argini, allagare strade e piazze del centro sud-

detto e trasformare l'Urbe, sarvognuno, in un vero e proprio arcipelago pedonale, con servizio di vaporetti da un'isola all'altra, gondole e traghetti come a Venezia, città del futuro, città per soli pedoni, che per suo conto ha già decretato e celebrato il trionfo dell'uomo sulla motorizzazione.
Dispiace solo che la proposta sia stata avanzata senza intenzioni serie.

Il problema del traffico esiste. Tutti comprano l'automobile. Anche se ormai si marcia a passo d'uomo tutti sognano l'automobile:

> Solennemente consegnata, ormai, la targa 913063, e decisamente in marcia la Capitale verso traguardi numerici sempre più alti, verso il milione, verso il miliardo e il fantastilione di macchine immatricolate, circolanti e parcheggianti; impotenti gli assessori a provvedere (a provvedere cosa, poi?); indifferenti i cittadini, chiuso ciascuno nella sua scatola di latta, in preda a fantasticherie erotiche e totocalcistiche, se vogliamo salvare Roma non rimane che un mezzo: allagarla.

Roma allagata. Roma come Venezia, sommersa e felice. L'idea affascina Rodari, che dopo aver sperimentato alcune soluzioni tecniche che possiamo ignorare, propone il risultato del suo esperimento:

> Una mattina Roma si desterà, lagunare, appiedata, per prendere atto dell'accaduto. È prevedibile, sulle prime, una certa sorpresa, non disgiunta da qualche tuffo involontario. Appena, però, saranno entrati in funzione i vaporetti e gli altri natanti del caso, la cittadinanza si renderà conto che circolare in Roma allagata sarà infinitamente più rapido e senza confronti più piacevole che muoversi nell'attuale Roma motorizzata.

Il traffico, problema ecologico emergente, è protagonista anche nella storia *Il pifferaio magico,* penultima della raccolta *Il tamburino magico* (pubblicato postumo):

> C'era, questa volta, una città invasa da automobili. Ce n'erano nelle strade, sui marciapiedi, nelle piazze, sotto i portoni. C'erano automobili dappertutto: piccoline come scatolette,

lunghe come bastimenti, con il rimorchio, con la roulotte. C'erano automobili, autotreni, furgoni, furgoncini. Ce n'erano tante che si muovevano a fatica, urtandosi, fracassandosi i parafanghi, schiacciandosi i paraurti, strappandosi le marmitte. E finalmente ce ne furono tante che non ebbero più lo spazio per muoversi e rimasero ferme.

Arriva il salvatore, vestito come uno zampognaro, ma...

– ... la città sarà liberata dalle automobili. E io conosco il sistema.
– Tu? E chi te lo ha insegnato? Una capra?
– Chi me lo ha insegnato non importa. A lasciarmi fare una prova non ci perdete niente. E se voi mi promettete una certa cosa, entro domani mattina non avrete più grattacapi.
– Sentiamo, che cosa ti dovrei promettere?
– Che da domani in poi in piazza grande ci potranno giocare sempre i bambini, e ci saranno per loro giostre, altalene, scivoli, palle di gomma e aquiloni.

Ancora una volta Rodari spera in e chiede, per interposta persona, una città a misura di bambino. Uno dei tre finali – ma solo uno – ci dice che quella speranza e quella richiesta potrebbero andare deluse. Oggi noi sappiamo che...

Il rumore

Tra i diversi effetti indesiderati prodotti dal traffico, ce n'è uno particolarmente fastidioso. Anche perché, letteralmente, "si sente". È il rumore. Ancora oggi poco considerato. Ma che una persona capace di anticipare i tempi come Rodari percepisce come un fattore di inquinamento da rimuovere. Tratto da *In margine a un progetto per allagare Roma*, in *Il giudice a dondolo* (pubblicato postmo):

> All'interno delle isole, naturalmente, sarà permessa la circolazione delle biciclette. Ma senza campanello: il silenzio prima di tutto.

Ma, ancorché silenziosa, la città deve essere a misura di bambino:

Unica eccezione, sarà consentito ai fanciulli di gridare sulle piazzole in frotta e, qua e là saltando, fare un lieto rumore.

C'è una differenza tra il rumore generato dal traffico e quello prodotto dai bambini. Il primo è triste, il secondo è lieto. Il primo è insopportabile. Il secondo piacevole.

Energie rinnovabili

Il più grande problema ecologico è quello delle fonti di energia. L'economia umana si è rapidamente sviluppata consumando combustibili fossili. Ovvero fonti non rinnovabili che producono rifiuti gassosi e solidi (polveri) inquinanti.

Dovremmo cambiare le fonti di energia. Scegliere quelle rinnovabili e non inquinanti. Come la fonte geotermica.

Tratto da *Il libro dei perché* (raccolta postuma delle rubriche tenute su *l'Unità* nella seconda parte degli anni '50):

> Perché l'Islanda viene chiamata la terra del fuoco e del ghiaccio? Per due cose l'Islanda è famosa: perché sta dalle parti del Polo Nord (ed ecco il ghiaccio, e un freddo che ti fa gelare le parole in bocca), e perché vi si trovano numerose sorgenti di acqua bollente. Alle quali dedico, con nostalgia, questa canzonetta:
> *Che invenzione la sorgente*
> *d'acqua bollente!*
> *Senza gas, senza carbone*
> *puoi cucinare la colazione*
> *puoi fare il bagno a tutte l'ore*
> *senza guai col contatore,*
> *e Madre Natura, a fine mese,*
> *non mette fuori la nota-spese.*

O, meglio ancora, la fonte solare:

> Perché in Africa fa sempre caldo?
> I raggi del sole vi arrivano più diritti che da noi. Ai Poli, poi, arrivano tanto inclinati che non riescono nemmeno a sciogliere i ghiacci. Allora, hai voglia ad accendere stufe!

Dica ognuno quel che vuole:
la meglio stufa è sempre il sole.

Beni pubblici globali

Non c'è dubbio. Il più grande conflitto sociale nel pianeta ridotto a villaggio globale dalle nuove tecnologie è quello intorno ai capitali della natura, beni pubblici non appropriabili di cui alcuni, invece, cercano di appropriarsi.

Tratto da *Il padrone della luna*, una delle storie raccolte in *La macchina per fare i compiti e altre storie* (pubblicato postumo):

> Ascolta. Tutto è mio, lo so, e lo sanno tutti […] Mia è la terra, e i contadini mi pagano l'affitto. Mio è il ferro, mio l'acciaio. Mie sono le strade, e la gente deve pagarmi una tassa per potervi camminare: Mia è l'acqua è […] Mia è l'aria […] Mio è il sole […] Mia è la luna […]

A parlare è Kum, folle dittatore della città di Huma. Lo asseconda Men, capo delle guardie e ministro delle prigioni:

> Signore amabilissimo – sussurra accarezzando la pantofola di Kum – perdonami per tanta sbadataggine. Avrei dovuto pensarci da un pezzo. Perché non mettiamo una tassa sulla luna?

Che discorsi da folli. Per fortuna sulla Terra non c'è nessuno che pensi di impossessarsi dei beni pubblici come l'acqua, l'aria, la luna. E non c'è nessuno, come Men, che pensi di farci pagare una tassa per bere l'acqua, respirare l'aria, prendere la tintarella al chiaro di luna...

I nuovi conflitti nell'era moderna sono una pazzia. Ma i pazzi non prevarranno, sostiene (spera) Gianni Rodari.

In preda alla sua follia, Kum ordina sul letto di morte:

> – Voglio che la mia luna sia sepolta con me, nella mia stessa tomba.

Men promise: – Sarà fatto.

Ma non fu fatto, vero? La luna è ancora in cielo, vero? La luna è di tutti, come l'aria, come il sole, come il mare, come la strada.

Così scriveva Gianni Rodari, inguaribile ottimista.

In realtà c'è chi cerca di appropriarsi delle strade, dell'acqua, dell'aria. E qualcuno sta provando anche a vendere la Luna.

Dizionario tecnologico

Il secolo degli elettrodomestici

Il XX è stato un secolo segnato più di altri – più di ogni altro – dalla tecnologia. In termini quantitativi: mai il mondo ha conosciuto tanti prodotti della tecnologia umana. Il XX è stato il secolo dei consumi tecnologici di massa. Mai la tecnologia ha informato di sé la vita quotidiana di così tanti uomini.

Come rileva, con battuta fulminante, Gianni Rodari in *C'era due volte il barone Lamberto* (1978):

> L'autista li porta velocemente a Miasino, dov'è stata affittata per loro una villa del Seicento, con affreschi del Settecento, quadri dell'Ottocento ed elettrodomestici del Novecento.

Progresso tecnologico

Il XX è stato un secolo segnato più di altri dalla tecnologia anche e, forse, soprattutto in termini qualitativi. Perché prima e soprattutto dopo la Seconda guerra mondiale è mutato il ruolo e il modo stesso di essere della tecnica.

Nel XX secolo la tecnica è diventata, ci dicono i filosofi, "forza ecumenica", non solo perché ha ridotto il mondo a villaggio globale, ma perché si è imposta come il linguaggio unificante del villaggio globale.

Nel XX secolo la tecnica è diventata, ci dicono ancora i filosofi, "forza riflessiva": l'uomo ha imparato a manipolare – a intervenire con la tecnica in – se stesso in maniera sempre più profonda, fino al livello genetico.

Nel XX secolo, infine, la tecnica è diventata "forza autonoma", dotata di una tale capacità autopropulsiva da far dichiarare ad alcuni (tecnofobi?) che nel XX secolo l'antico dilemma – cosa può fare l'uomo della tecnica – si è ribaltato. Ormai la domanda è (sarebbe): cosa può fare la tecnica dell'uomo?

A Gianni Rodari, come abbiamo visto, non sfugge il ruolo della tecnologia come elemento caratterizzante del secolo: anzi considera questo nuovo ruolo una svolta epocale. Che rende i bambini di oggi irrimediabilmente diversi dai bambini di ieri. A Rodari non sfugge neppure l'ambiguità della tecnica. Anzi coglie appieno la sincronia di questa ambiguità. Quello che lui vive e racconta è il secolo in cui la tecnologia dei missili si propone come forza capace di liberare l'umanità (dai vincoli che la trattengono sul pianeta Terra) e nel medesimo tempo come forza capace di annientare l'umanità (trasportando testate nucleari in pochi minuti da una parte all'altra del pianeta). La tecnica, dunque, si presenta come dannazione e salvezza degli uomini. O, in termini meno apodittici, come problema e come soluzione del problema.

La tecnologia del XX secolo non è solo quella dei razzi. È anche – e forse soprattutto – quella della televisione, delle automobili, delle lavatrici.

In definitiva, Rodari non è né un integrato né un apocalittico. È un osservatore critico della tecnica. Un attore intelligente del secolo della tecnica. E, tuttavia, nell'innovazione tecnologica che caratterizza il XX secolo – con tutti i distinguo e le contraddizioni e le tragiche ambiguità – egli vede una tensione al progresso.

Che si manifesta, per esempio, in questa *Filastrocca brontolona* che troviamo nella raccolta *Filastrocche in cielo e in Terra*, pubblicate nel 1960:

Filastrocca brontolona,
brontola il tuono quando tuona,

brontola il mare quando ha in testa
di preparare una tempesta,

brontola il nonno: «Ah, come vorrei
ritornare ai tempi miei...

Non c'erano allora, egregi signori,
elicotteri e micromotori,

e senza fare tanto fracasso
in carrozzella si andava a spasso».

Accende la pipa, inforca gli occhiali
e affonda il naso nei giornali...

Ma tosto soggiunge: «Però... però...
senza lo scooter, che figura fò?

Il mondo cammina, il mondo ha fretta!»
Viva il nonno in motoretta.

Non c'è dubbio che per Rodari le tecnologie più innovative – quelle che più caratterizzano il XX secolo – sono quelle spaziali. Lo spazio è il futuro. Ma il futuro evoca una possibilità di progresso. Di più: chiede a ciascuno un impegno attivo per il progresso di tutti.
E tuttavia il futuro non è di per sé progresso. Può essere anche regresso. E, più probabilmente, un misto di progressi e regressi. Forse di progressi tecnici e di regressi morali.
Come ci avverte in *Ricatto nello spazio*, una delle novelle di *L'agente X.99* a sua volta contenuta in *Il gioco dei quattro cantoni*:

> Siamo, come avrete capito, i Cinquanta Neri. Questa volta siamo ben decisi a far rispettare i nostri ordini. Avete un giorno e un minuto. Non un secondo di più. Entro quel termine caricherete tutto il tesoro dello Stato su un razzo che spedirete nello spazio a questo indirizzo. Se non lo farete, un secondo dopo faremo brillare le cariche atomiche che abbiamo collegato ai due poli di Noot e l'intero pianeta sarà disintegrato.

Nello spazio – nel futuro che si sta avverando – dunque, potremo (possiamo) trovare anche il male. Persino nelle sue forme più banali. Come quelle del ricatto: della mera criminalità, ancorché dotata dei più moderni strumenti tecnologici.
E potremo (possiamo) trovare anche l'ignoranza. Persino nella sue forme più banali. Come quelle della superstizione:

I briganti atomici che mi avevano invaso l'asteroide stavano adesso in ginocchio e tremavano filo a filo. Si curvavano, si prostravano, battevano la testa sul pavimento, e gemevano: sì, gemevano, non mentalmente, ma con voce di terrore. Renata li guardava, calma e curiosa. Pareva non accorgersi di essere lei la causa di tanto spavento.

Renata è una capretta. E, spiega il professor Vir:

Per gli abitanti di Noot la capra è l'immagine del dio della giustizia. Chiaro? Si può capire lo spavento di quei briganti nel vedersi comparire davanti quel dio terribile proprio nel bel mezzo della loro impresa criminale. E adesso mi dica lei cosa ne pensa di un pianeta tecnicamente progredito al punto da saper fabbricare un aggeggio come questo, ma che conserva una capra tra i suoi dei...

La metafora è chiara. E, d'altronde, di tecnologizzati adoratori di capre, criminali e non, in giro se ne vedono ormai tanti sul pianeta Terra.

Robot

Nel 1920 un giornalista e scrittore ceco, Karel Čapek, pubblica il testo di un'opera teatrale destinata a diventare famosa, *R.U.R (Rossum's Universal Robots)*, dove narra di uno scienziato, il vecchio Rossum, che vuole ricostruire l'uomo. Tal quale. Rossum impiega dieci anni, usa materiale biologico e infine ci riesce. L'uomo è ricopiato alla perfezione. Ma vive solo tre giorni.

Giunge poi sulla scena il giovane Rossum, un geniale ingegnere. E chiede al vecchio zio: a che serve un uomo tal quale ricostruito in dieci anni, quando la natura ci riesce in nove mesi? A noi non serve l'uomo. Non serve un altro uomo. A noi serve qualcuno, da costruire in tempi rapidi e a basso costo, che svolga le funzioni indesiderabili al posto dell'uomo. Uno schiavo meccanico che liberi definitivamente l'uomo dalla fatica, che gli consenta di vivere senza più dover lavorare col sudore della fronte.

Così, scrive Karel Čapek:

Il giovane Rossum inventò l'operaio con il minor numero di bisogni. Dovette semplificarlo. Eliminò tutto quello che non serviva direttamente al lavoro. Insomma, eliminò l'uomo e fabbricò il Robot.

La parola robot, dunque, nasce nel 1920 per indicare una macchina che, come un nuovo schiavo, compie i lavori più duri e pesanti al posto dell'uomo.

Da quel momento il robot – una macchina indipendente capace di agire come un uomo – è diventa la "tecnologia del futuro". Il robot è il futuro tecnologico come noi lo immaginiamo. E come lo immagina Gianni Rodari.

Tratto da *L'esplorazione del rio Rubens*, in *Il giudice a dondolo*:

> Nel 2457 un gruppo di robot al servizio della Società storico-geografica effettuò una completa esplorazione dei territori del rio Rubens. Gli automi, particolarmente addestrati per i viaggi pericolosi e le rilevazioni scientifiche, portarono a termine l'impresa – per la prima volta nella storia – senza l'assistenza dell'uomo: persino il cappellano che accompagnava i pochi robot bisognosi di sollecitazioni di tipo religioso (sette su venticinque) era un «cappellano automatico», una macchina perfetta, capace di recitare circa trentamila sermoni su altrettanti soggetti e di svolgere un numero assai superiore di conversazioni e dispute su argomenti come la psicotecnica, la speleologia, l'astrobotanica, la balistica, la cabalistica e l'enigmistica.

I robot popolano gli spazi cosmici esplorati da Rodari. Tuttavia c'è una bella differenza tra "l'operaio con il minor numero di bisogni", di Karel Čapek e il "cappellano automatico" immaginato da Gianni Rodari.

Il fatto è che, ridotto all'essenziale secondo la ricetta del giovane Rossum, il robot è una macchina che opera "al posto" dell'uomo e, dunque, si muove nell'ambiente con molta flessibilità e soprattutto in autonomia. Il robot di Karel Čapek è, almeno tendenzialmente, una macchina autonoma, capace di agire in maniera intelligente nell'ambiente nel quale opera.

Ma non è una macchina pensante.

Il "cappellano automatico" capace di pronunciare 30.000 sermoni e di disputare in punta di psicotecnica, speleologia, astrobotanica, balistica, cabalistica ed enigmistica è un robot che ha una qualità dell'uomo che non è necessaria per svolgere lavoro autonomo. È un robot che pensa.

L'idea di una macchina pensante non è, naturalmente, di Rodari. Anzi era già viva negli anni in cui Karel Čapek proponeva la parola e il concetto di *robot*. E prende forma scientifica subito dopo, nel 1933, quando l'elettrochimico Thomas Ross pubblica sulla rivista *Scientific American* un articolo intitolato proprio *Machines that think*: macchine che pensano. L'articolo era preceduto da una nota del direttore di quella che già allora era una delle più note riviste di divulgazione scientifica, che presentava "il congegno puramente meccanico" descritto da Ross come una macchina in grado di manifestare un comportamento che, qualora si fosse osservato in un organismo vivente, si sarebbero detto conseguenza di qualche forma di apprendimento. Una "macchina pensante" che non è un uomo, ma è del tutto simile a un uomo.

Il "cappellano automatico" e tutti gli altri robot che popolano le storie di Rodari sono dunque "macchine di Ross". Non sono uomini. Ma sono molto simili all'uomo.

Ma se è (se sarà nella realtà prossima futura) del tutto simile all'uomo, un robot sa (saprà) lavorare anche a maglia?

Tratto da *Un robot può sferruzzare?*, uno dei capitoli di *Il pianeta degli alberi di Natale*:

> Marco si voltò di scatto. Un robot avvolto in una vestaglia gialla lo guardava sorridendo con occhi fosforescenti, mentre con le mani faceva qualcosa che Marco, se si fosse trattato di una nonna invece che di un robot, avrebbe definito col verbo "sferruzzare".
> – Un passamontagna isolante, – spiegò bonariamente il robot che aveva notato la direzione degli sguardi di Marco. – Così se ci saranno nuove incursioni non sentirò il fracasso. Ma spero che non ce ne siano altre.
> – E allora, perché ti fai quella roba?
> – Non posso stare senza far niente. Sono un robot domestico e questa casa mi dà pochissimo lavoro. E poi mi piace fare la maglia.

È un tema ancora molto dibattuto in robotica. E, più in generale, nelle scienze che studiano l'intelligenza artificiale. E, ancor più in generale, nelle neuroscienze. Per essere del tutto simili all'uomo, per essere "macchine pensanti", occorrerà che i robot non abbiano solo capacità cognitive ma anche una capacità emotiva simile a quella umana. Dovranno essere non solo ragione, ma anche emozione. Dovranno imparare ad annoiarsi e a sconfiggere la noia magari sferruzzando a maglia.

Detto questo non sfuggono a Rodari le opportunità senza precedenti che si spalancano a un futuro popolato dalle macchine di Rossum e di Ross: liberare l'uomo dalla necessità della fatica fisica; dare a ciascuno la possibilità non solo di soddisfare tutti i propri bisogni, ma anche tutte le proprie aspirazioni. Insomma, costruire una società anarchica.

Questa è la grande utopia di Gianni Rodari. Costruire un futuro (costruirlo, perché quel futuro non ci sarà regalato da nessuno) diverso dal presente. In cui la conoscenza scientifica e la tecnologia avanzata servono per realizzare una "società avanzata": pacifica, equa, ricca, democratica e tollerante. In cui il potere non è né necessario né agognato. In cui un primo ministro può rinunciare al suo incarico perché ha qualcosa di molto più interessante da fare: risolvere un problema di matematica.

Leggete *Il pianeta degli alberi di Natale* e vi troverete i lineamenti della società che Gianni Rodari vorrebbe realizzata. I lineamenti della società che grazie ai robot – grazie alla scienza e alla tecnologia – sarà presto a portata di mano dei "bambini di oggi, astronauti di domani". Se lo vorranno.

È questa visione del rapporto tra scienza e società, è questa utopia, che sottende, informa di sé e (a nostro modesto avviso) spiega tutta l'opera di Gianni Rodari dopo il lancio dello Sputnik e il volo di Gagarin.

Nuovi materiali

Non occorrono davvero molte parole per ricordare che la tecnologia è per Rodari qualcosa di più di un elemento che caratterizza la nuova realtà del XX secolo. È una vera e propria chiave di lettura dei tempi moderni. Senza la quale è impossibile comprenderli e governarli.

La tecnologia è (anche) manipolazione della materia. E, dunque, nel dizionario tecnologico di Rodari ci sono i nuovi materiali.

Alcuni sono del tutto fantastici, come il carburante fotonico cui si fa cenno nella novella *Miss Universo dagli occhi color verde-venere*, una delle *Novelle fatte a macchina* (1973).

Altri decisamente più verosimili, come i "materiali intelligenti" di cui oggi molti parlano e che Rodari descrive in *Il vestito dell'avvenire*, una delle *Filastrocche in cielo e in Terra* (1960):

> Modello di vestito
> che si allunga e si allarga
> all'infinito.
> Non perde bottoni,
> non ragna sui calzoni,
> esente da macchie e da strappi,
> s'indossa all'asilo
> e cresce un po' per anno
> senza perdere un filo.
> I sarti si prevede
> che lo sconsiglieranno.
> Chiederanno al governo
> qualche decreto drastico
> contro il vestito elastico
> che dura in eterno.
> Con o senza permesso,
> Io lo invento lo stesso.

Le frigoscarpe

Tra le nuove proposte tecnologiche immaginate da Gianni Rodari, le più strepitose sono certamente le frigoscarpe, l'invenzione che troviamo in *Le scarpe del conte Giulio* in il *Gioco dei quattro cantoni* (1980):

> – Queste scarpe, sì, Giulio, possono fare a meno del frigorifero o della borsa del freddo. Se ne infischiano proprio. Non si surriscaldano mai. Basta ricordarsi di rinnovare ogni tanto la pila. Sì, Giulio. Queste sono frigoscarpe, ossia scarpe col frigo incorporato.

Le frigoscarpe sono state inventate da alcune amiche della signora Giuditta, quelle con le giuste competenze, dice Rodari, tecno-scientifiche.
Le loro sono le scarpe dei nostri tempi. Tecnologicamente banali. Le scarpe dell'era dello spazio.

– Vedi? Qui nel tacco si apre uno sportellino. È qui che s'infilano le pile. Miniaturizzate, naturalmente. Siamo sempre nel fall down della tecnica spaziale. Noi e i satelliti artificiali siamo così. Da Gagarin a noi non c'è che un passo. Un passo da frigoscarpe.

Contatore Geiger

Il contatore Geiger serve per misurare la radioattività. È uno strumento dei tempi moderni, sebbene la radioattività esiste – in natura – da sempre e lo strumento sia stato creato da Hans Wilhelm Geiger nel 1913.

È uno strumento per così dire di attualità perché il tema della radioattività ambientale diventa di interesse generale proprio tra gli anni '50 e gli anni '60, quando i militari – nell'allestire arsenali nucleari sempre più zeppi – effettuano numerosi test nell'atmosfera, producendo livelli di radioattività diffusa ben superiori al fondo naturale.

La radioattività naturale è prodotta dalla crosta terrestre ed è presente nei raggi cosmici. Non è uniformemente diffusa sulla Terra. A Ramsar, in Iran, per esempio, vi è un livello dieci volte superiore a quello della media. I test atomici hanno fatto aumentare il fondo di radioattività in atmosfera.

Ecco perché uno scienziato che si occupa di queste cose lo porta sempre con sé, il contatore Geiger, nella sua borsa. Tratto da *Il professor Zeta*, in *La torta in cielo* (1964):

– Scusi, sa, ma il cioccolato lo capisco benissimo e le posso assicurare che è di prima qualità.
– Questo è vero. Non è nemmeno radioattivo.
– Come lo sa?
– Ho il contatore, di là, nella mia grotta. Il contatore Geiger. Sai che cos'è?
– Uno strumento per misurare la radioattività.

Bicicletta

Nel *Dizionario tecnologico* di Gianni Rodari ci sono certamente le nuove tecnologie. Ma ci sono anche le vecchie tecnologie. In *Il libro dei perché* (dall'omonima rubrica tenuta su *l'Unità* sul finire degli anni '50) una delle domande riguarda una vecchia, cara e sempre attuale tecnologia: la bicicletta:

Perché la bicicletta va avanti?
Il segreto sta nella catena, il motore nei piedi che spingono i pedali. Voi pedalate e la catena fa girare la ruota di dietro: quella davanti non fa nessuna fatica, si fa soltanto spingere, la furba! Le prime biciclette non avevano né catena né pedali: si spingevano puntando i piedi per terra. Poi inventarono delle biciclette con la ruota davanti così alta che il Giro d'Italia si faceva così: al via, i corridori scattavano, e quello che arrivava per primo in cima alla bicicletta aveva vinto la corsa.

Filastrocca in bicicletta,
con due ruote si va in fretta,
con quattro ruote ed un motore
non spendi fatica né sudore.

Il contenuto è chiaro. Rodari guarda certamente con simpatia al mezzo di trasporto a due ruote che ha il motore nei nostri piedi. Tuttavia è anche chiaro che Rodari individua un contenuto di progresso nello sviluppo delle tecnologie.

Non lo si può considerare taumaturgico, come fanno i positivisti. Ma neppure lo si può ignorare. Per "andare via" veloci e senza fatica la macchina è meglio della bicicletta. Il motore a scoppio costituisce un progresso rispetto al motore dei piedi.

Oggi la bicicletta è tornata a essere "meglio" della macchina, soprattutto in città. Per motivi ecologici. E, talvolta, anche per "andare via" più veloci. È cambiato il contesto. E, ne siamo certi, Rodari lo avrebbe colto. Anzi, come abbiamo visto nel *Dizionario ecologico*, Rodari il cambiamento lo ha colto. Prima di tanti altri.

Oggi siamo in troppi ad andare "con quattro ruote e un motore". Le auto nate con lo spirito di "freedom to go", libertà di andare, sono diventate una prigione. E una causa primaria dei cambiamenti climatici.

Il telefono

Viviamo in una nuova era: l'era della conoscenza. I razzi e le astronavi ne sono un effetto e, insieme, la punta. Ma la nuova era è caratterizzata anche e soprattutto dalle tecnologie dell'informazione e della comunicazione. Si tratta di un'intera costellazione di tecnologie che creano reti di connessioni tra le persone. Ciò che è davvero inedito è l'insieme di queste tecnologie che connettono: la grande rete, appunto, creata da telefono, radio, televisione e, oggi, computer e telefoni mobili.

Ma non bisogna dimenticare che l'irruzione di ciascuna di queste tecnologie ha consentito di estendere lo spazio delle relazioni. Ha cambiato il nostro modo di vedere (e di sentire) il mondo. Ha cambiato il mondo. Come spiega *Il telefono magico*, uno dei capitoli organizzati da Rodari in *La torta in cielo* (1964):

> Non so se avete presente la storia del pifferaio di Hamelin, che col suo piffero magico liberò la città dai topi. [...] Qualcosa del genere accadde quel giorno a Roma. La telefonata di Lucrezia a Sandrino fece da piffero magico. Anzi, fece meglio.
> Supponiamo infatti che quel famoso pifferaio di Hamelin si fosse messo a suonare il suo piffero nel bel mezzo di piazza San Pietro. Chi l'avrebbe sentito? A mala pena i pochi bambini che si fossero trovati in quel momento a giocare intorno alle fontane e all'obelisco. Forse nemmeno loro, col fracasso che fanno le automobili. Un piffero non ha molte probabilità di farsi sentire, in una città moderna.
> Poi il pifferaio, per raggiungere le orecchie di tutti i bambini di Roma, avrebbe dovuto fare il giro della città. Campa cavallo! Nemmeno a camminare due giorni di fila, e di buon passo, avrebbe potuto far sentire la sua canzone in tutti i rioni del centro, in tutti i quartieri della periferia, e in tutte le borgate, e in tutti i borghetti che circondano la capitale in ogni direzione, giungendo fin quasi ai colli, da una parte, fin quasi al mare dall'altra. I bambini avrebbero finito col perdere la pazienza e l'avrebbero mandato a quel paese, ad Hamelin, insomma, nel paese delle favole, dove il telefono non esiste.
> Il telefono: ecco il piffero magico adatto per una città moderna. In meno di mezz'ora i suoi squilli, moltiplicandosi a catena, por-

tarono la notizia da Trastevere a Torpignattara, dal Testaccio a San Giovanni, dai Parioli al Quadraro...

Televisione, cattiva maestra

Il secolo degli elettrodomestici, il secolo in cui la scienza e la tecnologia entrano e informano la nostra vita quotidiana, può essere rappresentato da un oggetto che oggi è assolutamente comune, ma che solo mezzo secolo fa costituiva, con la sua diffusione di massa, una assoluta novità: la televisione.

Uno oggetto tecnologico capace, appunto, di rappresentare il suo tempo. Di dargli un'anima. Di cambiarlo nel profondo. Nel bene, perché la televisione ci ha resi cittadini del mondo ridotto a villaggio globale. E nel male, perché la televisione ha prodotto quella che Pier Paolo Pasolini ha chiamato una "mutazione antropologica". Capace di catalizzare una trasformazione e un'omologazione profonda dei comportamenti culturali e sociali.

Tullio De Mauro ha più volte sostenuto che la televisione ha insegnato l'italiano agli italiani. Karl Popper ha parlato di "cattiva maestra". Tutti questi elementi li troviamo spesso in Gianni Rodari, critico attento del progressivo successo dell'oggetto televisione. Inventore dell'"uomo che cade nella televisione".

L'idea è ripresa e riassunta in *Teledramma*, che troviamo in *Il secondo libro delle filastrocche*, pubblicato a cura dell'editore nel 1985:

> Signori e buona gente,
> venite ad ascoltare:
> un caso sorprendente
> andremo a raccontare.
> È successo a Milano
> e tratta di un dottore
> che è caduto nel video
> del suo televisore.
> Con qualsiasi tempo,
> ad ogni trasmissione
> egli stava in poltrona
> a guardare la televisione.

Incurante dei figli
e della vecchia mamma
dalle sedici a mezzanotte
non perdeva un programma.
Riviste, telegiornali,
canzoni oppure balli,
romanzi oppur commedie,
telefilm, intervalli,
tutto ammirava, tutto
per lui faceva brodo:
nella telepoltrona
piantato come un chiodo.
Ma un dì per incantesimo
o malattia (che ne dite?
non può darsi che avesse
la televisionite?)
durante un intervallo
con la fontana di Palermo
decollò dalla poltrona
e cadde nel teleschermo.
Ora è là in mezzo alla vasca
che sta per affogare:
parenti, amici in lacrime
lo vorrebbero aiutare,
chi lo tira per la cravatta
chi lo prende per il naso
non c'è verso di risolvere
il drammatico telecaso.
Andrà in Eurovisione?
Diventerà pastore
di quei greggi di pecore
che sfilano per ore?
Riceverà i malati
da quella scatoletta?
Come farà dopo la visita
a scrivere la ricetta?
Ma tra poco, purtroppo,
la trasmissione finisce:
e se il video si spegne,

il misero dove finisce?
Fortuna che il suo figliolo
studioso di magnetismo,
per ripescarlo escogita
un abile meccanismo.
Compra un altro televisore
e glielo mette davanti;
il dottore ci si specchia
e dopo pochi istanti
per forza d'attrazione
schizza fuori da quello vecchio
e già sta per tuffarsi
nel secondo apparecchio.
Ma nel momento preciso
che galleggia nell'aria,
più veloce di gabbiano
o nave interplanetaria,
il figlio elettrotecnico,
svelto di mano e di mente,
spegne i due televisori
contemporaneamente.
Cade il dottor per terra,
e un bernoccolo si fa:
meglio cento bernoccoli
che perdere la libertà.

Analfabetismo tecnologico

Le tecnologie antiche, generate dall'esperienza, questo avevano e hanno di bello: tutti sanno come funzionano e tutti sanno, più o meno, realizzarle. Anch'io so come funziona un martello. E anche se non so fondere il ferro e dargli forma, posso sempre realizzarne uno di pietra. Nel mondo delle tecnologie antiche, Robinson Crusoe è un personaggio realistico.

    Le tecnologie moderna, generate dalla conoscenza scientifica, questo hanno di brutto: tutti le utilizzano ma (quasi) nessuno sa come funzionano e men che meno come si producono. Le nuove tecnologie sono spesso frutto dell'integrazione di conoscenze

complesse ed estese. Nel mondo delle nuove tecnologie non c'è posto per Robinson Crusoe.
Gianni Rodari lo aveva ben presente: nella nuova era siamo, inevitabilmente, tutti analfabeti tecnologici.
Tratto da *Ricatto nello spazio*, una delle novelle di *L'agente X.99* a sua volta contenuta in *Il gioco dei quattro cantoni* (1980). Lo spazio è il futuro. Ma il futuro non è di per sé progresso. Può essere anche un misto di progresso e arretratezza:

Vede quest'affarino non più grande di una noce? È un diffusore di immagini. Una specie di televisore cento volte più perfetto dei nostri. Quando entra in funzione, ne succedono delle belle. Io purtroppo non so farlo funzionare. All'Accademia delle Scienze lo hanno studiato per anni, ma nessuno ci ha capito nulla.

Apocalittici

Nel 1959 Charles P. Snow pubblicava la sua presa d'atto della avvenuta cesura tra *Le due culture*. Una cesura attribuita dall'inglese all'incapacità degli intellettuali di formazione umanistica di riconoscere anche alla scienza e alla innovazione tecnologica un valore culturale intrinseco. Che anche la scienza e la tecnologia sono cultura. Questa incapacità – che ha segnato la storia delle idee (si pensi a Benedetto Croce) e persino la storia della scuola (si pensi alla riforma Gentile) in Italia – si trasforma spesso in un'aperta e pregiudiziale diffidenza che molti umanisti esprimono nei confronti della cultura scientifica e tecnologica.

Una diffidenza che Rodari coglie. E non condivide affatto.

Anche perché questa diffidenza si manifesta spesso a livello di analisi astratta, per stemperarsi subito dopo a livello di comportamenti pratici, cedendo senza combattere alla forza dell'utilità e della comodità.

Apocalittici in pubblico, integrati in privato.

Tratto da *Le scarpe del conte Giulio*, in il *Gioco dei quattro cantoni* (1980):

Il conte Giulio ascoltava perplesso. Come tutti gli umanisti, davanti ai prodotti della tecnica più sofisticata, provava un moto di sospetto. Non di rigetto, però. Difatti si tenne le frigoscarpe ai piedi e andò al suo lavoro.

Il modello di sviluppo

Il fenomeno era già evidente a Gianni Rodari trenta o quaranta anni fa. La nascita dell'economia della conoscenza, in un modello di sviluppo fondato sul libero mercato, porta inevitabilmente alla creazione di monopoli e/o di oligopoli. Crea – o, almeno, aiuta a crescere – le multinazionali.

E i monopoli e/o gli oligopoli, soprattutto se riguardano la conoscenza, creano a loro volta problemi.

Tratto da *Le scarpe del conte Giulio* in il *Gioco dei quattro cantoni* (1980):

> – Alt, – disse la signora Giuditta, senza nemmeno aggiungere un «Sì, Giulio» di rispetto. – La frigoscarpa è un prodotto brevettato dalla COCARO (Cooperativa casalinghe di Rovigo). Per ordinazioni e acquisti rivolgersi alla nostra rappresentante Carlotta Bigodini. Sconti alle aziende di Stato, alle forze dell'ordine e alle Figlie di Maria.
> – Perché anche a loro?
> – Perché vanno spesso in processione e perciò hanno dei problemi con i piedi. Dimenticavo: condizioni speciali ai pensionati, che tutti i mesi debbono trascorrere lunghe ore in fila, in piedi, alla posta.
> – Insomma...
> – Non ho finito, – aggiunse la signora Giuditta. – Stiamo trattando con un'impresa americana che vuole l'esclusiva per la NATO e una ditta giapponese che la vuole per tutta la Via Lattea.
> Il conte Giulio cadde a sedere. In quel vasto turbine di novità di ambo i sessi e di tutti i continenti, egli sospettava la presenza di un modello di sviluppo nel quale il suo primato familiare appariva gravemente compromesso.
> «Ho capito, – egli stava cominciando a pensare tra sé, sotto la calvizie nobilmente percorsa dal ghirigoro del riporto, – ormai bisognerà che impari a lucidarmi le scarpe da solo».

C'è bisogno di un altro modello di sviluppo. Che non costringa il povero Conte Giulio a pulirsi le scarpe da solo e gli consenta di indossare le sue comode e avveniristiche frigoscarpe.

Frigoscarpe per tutti.

Dizionario della pace

Bomba

La nuova era fondata sulla scienza e sulla tecnologia non è solo quella dello *Sputnik* e di Gagarin. Di Lunik 3 che fotografa la faccia nascosta della Luna e delle sonde che esplorano lo spazio extraterrestre. Gli stessi missili che portano sonde e satelliti artificiali nel cosmo sono in grado di colpire e distruggere con testate nucleari qualsiasi città sulla Terra.

L'era dell'astronautica è anche l'era della corsa al riarmo atomico. È anche l'era della *bomba*. E, infatti, nei primi anni '60 del XX secolo gli arsenali atomici delle due superpotenze nucleari si vanno riempiendo come mai prima e – per fortuna – come mai dopo nella storia dell'umanità.

Il tema della *bomba* ha occupato la mente e il cuore di scienziati come Albert Einstein e Bertrand Russell, che nel 1955 hanno redatto, insieme ad altri, il famoso manifesto che porta il loro nome: il *Manifesto Russell-Einstein*. C'era scritto:

> Questo dunque è il problema che vi presentiamo, netto, terribile ed inevitabile: dobbiamo porre fine alla razza umana oppure l'umanità dovrà rinunciare alla guerra? [...] Noi rivolgiamo un appello come esseri umani ad esseri umani: ricordate la vostra umanità e dimenticate il resto. Se sarete capaci di farlo vi è aperta la via di un nuovo Paradiso, altrimenti è davanti a voi il rischio della morte universale.

Queste parole – questi temi – li ritroviamo in tutta l'opera di Gianni Rodari. Il tema della *bomba* occupa la sua mente e i suoi scritti non meno del tema dello *spazio*. E i due temi diventano tutt'uno in *La torta in cielo*: scritta, non a caso 1964, è la storia di uno scienziato (e astronauta) che sbaglia a costruire di una nuova bomba nucleare e si ritrova con una meravigliosa torta/astronave nel cielo di Roma.

Ecco un piccolo brano – un piccolo "pezzetto" – del racconto. L'intera città sta mangiando, pezzetto per pezzetto, il "fungo atomico dirigibile" che per errore è diventata una magnifica torta.

Alla soluzione del problema del riarmo atomico Gianni Rodari intende partecipare di persona:

> Ce ne fu un pezzetto anche per me, che arrivai per ultimo, in tempo però per farmi raccontare per filo e per segno com'erano andate le cose.
> E ce ne sarà per tutti, un giorno o l'altro, quando si faranno le torte al posto delle bombe.

Il fungo atomico

La *bomba* non costituisce solo una minaccia potenziale, che per fortuna non si è più concretizzata dopo Hiroshima e Nagasaki. Costituisce anche una minaccia attuale. Dopo la Seconda guerra mondiale è iniziata una corsa al riarmo atomico che ha per protagoniste le due "superpotenze", Usa e URSS, ma anche potenze ormai minori come Gran Bretagna e Francia. Le grandi (ma anche le piccole) superpotenze continuano per tutti gli anni '40, '50 e in parte negli anni '60 a effettuare i loro test nucleari a terra e in atmosfera. E quei funghi atomici che sbocciano sempre più di frequente stanno letteralmente avvelenando l'aria: mai il livello di radioattività in atmosfera è stato così elevato.

Da *Il più bell'errore del mondo*, tratto da *La torta in cielo* (1964):

> – Lo sai cos'è un fungo atomico?
> – Lo sanno anche i sassi. È quel nuvolone mortale che si forma dopo l'esplosione di una bomba atomica. Giusto?
> – Pressappoco. Ora, come tu sai, il fungo diventa preda dei venti, che lo sospingono in qua e in là ...
> – Avvelenando l'aria, avvelenando la pioggia e così via. Un bel sistema per distribuire dall'alto le principali malattie.

Armi nucleari

Da *Sorprese in casa Rigògoli*, in *Il giudice a dondolo* (pubblicato postumo, nel 1989):

> Stanco e sudato, Rigògoli scende dal lampadario, apre l'armadio per prendere la sua giacca da camera. Sorpresa: nell'armadio c'è un ingombrante e macchinoso aggeggio fusiforme, d'acciaio, o almeno sembra.
> – Carmen.
> La signora Rigògoli accorre in punta di piedi.
> – E quest'affare?
> – Oh, niente. Lo ha portato il Comando.
> – Quale Comando?
> – Ma sì, certi ufficiali. È soltanto una bomba all'idrogeno. Dicono che dobbiamo custodirla. Qui c'è anche un foglietto con le istruzioni: bisogna fare attenzione a questo e a quest'altro. Vieni, non hai ancora cenato.
> – Un momento, un momento. Che c'entriamo noi col Comando? Io questa roba in camera non ce la voglio. Non mi occupo di bombe, io, che me ne importa? Ho i miei figli, ho te, ho il mio lavoro. Al diavolo.
> – Caro, ma non ci puoi fare nulla. Anche al professor Locatelli, al piano di sotto, hanno messo una bomba nell'armadio. La signora Lorenzi ha un missile in cucina. Hanno fatto lo stesso in tutto il palazzo.

Siamo in piena guerra fredda. La corsa al riarmo ha prodotto tante armi nucleari che è come ne avessimo una ciascuno nell'armadio. Non c'è nulla da fare, sostiene la signora Rigògoli. Dobbiamo imparare a convivere con le armi atomiche nell'armadio.
Non c'è nulla da fare?
Niente affatto si può – si deve – lottare per il disarmo:

> Il sudore si raggela in un secondo sulla fronte del dottor Rigògoli.
> – Che cosa sto facendo? – egli si chiede. – Ho messo a letto i bambini con le loro favole, e mi troncherei un piede per loro, tutt'e due le mani se fesse necessario. Ma che sto facendo? La

cosa essenziale è togliere questa roba dall'armadio. Non si tratta del mio piede, ma della loro vita, del loro sonno tranquillo, del loro fervore. Carmen, presto, Carmen, bisogna subito provvedere. Bisogna suonare a tutte le porte, adesso, subito, senza perdere un minuto di tempo. Bisogna spalancare la finestra e dare l'allarme, gridare perché tutti si sveglino, altrimenti favole e sorprese, e anche il nostro affetto, non saranno che illusione e menzogna. Presto, subito, bisogna uscire di casa, scendere in piazza.

Piccolo manuale della pace di Gianni Rodari: presto, bisogna uscire di casa, scendere in piazza.

Responsabilità sociale degli scienziati

Qual è il ruolo degli scienziati nell'era atomica? Devono contribuire a costruire l'arma atomica o devono battersi per il disarmo?

Storicamente i fisici e gli altri esperti non hanno risposto in maniera univoca a queste domande. Alcuni hanno risposto come il professor Zeta. Tratto da *Il più bell'errore del mondo*, in *La torta in cielo* (1964).

Il professore voleva realizzare una nuova arma, il "fungo atomico dirigibile". E ne parla con il piccolo Paolo:

– Che bellezza, – esclamò Paolo. – Che soddisfazione per quelli che, dopo aver ricevuto la bomba atomica, si vedrebbero recapitare a domicilio anche il fungo. Ma sa, professore, che voi scienziati ne studiate proprio di buone?
– Si fa per risparmiare, – rispose il professore, serio serio.
– Scusi, ma non si risparmierebbe di più se le bombe atomiche non si fabbricassero nemmeno?
– Sono cose che tu non puoi capire. È politica. Io non mi interesso di politica. Io sono soltanto uno scienziato.

Non tutti gli scienziati, tuttavia, si sono comportati come il professor Zeta, rivendicando la neutralità delle loro azioni e rifiutando qualsiasi responsabilità sociale. Molti si sono impegnati per ricacciare lo spirito nella bottiglia. Noi esperti, sosteneva per esempio

Albert Einstein, abbiamo una speciale responsabilità: rendere edotta la popolazione sui rischi che corre e sull'esigenza di minimizzarli. Lottare per il disarmo. Einstein, insieme a tanti altri, lo ha fatto. Gli scienziati per il disarmo sono scesi in piazza. E questa loro azione ha anche prodotto risultati concreti. Ha contribuito a creare, anche nelle classi politiche, il "tabù della bomba". L'impossibilità morale di utilizzarla di nuovo, dopo Hiroshima e Nagasaki.

La pace

La prima e più grande speranza di Gianni Rodari è la pace. La pace può cambiare il mondo.

Tratta dal *Il libro dei perché*, la rubrica tenuta su *l'Unità* nella seconda parte degli anni '50:

> Quante cose potranno essere fatte quando tutte le energie dell'umanità potranno essere dedicate a opere di pace.
> *Quando la pace brillerà*
> *su tutta la terra come un sole*
> *forse anche il Polo fiorirà*
> *di margherite e di viole.*
> *Nel paese dei pinguini*
> *spunteranno i ciclamini,*
> *e gli orsi bianchi, coi loro orsetti,*
> *andranno a cogliere mughetti.*

Dizionario scientifico

Dizionario delle scienze

Dizionario matematico

Matematica

I numeri sono attori di molte opere di Rodari. Quelli naturali sono spesso attori protagonisti. Vivi e vegeti. È il caso del numero nove, primo attore in *Abbasso il nove*, una delle *Favole al telefono* (1962):

> Uno scolaro faceva le divisioni:
> – Il tre nel tredici sta quattro volte con l'avanzo di uno. Scrivo quattro al quoto. Tre per quattro dodici, al tredici uno. Abbasso il nove...
> – Ah, no, – gridò a questo punto il nove.
> – Come? – domandò lo scolaro.
> – Tu ce l'hai con me: perché hai gridato «abbasso il nove»? Che cosa ti ho fatto di male? Sono forse un pericolo pubblico?
> – Ma io...
> – Ah, lo immaginavo bene, avrai la scusa pronta. Ma a me non mi va giù lo stesso. Grida: «abbasso il brodo di dadi», «abbasso lo sceriffo», e magari anche «abbasso l'aria fritta», ma perché proprio «abbasso il nove»?
> – Scusi, ma veramente...
> – Non interrompere, è cattiva educazione. Sono una semplice cifra, e qualsiasi numero di due cifre mi può mangiare il risotto in testa, ma anch'io ho la mia dignità e voglio essere rispettato. Prima di tutto dai bambini che hanno ancora il moccio al naso. Insomma, abbassa il tuo naso, abbassa gli avvolgibili, ma lasciami stare.

Confuso e intimidito, lo scolaro non abbassò il nove, sbagliò la divisione e si prese un brutto voto. Eh, qualche volta non è proprio il caso di essere troppo delicati.

Non sono da meno le quattro operazioni. Protagoniste, con il numero Dieci, di *Promosso più due*, un'altra della *Favole al telefono*:

– Aiuto, aiuto, – grida fuggendo un povero Dieci.
– Che c'è? Che ti succede?
– Ma non vedete? Sono inseguito da una Sottrazione. Se mi raggiunge sarà un disastro.
– Eh, via, addirittura un disastro...
Ecco, è fatta: la Sottrazione ha acchiappato il Dieci, gli balza addosso menando fendenti con la sua spada affilatissima. Il povero Dieci perde un dito, ne perde un altro. Per sua fortuna passa una macchina straniera lunga così, la Sottrazione si volta un momento a guardare se è il caso di accorciarla e il buon Dieci può svignarsela, scomparire in un portone. Ma intanto non è più un Dieci, è soltanto un Otto, e per giunta perde sangue dal naso.
– Poverino, che ti hanno fatto? Ti sei picchiato con i tuoi compagni, vero?
Misericordia, si salvi chi può: la vocina è dolce e compassionevole, ma la sua proprietaria è la Divisione in persona. Lo sventurato Otto bisbiglia «buonasera», con un filo di voce, e cerca di riguadagnare la strada, ma la Divisione è più svelta, e con un solo colpo di forbici, *zac*, ne fa due pezzi: Quattro e Quattro. Uno se lo mette in tasca, l'altro ne approfitta per scappare, torna in strada di corsa, sale su un tram.
– Un momento fa ero un Dieci, – piange, – e adesso guardate qua! Un Quattro! Gli scolari si scansano frettolosamente, non vogliono avere niente a che fare con lui. Il tranviere borbotta – Certa gente dovrebbe almeno avere il buon senso di andare a piedi.
– Ma non è colpa mia! – grida tra i singhiozzi l'ex Dieci.
– Sì, è colpa del gatto. Dicono tutto così.
Il Quattro scende alla prima fermata, rosso come una poltrona rossa.
Ahi, ne ha fatta un'altra delle sue: ha schiacciato i piedi a qualcuno.
– Scusi, scusi tanto, signorina!

– Ma la Signora non si è arrabbiata, anzi, sorride. Guarda, guarda, guarda, è nientemeno che la Moltiplicazione! Ha un cuore grosso così, lei, e non può sopportare la vista delle persone infelici: seduta stante moltiplica il Quattro per tre, ed ecco un magnifico Dodici, pronto per contare un'intera dozzina d'uova.
– Evviva, – grida il Dodici, – sono promosso! Promosso più due.

Se i numeri e le operazioni sono attori protagonisti, la matematica di Gianni Rodari è uno spettacolo. Di creatività. Come ci spiega in *Problemi di stagione*, una delle *Filastrocche in cielo e in Terra* (1960):

«Signor maestro, che le salta in mente?
Questo problema è un'astruseria,
non ci si capisce niente:
trovate il perimetro dell'allegria,
la superficie della libertà,
il volume della felicità...
Quest'altro poi
è un po' troppo difficile per noi:
quanto pesa una corsa in mezzo ai prati?
Saremo certo bocciati!»
Ma il maestro che ci vede sconsolati:
«Son semplici problemi di stagione.
Durante le vacanze
troverete la soluzione».

Ma attenzione, anche se la matematica è una dimensione della cultura ad altissimo tasso di creatività, va presa con le molle. Perché può mettere in difficoltà persino uno scienziato. Un cattivo scienziato e/o uno scienziato cattivo. Come il dottor Terribilis, protagonista dell'omonima storia in *Il tamburino magico* (1971). In uno dei finali egli fallisce nella sua malvagia idea di spostare la Luna dalla sua orbita perché non sa effettuare...

Il grande supercrick sprigionava invano tutta la sua diabolica potenza. La Luna non si spostava di un millimetro dalla sua strada di sempre. Bisogna sapere che il dottor Terribilis, dotto e ingegnosissimo in ogni campo, era piuttosto debole nel calcolo dei pesi e delle misure del sistema metrico decimale. Nel calcolare il peso della Luna egli aveva sbagliato l'equivalenza per ridurre le tonnellate in quintali. Il supercrick era fabbricato per una Luna dieci volte più piccola e leggera della nostra. Il dottor Terribilis ruggì per il dispetto, rimontò sulla navicella spaziale e si sprofondò nello spazio...

Il dottor Terribilis, scienziato cattivo e cattivo scienziato, ruggisce perché ridimensionato nella sua smania di potere da una semplice equivalenza. C'è qualcosa che è più appagante del potere?

Ma che domande! Certo che sì, la matematica. Almeno sul pianeta degli alberi di Natale. Dove il potere è gestito dal *governo che–non–c'è*. E il presidente... be', ecco come lo incontra Marco (da *Il pianeta degli alberi di Natale*, 1962):

– Ma io non la conosco.
– Se è solo per questo mi posso presentare. Sono il capo del governo. Ma adesso sai che ti dico? Che me ne vado a casa.
Marco non sapeva cosa pensare dello strano personaggio. Non riusciva neppure a vedere, in quella penombra, se fosse giovane o vecchio.
– Stavo recandomi a una seduta, – continuò la voce, – quando mi è venuto in mente un magnifico problema di matematica. E allora, seduta per seduta, mi sono seduto qui per risolverlo. Qui c'è tanta quiete! E così mi è passata la voglia di andare alla riunione. Mi dispiace per i miei colleghi, ma dovranno eleggere un altro capo del governo. Mi considero dimissionario per ragioni matematiche.

Zero

Lo abbiamo detto, i numeri naturali – vivi e vegeti – sono attori protagonisti in molte opere di Rodari. Amici e compagni dei bambini che vogliono capire, anche attraverso la matematica, la realtà delle cose. Ma tra questi c'è anche lo zero? La domanda non è affatto insensata. Perché non tutti sono disponibili a concedere allo zero la patente di numero naturale. Prova ne sia che il numero nullo che precede l'Uno e tutti i numeri positivi ma che segue il

Meno Uno e tutti i numeri negativi, è giunto tardi tra noi. Inventato in India, è giunto qui in Europa solo nel Medioevo grazie agli Arabi. Forse è per questo che molti bambini (e qualche adulto) hanno difficoltà a gestirlo. E finiscono per trascurarlo. Forse è per questo che Rodari sente il bisogno non solo di aggregarlo ai numeri naturali attori protagonisti, ma di sancire addirittura *Il trionfo dello zero*. Tratto da *Filastrocche in cielo e in Terra* (1960):

> C'era una volta
> un povero Zero
> tondo come un o,
> tanto buono ma però
> contava proprio zero e
> nessuno
> lo voleva in compagnia.
> Una volta per caso
> trovò il numero Uno
> di cattivo umore perché
> non riusciva a contare
> fino a tre.
> Vedendolo così nero
> il piccolo Zero,
> si fece coraggio,
> sulla sua macchina
> gli offerse un passaggio;
> schiacciò l'acceleratore,
> fiero assai dell'onore
> di avere a bordo
> un simile personaggio.
> D'un tratto chi si vede
> fermo sul marciapiede?
> Il signor Tre
> che si leva il cappello
> e fa un inchino
> fino al tombino...
> e poi, per Giove
> il Sette, l'Otto, il Nove
> che fanno lo stesso.
> Ma cosa era successo?

Che l'Uno e lo Zero
seduti vicini,
uno qua l'altro là
formavano un gran Dieci:
nientemeno, un'autorità!
Da quel giorno lo Zero
fu molto rispettato,
anzi da tutti i numeri
ricercato e corteggiato:
gli cedevano la destra
con zelo e premura
(di tenerlo a sinistra
avevano paura),
gli pagavano il cinema,
per il piccolo Zero
fu la felicità.

Numeri fattoriali

Il gioco con i numeri naturali, le operazioni e la gestione dello zero, potrebbe portarci fuori strada. Il rapporto di Rodari con la matematica non si limita alla divulgazione dell'aritmetica. È ben più complesso. Come indica questo racconto pubblicato su *Paese Sera* il 16 settembre 1960 – e poi in *Il giudice a dondolo*, la raccolta di racconti "per adulti" proposta postuma da Editori Riuniti nel 1989 – col titolo *Il discorso inaugurale*:

– Signor presidente – esordì il ministro.
– Signore – aggiunse il ministro.
– Signori – concluse per il momento il ministro. Quasi tutti fecero silenzio e alcuni si misero anche le dita nel naso. Il ministro proseguì:
– Mi era stato rispettosamente suggerito da taluno dei miei segretari di premettere al discorso che andrò a pronunciare l'efficacissimo preambolo della allocuzione con cui, il 27 gennaio 1932, inaugurai la storica fiera dei polli di Massafiscaglia, mentre persone a me legate da lunga ed affettuosa parentela avrebbero preferito vedermi scegliere i primi due periodi del-

l'orazione da me detta, or fanno tre anni, nella nobile città di Ascoli Piceno, scoprendovisi il busto dell'entomologo di chiarissima fama dott. professor N.H. Gualtiero Pisanti–Pisanetti, nel cinquantenario della morte della sua balia.
– Vi confesserò signori, che non ho tenuto conto alcuno di tali consigli. I numerosi lustri di ininterrotta permanenza nei governativi Gabinetti mi hanno consentito di accumulare nei miei archivi trentatrè discorsi completamente dattiloscritti a spazio doppio, ognuno dei quali è divisibile in diciotto elementi autonomi e automobili, per un totale di cinquecentonovantaquattro elementi liberamente componibili come i frammenti di una tenia per formare nuovi discorsi. Quante diverse combinazioni di diciotto elementi cadauna sono possibili con la suddetta disponibilità di elementi numero cinquecentonovantaquattro? Al sottile quesito il mio segretario particolare si sforzò di dare una risposta applicando la formula:

$$\frac{n \times (n - a) \text{ più l'on. Togni Giuseppe}}{18 \times \text{l'on. Pella Giuseppe}}$$

con la quale ottenne l'ambiguo totale di *antamilasettecentoanta*, che mi lasciò notevolmente freddo.
– Il gabinetto di analisi matematica dell'università di Settecamini, da me all'uopo interpellato, applicò invece la formula:

a) $$\frac{n \text{ fattoriale}}{c \text{ fattoriale } (n - c) \text{ fattoriale.}}$$

– Dando gratuitamente e generosamente a «n», che mi era stato raccomandato dal mio sottosegretario, a nome di monsignor Fiorenzo Mattoni, il valore di 594 e a «c» il valore di 18, si ottiene con estrema facilità, e senza colpo ferire:

b) $$\frac{594 \text{ fattoriale}}{18 \text{ fattoriale } (594 - 18) \text{ fattoriale.}}$$

– Questo primo successo, oltre a galvanizzare le energie dei ricercatori, permise di togliere di mezzo un gran numero di fattoriali, che furono abbandonati al loro squallido destino.

Nessuno li degnò di una lagrima.
(Voci: Bene!)
– L'iter della pratica si presentava ora alla nostra mente con chiarezza solare, anzi oserei dire, nel quadro delle nostre migliori tradizioni mediterranee:

$$\frac{577 \times 578 \times 579 \times \cdots \times 592 \times 593 \times 594}{1 \times 2 \times 3 \times \cdots \times 16 \times 17 \times 18}$$

Il citato gabinetto, purtroppo, non disponeva né di una calcolatrice elettronica né di un efficiente pallottoliere. Le operazioni dovevano essere eseguite tutte a mano e a matita, su carta vergatina formato 18×24. Si assunsero il delicato incarico sette allievi dell'esimio professor Rodolfo Caprini-Capretti-Cerotti di San Babaleo. Fedeli al motto dei padri, *divide et impera*, gli audaci si divisero tra loro le moltiplicazioni: conquistarono d'assalto le trincee dei prodotti parziali, li sommarono tra loro con grande sprezzo del pericolo, e all'alba di una smagliante domenica di primavera, carica di auspici per i destini della patria e della fede, ottennero il risultato finale.
– In cifre, signori: 79.450.745.379.459.
– In lettere: settantanove trilioni, quattrocentocinquanta miliardi, settecentoquarantacinque milioni, trecentosettantanovemilaquattrocentocinquantanove. Trascuro i decimali: li lascio all'opposizione.
(Applausi scroscianti. Voci: – Così si difende l'Occidente dal comunismo!)
– Tale, o cittadini, è il numero dei discorsi prefabbricabili a mia disposizione: l'uno diverso dall'altro, dal primo all'ultimo ugualmente privi del minimo significato. Essi furono tutti rigorosamente revisionati dal censore ecclesiastico e da lui dichiarati consigliabili ai cittadini italiani d'ambo i sessi e di ogni età, a qualsivoglia altitudine sul livello del mare, in tutti i giorni feriali e festivi del calendario perpetuo. La mia esistenza non basterà a dar fondo a un simile patrimonio oratorio: ho già disposto per testamento che esso vada, dopo la mia morte, allo Stato. Fin che ci saranno, in questa terra cantata dai poeti, inaugurazioni, pranzi ufficiali, commemorazioni, ricevimenti, festival del cinema o della viola da gamba, fiere del coniglio di angora

e dell'industria petrolchimica, cerimonie militari, civili o religiose, nei secoli e nei millenni a venire, i discorsi componibili con i miei 594 elementi copriranno il fabbisogno degli oratori ministeriali e le superiori esigenze della nazione. (Applausi)
– Stamane, signori, levatomi per tempo ed ascoltata la messa, ho chiamato la mia fedele domestica, ciociara e analfabeta, e l'ho pregata di scegliere i diciotto elementi necessari alla composizione del discorso odierno. Essi sono caratterizzati, nell'ordine, dai numeri: 7, 41, 48, 97, 321, 354, 371, 418, 440, 446, 449, 471, 491, 504, 520, 538, 549, 555. Ascoltate.
(A questo punto il ministro passò a pronunciare il discorso propriamente detto.) Indi proseguì:
– Ed ora, signori, dichiarando aperta la mostra internazionale dello Strofinaccio da cucina pronuncerò con un bellissimo crescendo ben venticinque parole con l'accento sull'a: libertà, italianità, cristianità, umanità, bilateralità, antialonicità, consustanzialità, dabbudà, dicacità, elettricità, falpalà, frugalità, guà, inamovibilità, civiltà, ossidabilità, parrocchialità, stenoalinità, poziorità, preterintenzionalità, vicepodestà, voracità, ministerialità, nominatività, babà, taratatà, parapunzipunzipà!
Seguirono applausi, congratulazioni a mano, per telefono, per telegrafo, per espresso e per raccomandata con ricevuta di ritorno. Tra la folla che si allontanava adocchiai un signore anziano che sogghignava come se si stesse raccontando, nel foro interiore della sua coscienza, qualche barzelletta grassoccia.
– Magnifico discorso, vero? – lo attaccai tra ingenuo e provocatorio. – Gli strofinacci da cucina dei cinque continenti segneranno questo giorno "albo lapillo".
– Se non manderanno ai giornali una lettera di protesta – ridacchiò il maligno personaggio.
– È dunque così difficile accontentarli?
– In generale essi sono di bocca buona. Ma lei deve sapere, gentile amico, che l'inaugurazione di stamattina non li riguardava minimamente. Ha notato qualche traccia di strofinaccio nei dintorni della cerimonia?
– No – ammisi, impressionato – ma devo confessare di non aver effettuato ricerche particolarmente attente.
– Caro signore, sarebbe stato come cercare le forbicine per le

unghie nell'armadietto del bagno, dove notoriamente non si trovano mai. Gli strofinacci non c'entrano più dei tritacarne o delle sonde cosmiche. Lei deve sapere che la scorsa settimana Sua Eccellenza ha fatto conoscere alle autorità locali il suo fervente desiderio di pronunciare, in questa città e in data odierna, un discorso inaugurale. Purtroppo lì per lì non si trovò niente da inaugurare: né una mostra né un festival, né un'opera pubblica, né una lapide commemorativa, né un asilo per le pie cognate derelitte. Tutto era già stato abbondantemente inaugurato. Delle prime pietre non parliamo: ognuna di esse è già stata posata almeno una dozzina di volte in posti differenti. Per non scontentare il ministro si é organizzata ugualmente un'inaugurazione ufficiale: ma un'inaugurazione in senso assoluto, quintessenziale, senza oggetto.

Un'inaugurazione astratta. La forma pura dell'inaugurazione. L'arte per l'arte.

– Eppure ho visto il ministro tagliare un nastro...
– C'era qualcosa al di là del nastro?
– Ora che ci penso c'era solo la banda.
– Vede.
– Ma il commovente accenno agli strofinacci?
– Un espediente retorico, e anche un po' demagogico. Per guadagnare i voti delle donne. Gli è stato suggerito all'ultimo momento dagli organizzatori della non–mostra. Ora vedremo cosa ne penseranno gli strofinacci propriamente detti.

Gli insiemi

Gli insiemi sono considerati elementi fondamentali della matematica. E della didattica della matematica. Eppure il concetto è abbastanza nuovo. La teoria degli insiemi è stata sviluppata da Georg Cantor solo nel XIX secolo e i suoi sviluppi sono stati al centro del dibattito sui fondamenti che – da Zermelo a Gödel – ha caratterizzato anche l'inizio del XX secolo.

Gli insiemi, per molti motivi, piacciono a Rodari. Che ne ha scritto in maniera davvero strepitosa. Tratto da *Il cavallo saggio*, seconda parte, chiamata *Materia prima*, che raccoglie le poesie di Gianni Rodari pubblicate nel 1968 da *Il Caffè*:

Insiemi

Lo consolava la matematica degli insiemi.
Riflettendo sui suoi casi facilmente scopriva
di far parte di numerosi insiemi così catalogabili:
l'insieme degli uomini nati nel 1920,
l'insieme degli uomini nati nel 1920 tuttora viventi,
l'insieme di tutti i nati,
l'insieme di tutti i mancini,
l'insieme degli epatopatici,
l'insieme degli addetti al commercio,
l'insieme degli addetti al lavoro,
l'insieme delle persone che portano l'orologio da polso,
l'insieme dei mammiferi,
l'insieme dei bipedi
(di questi due insiemi egli occupava saldamente l'intersezione
senza l'imbarazzo di chi tiene il piede in due scarpe),
l'insieme degli abitanti della via Lattea,
la cui tabulazione sarà possibile
solo a completamento della sua esplorazione,
l'insieme di coloro che hanno schifo dei ragni,
l'insieme degli utenti della strada,
l'insieme degli italiani sopravvissuti alla seconda guerra mondiale,
l'insieme degli italiani che temono la terza,
l'insieme degli europei che abitano a sud di Francoforte sul Meno ma a nord del Busento,
a ovest di Saint-Tropez ma a est di Salonicco,
l'insieme degli uomini bianchi,
l'insieme degli uomini bianchi con occhi celesti,
l'insieme dei lettori di libri gialli, sia bianchi che negri,
l'insieme delle persone che non sanno usare un calcolatore elettronico,
l'insieme dei lettori di giornali che non scrivono al direttore,
l'insieme dei vertebrati,
l'insieme degli alfabetizzati,
l'insieme dei moderatamente alcolizzati,
l'insieme dei viaggiatori che sono stati una sola volta a Brindisi
ma non una volta sola a Recanati,

l'insieme delle organizzazioni individuali di materia vivente,
di cui fanno parte vescovi, ministri, tranvieri, scolopendre,
eucalipti, rododendri, muschi, scrittori, trachinie,
delfini, batteri, microbi, principi del sangue,
l'insieme di coloro il cui nome comincia con la lettera M,
tra cui si notano i principi del foro, donne di strada,
attori svedesi, minatori boliviani, guardie di finanza,
ex membri del partito comunista, pastori, monaci buddisti,
l'insieme dei compratori di cravatte
(che non sta in corrispondenza biunivoca
con l'insieme dei portatori di cravatte,
stanteché molte mogli comprano cravatte ma non le potano
e molti mariti portano cravatte me non le comprano),
Col tempo si rese conto, non senza un sentimento di orgoglio,
di essere un elemento di un insieme infinito
quale e certamente e al di là di ogni meschino dubbio
l'insieme degli uomini reali e degli uomini immaginari.
Scoprì con gioia di far parte di numerosi sottoinsiemi,
di insiemi universali,
di insiemi disgiunti,
di insiemi complementari.
Lo entusiasmò la certezza che mai, per soffiar di venti,
sarebbe precipitato in un insieme vuoto,
quale l'insieme degli uomini alti diciotto metri,
l'insieme dei presidenti della R.I. eletti prima del 1940,
l'insieme dei numeri pari divisori di tredici,
l'insieme dei ramarri parlanti,
l'insieme dei rettangoli con cinque angoli,
l'insieme delle chitarre che fumano la pipa
e quello delle pipe che suonano la chitarra.
Paragonando l'insieme dei violinisti
e quello dei generali d'artiglieria
giunse a formulare il seguente sillogismo:
tutti i violinisti hanno i capelli lunghi,
taluni generali d'artiglieria hanno i capelli corti,
dunque taluni generali d'artiglieria non sono violinisti.
La scoperta lo riempì d'entusiasmo:
riunì i violinisti, i generali e se stesso

in un apposito insieme di cui diede la rappresentazione tabulare
provando un vivo senso di solidarietà.
Ogni giorno egli aggiungeva all'inventario dei suoi insiemi
Decine di interessanti raggruppamenti.
Come avrebbe potuto sentirsi solo,
o temere per le sue difese personali,
contemplando l'insieme di tutti i suoi insiemi,
vedendolo crescere a vista d'occhio,
docile ai suoi comandi?
Mai vi fu uomo più sicuro, più protetto,
eserciti innumerevoli muovevano in suo soccorso
da ogni parte del cosmo,
dalle profondità del tempo,
dalle sterminate riserve dell'immaginazione,
da ogni piano del condominio.
Eppure di quando in quando, con frequenza irregolare,
guardandosi allo specchio o toccandosi la guancia,
non vedeva che un'immagine un po' assurda.
Chiusa la porta di casa,
oltre a lui non c'era anima viva nelle stanze.
La notte si destava inquieto
Nell'insieme dei suoi mobili, da cui restava escluso,
pensava stancamente un insieme
che costringesse almeno i fiori finti
a schierarsi al suo fianco
e, «che sarà», si domandava, «di me».

In questa poesia troviamo non solo un'interpretazione, strepitosa appunto, degli insiemi ma anche i riferimenti, proposti in maniera leggera eppure potente, ai due "punti" che dominano la sua opera: l'idea dello spazio come nuova dimensione dell'uomo (il riferimento all'insieme degli abitanti della Via Lattea) e l'idea della costruzione della pace in un mondo dominato dalla minaccia atomica (riferimento alla terza guerra mondiale, che Rodari considera come Einstein, l'ultima).

Ma ritorniamo agli insiemi. La poesia non è certo l'unica occasione in cui Gianni Rodari ne parla. Il concetto ritorna spesso. Per esempio in *C'era due volte il barone Lamberto* (1978):

Ho conosciuto un tale di Massafiscaglia che faceva collezione di insiemi. «Stai bene attento, – mi spiegò una volta; – riflettendo sui miei casi ho scoperto di far parte dei seguenti insiemi: l'insieme degli uomini nati nel 1918; l'insieme degli uomini nati nel 1918 e tuttora viventi, l'insieme di tutti i nati, l'insieme di tutti i mancini, l'insieme delle persone che portano l'orologio nel taschino del panciotto, l'insieme dei mammiferi, l'insieme dei bipedi, l'insieme degli abitanti della Via Lattea, l'insieme di quelli che si mangiano le unghie, l'insieme degli europei che abitano a sud di Francoforte sul Meno ma a nord del Busento, a est di Saint–Tropez ma a ovest di Salonicco, l'insieme degli uomini bianchi, l'insieme degli uomini bianchi con gli occhi marrone, l'insieme delle persone che non suonano il violino, l'insieme dei viaggiatori delle FFSS che non sono mai scesi alla stazione di Terontola, l'insieme dei compratori di cravatte (che non sta in corrispondenza biunivoca con quello dei portatori di cravatte, stanteché molte mogli comprano cravatte ma non le portano e molti mariti portano cravatte ma non ne comprano), l'insieme dei massafiscagliesi che non sono mai andati a san Francisco. Faccio parte di insiemi universali, e di insiemi disgiunti, di insiemi identici e di insiemi complementari. Non cadrò mai in un insieme vuoto. Ogni giorno aggiungo alla mia collezione nuovi insiemi e nuovi sottoinsiemi. Potrò mai sentirmi solo? Eserciti innumerevoli corrono al mio soccorso da tutte le parti del cosmo… Purtroppo non potrò mai far parte dell'insieme dei miei mobili. Da due settimane mi sforzo invano di far parte dell'insieme dei fiori finti. Mi potrebbe dare una mano?»

Geometria

La geometria è parte essenziale del pensiero matematico. Prima e soprattutto dopo Euclide. La geometria è uno strumento potente per la comprensione dello spazio e dell'universo fisico. Non a caso Galileo sosteneva che il grande libro della natura

> […] è scritto in lingua matematica, e i caratteri son triangoli, cerchi, e altre figure geometriche, senza i quali mezzi è impos-

sibile a intenderne umanamente parola; senza questi è un aggirarsi vanamente per un oscuro laberinto.

Anche le opere di Gianni Rodari utilizzano spesso triangoli, cerchi e altre figure geometriche. Anzi, spesso ne è fatto mercimonio. Come succede in *Il mercante di diametri*, una delle *Filastrocche in cielo e in Terra* (1960):

> Un cerchio ragionò:
> con tanti diametri che ho,
> perché non ne vendo un po'?
> Così si fece mercante
> e andava per i mercati
> a vendere diametri sigillati.
> A chi ne comprava tre
> dava in omaggio
> un raggio.
> Tutto questo succedeva
> in un paese nebbioso,
> dove anche un raggio di cerchio
> sembrava tanto luminoso.

La geometria è pane quotidiano per i ragazzi, come spiega Paolo al maldestro professor Zeta, in una di quelle loro conversazioni che animano *La torta in cielo* (1964):

> Ma professore, apra gli occhi! Cosa crede che faranno i bambini della sua torta? Non vengono mica per misurare la circonferenza o per trovare l'area di base.

I ragazzi geometrizzano in maniera del tutto naturale. Come succede a Paolo, in *Il giro della città*, uno dei racconti contenuti in *Il tamburino magico* a sua volta contenuto in *tante storie per giocare* (1971):

> Quasi senza accorgersene, Paolo si trovò tra le mani il compasso e disegnò, su quella matassa disordinata di linee e di spazi, un cerchio esatto. Che strana idea gli stava venendo in testa... Ma poi, perché non provare? Ecco, la sua decisione era già presa: fare il giro della città. Ma il giro preciso. Le strade

girano a zig-zag, voltandosi capricciosamente ad ogni tratto, abbandonando un punto cardinale per seguirne un altro. Anche i grandi viali della circonvallazione girano in cerchio solo per modo di dire: non sono stati tracciati col compasso, Paolo voleva invece fare il giro della città camminando sempre nel cerchio disegnato con il compasso, senza deviare di un passo da quella circonferenza netta come una bella idea.

Purtroppo spesso capita, come a Paolo nel secondo finale della sua possibile storia, che debba rinunciare alla sua idea perché:

> Le strade della vita non sono mai così nette, precise e ideali come le figure della geometria.

La geometria è pane quotidiano per i ragazzi. E, dunque, anche per Gianni Rodari. Non è forse *Il gioco dei quattro cantoni*, storia principale dell'omonimo libro (1980), un gioco geometrico? Eccone l'incipit:

> Bisogna immaginare un prato rettangolare, trenta metri di base per venti di altezza. Sulla base vicina al portico della villetta sono disposti, da sinistra a destra: un pino, una magnolia, un tiglio. Sulla base rappresentata dalla rete metallica che divide la proprietà della maestra Santoni (vedova e pensionata) da quella del vicino, si trovano due sole piante, collocate ai vertici: un pino e un cedro del Libano. Nessuna pianta al centro di questa base. Nessuna all'intersezione delle due diagonali. È questo lo spettacolo simmetrico e confortante che la maestra Santoni contempla da quindici anni…

La geometria è così presente – come usa dire – nel pensiero e nell'opera di Rodari che essa è galileanamente eletta a forma di comunicazione universale. Parlano il linguaggio della geometria le api luminescenti del pianeta *Kama* da *Segnali nella notte*, una delle novelle di *L'agente X.99* a sua volta contenuta in *Il gioco dei quattro cantoni*:

> Mi sollevai a sedere, incuriosito. La palla si allontanò, lasciandomi in una zona di penombra. E in quella penombra, ora, scesero danzando un centinaio di api e si posarono sul terreno

a formare un luminoso segmento di retta. Durarono in quella posizione pochi secondi. Poi il segmento si ruppe, si piegò su se stesso, formando un triangolo rettangolo. Immediatamente altre api si staccarono dalla palla e disegnarono il quadrato dell'ipotenusa... e altre ancora i quadrati dei due cateti... Avevano scelto il teorema di Pitagora per comunicarmi l'informazione essenziale, cioè che avevo davanti a me esseri intelligenti. Se avessero disegnato, con i loro punti luminosi, il Duomo di Milano, non sarei stato più emozionato.
Risposi disegnando un cerchio. Le api si posarono sulla sua circonferenza, correggendone la curva dove il mio dito era stato alquanto approssimativo e tracciarono subito dopo il diametro e il raggio. E per un pezzo andò avanti il nostro dialogo geometrico.

In *L'esplorazione del rio Rubens*, racconto contenuto a sua colta in *Il giudice a dondolo* (raccolta postuma del 1989) troviamo invece un esilarante esempio di "geometria liturgico–politica":

> La cerimonia principale [del popolo del rio Rubens, n.d.a.] è la preghiera della sera, che avviene nel seguente modo: ad un segnale radiodiffuso, tutti i cittadini abbandonano le loro occupazioni e sorgono in piedi, piantandosi a gambe larghe in mezzo alla strada o alla stanza in cui si trovano. Dev'essere il mezzo esatto, e in tutte le strade apposite strisce anche indicano il centro geometrico perché i fedeli non incorrano in peccato discostandosi. La distanza regolamentare fra i due piedi dev'essere di ottanta centimetri circa. In questa posizione, i fedeli cominciano ad oscillare lentamente, appoggiandosi ora al piede destro ora a quello sinistro. Ad ogni oscillazione la distanza tra i due piedi deve diminuire di un centimetro. Al termine di quaranta oscillazioni il fedele viene a trovarsi nella posizione di attenti, con i piedi uniti, e in tale posizione, chiamata il Perfetto centro, rimane immobile.
> L'immobilità liturgica non deve durare meno di quaranta minuti, ma i più devoti la prolungano fino ad un'ora ed anche più. Ci si imbatte anzi, sulle piazze principali, in santoni e fachiri che rimangono immobili nella posizione del Perfetto Centro l'intera giornata. La religione è chiamata Centrismo.

Dizionario delle scienze naturali

Chimica

Nei suoi infiniti viaggi Giovannino Perdigiorno incontra anche la chimica. Si tratta di incontri rapidi, in apparenza sfuggenti. Tuttavia sono significativi. Non fosse altro perché l'incontro, per quanto fugace, avviene subito, già nel primo viaggio, tra *Gli uomini di zucchero* che vivono in un bizzarro paese, sono bianchi e sono dolci, portano nomi soavi. Tratto da *I viaggi di Giovannino Perdigiorno* (1973):

> e il loro re si chiama
> Glucosio il Dolcificatore

Nel paese degli uomini di zucchero non è la chimica a essere bizzarra – gli zuccheri sono come al solito dolci. Ma è il suo uso che è anomalo. Pensate che…

> si mette la saccarina
> perfino nell'insalata.

Ma questa non è chimica, direte voi. È solo uso di termini chimici – come glucosio – peraltro di linguaggio comune. Quanto a saccarina è proprio la parola di uso comune che richiama a un termine chimico diverso, saccarosio. Tutto vero. Ma l'uso di termini scientifici – in maniera più o meno alterata – nel linguaggio comune rimodella l'immaginario di noi tutti e, in qualche modo, è propedeutico alla creazione di una cultura scientifica. In altri termini, usando parole in uso nella chimica organica Rodari svolge questa funzione didattica propedeutica.

Geofisica e Mineralogia

I termini chimici non vengono usati da Rodari in maniera causale. Le sue conoscenze della nomenclatura chimica, quanto meno di chimica dei minerali, sono notevoli. Come dimostra questo brano tratto da *Il gioco dei quattro cantoni*, storia principale dell'omonimo libro (1980).

Basta un'occhiata a descrivere e classificare, a un occhio non ignaro di mineralogia come il suo: si tratta di pura ematite ottaedrica. E l'unghia vicina, al di là di ogni dubbio, è di serpentino nobile delle Alpi piemontesi. E l'unghia dell'anulare è inequivocabilmente un diaspro rosso con quarzo ialino, mentre quella del mignolo, a prima vista, si direbbe un borosilicato di alluminio.

[…] Né mi stupirò domani, o tra una settimana, se mi scoprirò un piede di onice aprano e un altro di rubellite cristallizzata. Già a quest'ora, probabilmente, nelle mie ossa si stanno formando azzurriti e malachiti. Forse corindoni. Forse berilli, acquemarine, smeraldi.

Il possesso della nomenclatura della chimica dei minerali rimanda a conoscenze non banali di geofisica e vulcanologia. Ne abbiamo un assaggio in *L'affare del secolo*, un altro racconto tratto da *Il gioco dei quattro cantoni*:

Nella provincia abbondano le rocce vulcaniche, che i basalti lecitici rappresentano uno dei tipi petrografici più diffusi, che il tufo, il peperino, la pozzolana sono presenti un po' dappertutto.

Aerodinamica

L'interesse di Gianni Rodari per le scienze è anche divulgativo. Insegnare come funzionano le cose. Sebbene segua sempre con attenzione e apprensione la corsa al riarmo atomico, è solo con l'avvio della corsa allo spazio che i suoi interessi si estendono anche e soprattutto agli effetti sociali della scienza. O meglio, a come la scienza va modificando il mondo e la società degli uomini che lo abitano.

In *Il libro dei perché*, scritto a mo' di rubrica su *l'Unità* nella seconda parte degli anni '50 l'antica propensione divulgativa è preponderante. Ma ciò non gli impedisce – anzi, gli consente – di analizzare quelli che Leopardi chiamava gli errori degli antichi. Le credenze sbagliate e i luoghi comuni.

Ecco come ne approfitta in questo interrogativo sull'aerodinamica:

Perché gli aerei rimangono sospesi nell'aria?
La forza che tiene sospesi gli aeroplani è l'aria stessa, che agisce sulle ali per effetto del vuoto delle eliche e del motore.

L'aviatore vola in alto,
più su dell'aquila e del falco,
più su delle nubi e della tempesta,
dove il sole fa sempre festa.

A questo punto mi si accosta strisciando una specie di can bassotto e con mia sorpresa si mette a predicare: – *Chi troppo in alto sal cade sovente* – precipitevolissimevolmente! Misericordia, un altro Vecchio Proverbio travestito! Per fortuna gli piomba in testa, dall'alto, anzi dall'altissimo, una bottiglietta di birra vuota: l'aveva gettata, dal finestrino, l'aviatore della nostra filastrocca. Così anche questo Vecchio Proverbio che insegna a strisciare in basso andò a farsi benedire.

La risposta alla domanda in prima battuta è di tipo divulgativo. Ma poi ecco che Rodari ne approfitta per criticare il senso comune dei vecchi proverbi un po' reazionari. In questo sembra, dicevamo, il giovane Giacomo Leopardi quando polemizza con gli errori degli antichi. Rodari mostra la medesima fiducia nel progresso della conoscenza e anche della tecnologia del poeta di Recanati. Ma si tratta, nell'uno come nell'altro, di una fiducia critica. Perché gli uomini, attraverso la cattiva politica, non sanno governare la tecnica e la utilizzano spesso per fini sbagliati. Ciò non toglie che il senso comune degli antichi resti reazionario. La critica all'uso sbagliato del progresso tecnologico non può risolversi in una critica al progresso tecnologico. Questo è il messaggio di Rodari, autore marxista e leopardiano.

Fisiologia

Matematica, chimica, fisica. Non c'è ambito delle scienze che Rodari non tocchi. Eccolo alle prese con la fisiologia animale. Nelle *Mucche di Vipiteno* con cui si apre il *Gioco dei quattro cantoni* (1980), c'è una dettagliata descrizione dello stomaco dei ruminanti:

> Era un ruminante e ruminò per tutto il tempo necessario. Né l'omaso né l'abomaso, parti essenziali del suo stomaco, fecero

obiezioni al passaggio e all'assimilazione dell'arcobaleno col resto del cibo. Non toccava a loro.

Naturalmente, non dimentica di esercitare la fantasia. E di giocare alla contaminazione tra fisiologia e immaginazione:

> La tua [mucca] deve avere un apparato digerente dispersivo, più analitico che sintetico. Non fonde i colori.

Contaminazione cui ricorre anche quando si intrattiene con la fisiologia del sistema visivo umano. Tratto da *Le notti di Spilamberto*, nel *Gioco dei quattro cantoni*:

> Ma come faceva il signor Ottavio a dormire con un occhio solo, mantenendo l'altro desto, vigile e sempre aperto? Eh, non era stato per niente facile imparare, addestrare i due occhi a funzionare indipendentemente l'uno dall'altro, e le due metà del cervello ad alternarsi al comando della veglia e del sonno. [...] gli intensi allenamenti produssero intero il loro frutto e l'ostinato veterinario potè addormentarsi con l'occhio sinistro e vegliare con l'occhio destro. Perché avesse deciso quella ripartizione di compiti tra i due occhi, e non la simmetrica e contraria, non sappiamo. Forse aveva giudicato l'occhio sinistro più adatto per occuparsi del mondo del sonno e dei sogni e l'occhio destro più adeguato ai compiti della veglia e della sorveglianza. O forse la specializzazione bipolare, a un certo punto, si era prodotta e determinata da sé.

Il tumore

Dalla fisiologia alla patologia. Ecco come Gianni Rodari descrive il tumore nella seconda parte di *Il cavallo saggio*, chiamata *Materia prima*, che raccoglie le poesie pubblicate nel 1968 su *Il Caffè*:

> *Bel ricordo*
>
> Il più bel ricordo l'ho scoperto
> destituito di fondamento.

La presente servirà da smentita.
Portato per anni nello zaino
come un prezioso segreto,
non era che un tumore,
proliferazione impazzita
di cellule che vivevano
soltanto per uccidermi.
Scampato al pericolo,
cammino meglio,
digerisco i sassi,
tutto comincia adesso,
bel ricordo non mi fai fesso.

L'Epidemia

Le malattie infettive possono causare le epidemie. Anche quando il bacillo non è un patogeno, ma un agente molto più pericoloso: la verità. Da *Il paese dei bugiardi*, nelle *Filastrocche in cielo e in Terra* (1960):

Cosa più sbalorditiva,
la malattia si rivelò infettiva,
e un po' alla volta in tutta la città
si diffuse il bacillo
della verità.
Dottori, poliziotti, autorità
tentarono il possibile
per frenare l'epidemia.
Macchè, niente da fare.
Dal più vecchio al più piccolino
la gente ormai diceva
pane al pane, vino al vino,
bianco al bianco, nero al nero:
liberò il prigioniero,
lo elesse presidente,
e chi non mi crede
non ha capito niente.

La verità è contagiosa. Non sempre, purtroppo.

La malattia mentale

Intorno alla malattia mentale – ce lo ha insegnato Franco Basaglia – si creano molti equivoci, talvolta tragici. Come dimostra questa storia – tratta da *I bambini si capiscono*, in *La torta in cielo* (1964) – che ha per protagonista Rita. La bambina è in ospedale. Non capiscono il suo comportamento e allora pensano che abbia assunto un veleno extraterrestre che l'ha resa folle.

Invece Rita ha mangiato solo un innocuo pezzo di cioccolata. E sta benissimo:

> – Vi dico che sto bene. E vi dico anche, se lo volete sapere, che quella cosa là sul Monte Cucco non è un'astronave, è una torta. Domandatelo a mio fratello, domandatelo al signor Geppetto.
> – Chi sarebbe questo signor Geppetto?
> – Non lo so, andateglielo a domandare, chi è. Sta dentro nella torta, proprio in mezzo, e se la mangerà tutta, beato lui.
> Il capo–reparto si volse agli altri medici, crollando tristemente il capo.
> – I signori hanno udito? La poverina delira. La sua mente malata mescola l'immagine di quel dolce fatale e le avventure di Pinocchio in una tremenda confusione. Evidentemente il veleno ha cominciato ad agire sui centri nervosi. Speriamo di poter fare qualcosa. Per cominciare, direi proprio che un'iniezione calmante è indispensabile.
> – Assolutamente indispensabile, – risposero in coro i dodici dottori.

Dizionario della scienza delle scienze

Il senso comune

In tutta la sua vita di scrittore e di giornalista gianni Rodari ha cercato di mettere sull'avviso i suoi lettori, adulti e bambini, sulle trappole del senso comune. Tratto da *Il libro dei perché*, la rubrica tenuta su *l'Unità* nella seconda parte degli anni '50:

Perché si dice «stupido come un'oca»?
Le oche sono calunniate senza colpa: ci sono assai meno intelligenti di loro e se ne vanno tranquilli per il mondo, senza il peso di quel modo di dire infamante. Che dobbiamo fare, rivalutare le oche? Forse è meglio riformare i proverbi e i modi di dire. Comincio io, e se qualcuno ha voglia di continuare si accomodi.

Chi va piano non arriva a Milano.
Can che abbaia
strada gaia.
Chi va con la pecora
impara a belare.
Ride bene chi ha tutti i denti.
Osso di sera
cena leggera,
osso di mattina
colazione poverina.
Il peggior sordo è quello
che fa finta di sentire.
Pensa dieci parole
prima di dirne due sole.

Non bisogna credere al senso comune. Meglio credere ai libri di scienza.

Perché i ragni portano fortuna?
Nei libri di scienze naturali non sta scritto: e io credo solo a quelli, in fatto di ragni.

C'era una volta un ragno
portafortuna:
ma lui non sapeva
di portare fortuna,
e non lo sapeva nemmeno,
sfortunata,
la serva che gli dava la caccia
con la granata.
Così il ragnetto perì.
E la fortuna, in fin delle fini,
toccò alle mosche e ai moscerini.

La ragione e la verità

Si dice che a scoprire la "potenza della ragione" siano stati i Greci, tra il VI e il V secolo a.C. La ragione per i Greci è separata dall'opinione, perché capace di superare l'istinto, il senso comune, è mediata e non immediata, sottopone a verifica la verità raggiunta.

La ragione non è l'unico strumento che ha l'uomo per comprendere la realtà e raggiungere la verità (ancorché contingente e provvisoria). Ma è uno dei più potenti. Purtroppo non tutti la usano. Come Rodari denuncia in *La testa del chiodo*, una delle *Filastrocche in cielo e in Terra* (1960):

> La palma della mano
> i datteri non fa,
> sulla pianta del piede
> chi si arrampicherà?
> Non porta scarpe il tavolo
> su quattro piedi sta,
> il treno non scodinzola
> ma la coda ce l'ha.
> Anche il chiodo ha una testa,
> però non ci ragiona:
> la stessa cosa capita
> a più di una persona.

Chi usa la ragione e dice la verità spesso non viene compreso. Sembra una bestia rara. Da esporre al giardino zoologico. Anzi, zoo-illogico. Tratto da *Il paese dei bugiardi*, un'altra delle *Filastrocche in cielo e in Terra*:

> Infine per contentare
> la curiosità
> popolare
> l'Uomo-che-diceva-la-verità
> fu esposto a pagamento
> nel «giardino zoo-illogico»
> (anche quel nome avevano rovesciato…)
> in una gabbia di cemento armato.
> Figurarsi la ressa.

Curiosità scientifica

La curiosità è il fondamento della scienza. La curiosità scientifica è lo strumento che hanno gli uomini (e i bambini) per comprendere la realtà e vincere le superstizioni. Terzo finale possibile della storia *Il tamburino magico*, in *Tante storie per giocare* (1971):

> Cammina e cammina… mentre cammina il tamburino riflette: «Strano tamburo e strana magia. Vorrei proprio capire come funziona l'incantesimo».
> Guarda le bacchette, le rivolta da tutte le parti: sembrano due normali bastoncini di legno.
> – Forse il segreto è dentro, sotto la pelle del tamburo!
> Il soldatino fa col coltello un piccolo buco nella pelle.
> – Darò un'occhiata, – dice.
> Dentro, non c'è niente di niente.
> – Pazienza, mi terrò il tamburo com'è.
> E riprende la sua strada, battendo allegramente le bacchette. Ma ora le lepri, gli scoiattoli, gli uccelli sui rami non ballano più al suono del tamburino. Le civette non si svegliano.
> Barabàn, barabàn…
> Il suono sembra lo stesso, ma la magia non funziona più.
> Ci credereste? Il tamburino è più contento così.

Una sana curiosità – una curiosità proto scientifica – ha dissolto la magia.

Scienza

Cos'è, la scienza? Per rispondere a queste domande sono state scritte intere biblioteche. Non troviamo una risposta in Gianni Rodari. Ne troviamo tante. Quante sono le sfaccettature nel modo di fare e di guardare alla scienza.

Un drammatico esperimento in *La torta in cielo* (1964) è un piccolo compendio di vita quotidiana scientifica.

Antefatto. Il sor Meletti, vigile considerato così astuto da essere soprannominato Ulisse, si reca al comando – chiamato Diomede e costituito da autorità civili, militari e scientifiche –

con un pezzo di cioccolata che sua figlia, Rita, asserisce essere caduto da una strana astronave parcheggiata lassù, nel cielo del Trullo, a Roma.

– I bambini hanno la fantasia accesa, – borbottò il generale.
– Sono anche spiritosi, – aggiunse il colonnello.
– Questo però è veramente un pezzo di cioccolato, – mormorò l'astuto Ulisse. Egli era contento, si capisce, che Diomede non prendesse sua figlia per una spia; intanto, gli dispiaceva che Rita passasse per bugiarda.
– Che cosa ne dice la scienza?

La scienza, dunque, viene chiamata a risolvere i misteri. A dire l'ultima parola, quella della verità.

La discussione che segue tra due autorevoli ricercatori è uno spaccato di vita scientifica – con le sue logiche e le sue dispute; con i fatti e le ipotesi e la (drammatica) sperimentazione; con le sue umane debolezze. Il tutto è condito con la tipica ironia di Rodari. Ma è un'ironia, tutto sommato, benevola:

> Il professor Rossi e il professor Terenzio si chinarono a fiutare il corpo del delitto.
> – Niente impedisce di supporre che i marziani sappiano fabbricare il cioccolato, – disse il professor Rossi.
> – Niente impedisce di supporre che i figli del nostro bravo vigile, qua, abbiano comprato il cioccolato in una pasticceria, – disse il professor Terenzio.
> – Questo si può escludere, – disse il sor Meletti. – Venendo qui ho fatto il giro delle pasticcerie. Primo nessuno vende, al Trullo, cioccolato in blocchi così grossi. Secondo, i miei figli sono stati visti l'ultima volta in una pasticceria la settimana scorsa. Hanno comprato due gomme da masticare. Quel cioccolato lì non viene dal Trullo.
> – Ma non è detto che venga dal cielo, come la manna, – ribatté il professor Terenzio.
> – Vogliamo provarlo? – propose il professor Rossi.
> – Calma, calma, – disse il professor Terenzio. – Facciamolo piuttosto analizzare da un chimico. Se è di provenienza oltreterrena, conterrà qualche elemento a noi sconosciuto.

– Dunque ha paura ad assaggiarlo, concluse il professor Rossi.
– Dunque anche lei pensa che...
Il professor Terenzio picchiò il pugno sul tavolo, impallidendo:
– Io non ho paura di nulla. Io parlo nell'interesse della scienza.
– Nell'interesse della scienza, – riprese il professor Rossi, – ci sono stati medici coraggiosi che si sono iniettati le più terribili malattie.
– Questa è una sfida! – tuonò il professor Terenzio
– Lo è, – disse il professor Rossi, impallidendo a sua volta. – Ora taglieremo due pezzetti di questo presunto cioccolato e li mangeremo, e vedremo se si tratta di cioccolato terrestre o di cioccolato spaziale.
Un brivido di emozione corse per la piccola assemblea.
– Signori, – si provò a dire il generale, – non vi sembra un'imprudenza? Non posso permettere che due eminenti scienziati si sacrifichino per...
– Sono stato sfidato! – esclamò dignitosamente il professor Terenzio.
– Mia figlia, – mormorò il sor Meletti, – dice che ne avrà mangiato un mezzo chilo, che è di ottima qualità e di facile digestione.
– Bando alle chiacchiere, disse il professor Rossi. – Si proceda all'esperimento.

Rodari ha grande interesse per il modo di lavorare degli scienziati. Ed è convinto che in quel modo di lavorare – che funziona, eccome se funziona – c'è qualcosa di umano, troppo umano di cui persino gli storici hanno faticato a rendersi conto. Gli scienziati operano non solo con la ragione – con una ragione astratta e astorica – ma portandosi dietro il loro carico di pregiudizi, di paure, di angosce – in altri termini, di umane debolezze. Questa umanità degli scienziati resta anche mentre "si fa la scienza", persino nel corso dell'esperimento:

> Un silenzio angoscioso seguì queste parole. Trattenendo il fiato i presenti osservarono i due scienziati che, pallidi, come cadaveri, guardandosi fissamente negli occhi, si preparavano ad inghiottire due minuscoli dadi della misteriosa materia.

– Generale, – disse il professor Rossi, spiccando solennemente le parole, – prenda nota di quanto potrà accadere da questo istante. Forse dal nostro esperimento dipende la salvezza dell'umanità. La presenza sul nostro pianeta di invasori spaziali, a mio giudizio, è un pericolo maggiore anche dello scoppio della bomba atomica. È con piena coscienza di questo pericolo, in pieno possesso delle mie facoltà mentali che io.
Insomma, il professor Rossi fece un bel discorsetto, e la tirava tanto in lungo che i presenti cominciarono a domandarsi segretamente: – Lo manda giù o no?

Talvolta l'umano, troppo umano prende la mano. Gli scienziati derogano ai loro valori mertoniani e si mettono in cattedra, assumendo quel tanto di tono trombonesco tipico delle accademie cui neppure chi è impegnato a interrogare la natura riesce a sottrarsi:

Poi toccò al professor Terenzio prendere la parola. Egli parlò del sistema solare e del cosmo, nominò Dante, Galileo, Copernico e Newton, accennò di passaggio alla differenza tra l'uomo delle caverne e il professor Einstein, insomma disse cose memorabili, che vennero tutte accuratamente registrate su magnetofono, perché non ne andasse perduta una sillaba. Ma di nuovo i presenti furono costretti a domandarsi: – Mangiano o non mangiano?
Forse i due scienziati si aspettavano che il generale facesse a sua volta un discorsetto di circostanza, ma il generale rimase zitto.

Poi l'esperimento.

I due scienziati si fissarono come due spadaccini al momento culminante di un duello all'ultimo sangue e si misero in bocca il cioccolato, appoggiandolo con eroica precauzione sulla punta della lingua.
Ritirarono la lingua.
Masticarono.
Deglutirono.
Rimasero lì immobili come due busti ai giardini pubblici, per qualche attimo. Poi una smorfia si disegnò sul volto del professor Rossi. Un'altra smorfia, come da uno specchio, le rispose dal volto del professor Terenzio.

E, infine, il risultato:

– Provo, – balbettò il professor Rossi, – un certo senso di soffocazione.
– Io soffoco del tutto... – emise il professor Terenzio
– Forse... forse è... – disse il primo.
– Veleno! – finì il secondo.

Sbagliato.
Dunque, anche i risultati di un esperimento possono essere interpretati male.

Il professor Rossi e il professor Terenzio, ormai, si torcevano come in preda a terribili dolori, si slacciavano il colletto con mano febbrili, si aggrappavano al generale, al colonnello, a tutti i presenti.

Pensavano di sentirsi male. Ma avevano assaggiato solo dell'ottimo cioccolato.
Non per questo cessano le attese della società:

– È cattivo? – domandò il sor Meletti, senza il minimo senso della solennità del momento.
Tutti lo zittirono con indignazione.
– Cafone, – mormorò, a parte, il generale. Poi, rivolto ai due scienziati:
– Ebbene, signori? Siamo in attesa.

Epistemologia

Giovannino Perdigiorno capita nel paese degli uomini blu. Che non hanno mai visto un uomo con la pelle del suo colore (tratto da *Gli uomini blu*, in *I viaggi di Giovannino Perdigiorno*, 1973):

>Vedendo un uomo bianco
>quelli si spaventarono:
>lo legarono mani e piedi
>e in gabbia lo ficcarono.

Gli uomini blu hanno dei pregiudizi. Ma non sono degli sprovveduti. Vogliono vederci chiaro. Sbattono in galera Giovannino, ma…

> Poi dodici professori
> e duecento studenti
> lo studiarono in lungo e in largo,
> gli contarono i denti,
>
> misurarono la sua testa
> scoprendo con stupore
> che aveva due occhi
> un naso e il raffreddore.

Nel paese degli uomini blu si usa chiedere alla scienza di aiutare a conoscere. E a risolvere i problemi di conoscenza nati anche sulla base di un pregiudizio.

> Lo fecero camminare
> parlare del meno e del più
> e conclusero: «Ma guarda,
> sei un uomo pure tu!
>
> Credevamo fossi un mostro
> perché non sei turchino:
> tante scuse per lo sbaglio,
> vieni, bevi un bicchierino…»

Nel paese degli uomini blu la conoscenza scientifica rimuove anche i pregiudizi che l'hanno messa in moto.
Gli uomini blu non è una filastrocca. È un piccolo trattato di epistemologia.
L'epistemologia è il modo attraverso cui si produce nuova conoscenza. Una sana epistemologia ci dice che per ottenere buone risposte non tutte le domande vanno bene: occorre fare domande giuste. Come Rodari spiega in *Tante domande*, una delle *Favole al telefono* (1960):

> C'era una volta un bambino che faceva tante domande, e questo non è certamente un male, anzi è un bene. Ma alle

domande di quel bambino era difficile dare risposta.
Per esempio, egli domandava: – Perché i cassetti hanno i tavoli? [...] Siccome nessuno gli rispondeva, si ritirò in una casetta in cima a una montagna e tutto il tempo pensava delle domande e le scriveva in un quaderno, poi ci rifletteva per trovare la risposta, ma non la trovava.
Per esempio scriveva:
«Perché l'ombra ha un pino?»
«Perché le nuvole non scrivono lettere?»
«Perché i francobolli non bevono birra?»
A scrivere tante domande gli veniva il mal di testa, ma lui non ci badava. Gli venne anche la barba, ma lui non se la tagliò. Anzi si domandava: «Perché la barba ha la faccia?»
Insomma era un fenomeno. Quando morì, uno studioso fece delle indagini e scoprì che quel tale fin da piccolo si era abituato a mettere le calze a rovescio e non era mai riuscito una volta a infilarsele dalla parte giusta, e così non aveva mai potuto imparare a fare le domande giuste. A tanta gente succede come a lui.

Teoria

La scienza non è fatta solo di "sensate esperienze", ma anche di "certe dimostrazioni". I fatti vanno inquadrati in un solido apparato teorico. Ma cos'è, esattamente, una teoria scientifica? Rodari lo spiega in *C'era due volte il barone Lamberto* (1978).

Dice Renato, al barone Lamberto redivivo:

> – Signor barone, – dice il segretario, emozionantissimo, – lei non ha più bisogno di nessuno. Sono ore che nessuno pronuncia il suo nome, eppure lei, a quanto pare, continua a vivere, non accusa disturbo veruno e non accenna minimamente ad invecchiare. [...]
> – Anselmo, – dice il barone, – controlliamo.
> Anselmo cava di tasca il suo libricino e comincia il controllo delle ventiquattro malattie, del sistema scheletrico, del sistema muscolare, del sistema nervoso, dell'apparato circolatorio, eccetera eccetera. È tutto a posto. Non c'è una sola cellula che faccia i capricci.

Ma poi Delfina e gli altri cinque iniziano a pronunciare, sempre più velocemente il nome Lamberto e il barone inizia a ringiovanire. I sei continuano a influenzare la vita del barone Lamberto.

... si sentono dei singhiozzi ... È il segretario di nome Renato che si dispera.
– Credevo, – egli dice a Delfina tra le lacrime, – che voi non aveste più alcun potere sulla vita del signor barone. Ahimé, la mia carriera è finita! [...] Mi dica almeno in che cosa ho sbagliato.
– In questo, – gli spiega con pazienza Delfina, – che lei ha formulato una teoria ma non si è preoccupato di verificarla.

La teoria scientifica deve andare oltre le apparenze.

– Ma è vero o no che il barone stava bene senza che più nessuno pronunciasse il suo nome?
– Forse durava ancora l'effetto del funerale, con tutta quella gente a nominarlo gratis. Ad ogni modo io ho voluto fare una prova. Intanto che c'ero, ho voluto anche vedere che cosa sarebbe successo introducendo nell'esperimento la variabile della velocità. È chiaro e distino?
– Altrochè, – sospira Renato. – Lei ha proprio una mentalità sperimentale. Vorrebbe sposarmi?

Niente

La filosofia senza la scienza è vuota, diceva Albert Einstein. E la scienza, proseguiva, senza filosofia, se pure fosse possibile sarebbe arida. La scienza e la filosofia dunque dialogano tra loro. E nulla come la scienza, negli ultimi quattro secoli, ha modificato la nostra visione filosofica del mondo. A iniziare da concetti fondamentali. Come il concetto di niente. Cui è dedicato *L'omino del niente*, una delle *Favole al telefono* (1960):

C'era una volta un omino di niente. Aveva il naso di niente, la bocca di niente, era vestito di niente e calzava scarpe di niente. Si mise in viaggio su una strada di niente che non andava in nessun posto. Incontrò un topo di niente e gli domandò: – Non hai paura del gatto?

– No davvero, – rispose il topo di niente, – in questo paese di niente ci sono soltanto gatti di niente, che hanno baffi di niente e artigli di niente. Inoltre, io rispetto il formaggio. Mangio solo i buchi. Non sanno di niente ma sono dolci.
– Mi gira la testa, – disse l'omino di niente.
– È una testa di niente: anche se la batti contro il muro non ti farà male.
L'omino di niente, volendo fare la prova, cercò un muro per batterci la testa, ma era un muro di niente, e siccome lui aveva preso troppo slancio cascò dall'altra parte. Anche di là non c'era niente di niente.
L'omino di niente era tanto stanco di tutto quel niente che si addormentò. E mentre dormiva sognò che era un omino di niente, e andava su una strada di niente, e incontrava un topo di niente e mangiava anche lui i buchi nel formaggio, e il topo di niente aveva ragione: non sapevano proprio di niente.

Indeterminazione

Nella fisica quantistica, uno dei pilastri della fisica moderna, è venuta meno la filosofia del determinismo. Uno dei principi della fisica quantistica è il principio di indeterminazione di Werner Heisenberg. Un principio un po' bizzarro. Che – ci perdonino i fisici quantistici per l'azzardo – ritroviamo nelle *Mucche di Vipiteno*, la storia con cui si apre il *Gioco dei quattro cantoni* (1980):

> Ma l'arcobaleno, che evidentemente non era interessato all'esperimento, non si mostrò. Non pare, del resto, che la sua presenza dopo il temporale sia obbligatoria: a volte si vede a volte no, senza nessuna regola, la natura fa le cose a sua capriccio. E anche un po' a vanvera.

Comunicazione della scienza

Non c'è scienza senza comunicazione della scienza. Nell'era della conoscenza, la comunicazione della scienza è una componente importante. Ed emergente.

Tratto da *Premi letterari*, in *Il giudice a dondolo* (raccolta pubblicata postuma, nel 1989). Si è riunita la giuria di un premio letterario:

Il giurato che aveva l'asso nella manica incalza:
– In quest'epoca corrotta e proterva...
– Corrotta, capisco, ma perché proterva?
– Allude ai protoni. Adesso vanno di moda le rubriche scientifiche, vorrà mettersi in mostra con Occhialetti che dirige un rotocalco per i carabinieri in pensione.

Il riferimento al fisico Giuseppe Occhialini potrebbe non essere affatto casuale.

La comunicazione della scienza al grande pubblico, a differenza di quella interna alla comunità scientifica, ha molti problemi di rigore. Perché chiama in causa e rende attori della comunicazione i non esperti. I più terribili sono i giornalisti. Soprattutto quelli della televisione. Tratto da *C'era due volte il barone Lamberto* (1978).

Alcuni giornalisti della televisione intervistano i ragazzini di Orta. Le loro sono domande intelligenti:

– Ti piace di più Zorro o l'Uomo Ragno?
– Sei più bravo in cibernetica o in antropologia strutturale?
– Quanto fa tre per otto ventiquattro?

Donazioni alla scienza

Se la scienza fa bene all'umanità, essere generosi con la scienza è parte della moderna filantropia. Non a caso le donazioni di denaro sono una componente importante nel bilancio delle università del paese leader in campo scientifico, gli Stati Uniti. Ma le donazioni non possono e non devono essere solo in denaro.

La partecipazione si può esprimere in altro modo. Come accade alla *Gente in treno*, in *Il gioco dei quattro cantoni* (1980):

– Sì, per tutta la vita mio padre collezionò i suoi stessi capelli. Ogni volta che andava dal barbiere, sempre lo stesso in trentasette anni, raccolse, imbustò e catalogò i capelli caduti, annotando la data e ogni altra utile circostanza. [...] Pensi, piut-

tosto: ecco una vita intera documentata nei capelli di un uomo, biondi dapprima, indi castani, infine tendenti al grigio. E in ogni capello chi sa quante storie: di malattie ed emozioni, di avvenimenti personali e forse anche nazionali, o internazionali.
[…]
– Forse degli specialisti, degli scienziati potrebbero…
– Ho offerto a diverse università, a scopo scientifico e di beneficenza, l'autoraccolta di mio padre. Ma pare che l'interesse per queste cose sia ormai venuto a mancare.

Dizionario scientifico

Dizionario degli scienziati

Scienziati

Se prima dello Sputnik e di Gagarin, gli adulti protagonisti delle storie e delle filastrocche di Rodari scrittore per l'infanzia sono casalinghe e operai, dopo il 1960 compaiono in massa astronauti e scienziati. Le professioni che meglio di tutte caratterizzano la nuova era in cui è entrata l'umanità.

Ne è esempio Brun, scienziato del pianeta Mun e protagonista in *Il pianeta della verità*, una delle *Favole al telefono* (1960):

> La pagina seguente è copiata da un libro di storia in uso nelle scuole del pianeta Mun, e parla di un grande scienziato di nome Brun (nota, lassù tutte le parole finiscono in «un»: per esempio non si dice «la luna» ma «lun lun»; «la polenta» si dice «lun pulentun», eccetera). Ecco qua:
> «*Brun*, inventore, vissuto duemila anni, attualmente conservato in frigorifero, dal quale si scioglierà tra 49.000 secoli per ricominciare a vivere. Era ancora un bambino in fasce quando inventò una *macchina per fare gli arcobaleni*, che funzionava ad acqua e sapone, ma invece che semplici bolle ne uscivano arcobaleni di tutte le misure, che si potevano distendere da un capo all'altro del cielo e servivano a molti usi, anche per appendervi il bucato ad asciugare. All'asilo infantile, giocando con due bastoncelli, inventò un *trapano per fare i buchi nell'acqua*. L'invenzione fu molto apprezzata dai pescatori, che l'usavano come passatempo quando il pesce non abboccava.
> In prima elementare inventò: una *macchina per fare il solletico alle pere*, una *pentola per friggere il ghiaccio*, una *bilancia per pesare le nuvole*, un *telefono per parlare con i sassi*, il *martello*

musicale, che mentre piantava i chiodi suonava bellissime sinfonie, eccetera.

Come sempre Gianni Rodari usa l'ironia. Ma è un umorismo garbato. Non una presa in giro della professione. Perché...

Sarebbe troppo lungo ricordare tutte le sue invenzioni. Citiamo solo la più famosa, cioè la *macchina per dire le bugie*, che funzionava a gettoni. Per ogni gettone si potevano ascoltare quattordicimila bugie. La macchina conteneva tutte le bugie del mondo: quelle che erano già state dette, quelle che la gente stava pensando in quel momento, e tutte le altre che si sarebbero potute inventare in seguito. Quando la macchina ebbe recitato tutte le bugie possibili, la gente fu costretta a dire sempre la verità. Per questo il pianeta Mun è detto anche *il pianeta della verità*.

Gianni Rodari ha un'autentica simpatia per gli scienziati. Appena può ne inserisce uno in una storia. Come succede in *La sposa sirena*, uno dei racconti che compongono *Il gioco dei quattro cantoni* (1980).

Il padre delle tre sirene che hanno scoperto un terrestre giunto sul pianeta "Acca due o" è, per l'appunto, uno scienziato:

– Benvenuto, signor Leo. Sono il professor Boro, ittiologo: cioè, studioso della vita, dei costumi e delle proprietà dei pesci.
– Sì, gli antichi terrestri videro i nostri emigranti nell'acqua. Non poterono certo vedere le loro code di pesce, perché non le avevano: ma quelle se le immaginarono, ecco. Gli antichi, si sa, erano più poeti che scienziati.

In questa storia scienziati sirenidi studiano i terrestri e viceversa, scienziati terrestri studiano i sirenidi. La scienza è un linguaggio universale. La scienza può servire per costruire una pace universale.

Rodari assegna agli scienziati un ruolo importante, addirittura decisivo nella costruzione di un mondo migliore. Si attende molto da loro. Proprio per questo non li considera mai figure astratte e lontane. Ma uomini, in carne e ossa. Con tutti i difetti, le debolezze, i tic degli uomini normali. E, dunque, li prende anche bonariamente in giro.

Tratto da *La scarpa di Cenerentola*, in *La torta in cielo* (1964):

> I presenti, tra cui si distinsero per le risate più scientifiche il professor Terenzio e il professor Rossi, osservavano che la scarpina aveva la suola bucata in due punti: forse i marziani usavano portare scarpe simili in testa, a guisa di elmo, infilando le antenne nei buchi.

Gli scienziati sono sempre presenti nelle storie di Rodari quando c'è da capire. E loro assolvono alla funzione. Anche se spesso – ecco un piccolo difetto – assumono la postura del saputello. E tendono a nascondere dietro la patina dell'autorità scientifica le loro umane debolezze.

Da *I bambini ci capiscono Zeta*, un altro episodio di *La torta in cielo*:

> – Se non si trattasse di due famosi scienziati, – disse più tardi un medico ad un collega, – sarei quasi del parere che quel dolore se lo sono immaginato.
> – Già, un caso di autosuggestione. In altre parole, una gran fifa...

Talvolta gli scienziati non sono solo saputelli. Ma trasgrediscono le regole, non scritte, della scienza. E si appellano, male, all'*ipse dixit*. Come il professor Blomberg, dell'Università di Heidelberg. Tratto da le *Mucche di Vipiteno* con cui si apre il *Gioco dei quattro cantoni* (1980):

> Guarda lei, guarda lui, guardano i compaesani, spalancando ben bene gli occhi, guardano i turisti. Tra essi c'è il professor Blomberg, dell'Università di Heidelberg, che alza la voce in tono cattedratico: – Ciò che loro vedono, signore e signori, è impossibile, è semplicemente ridicolo. Il principio dell'arcobaleno, già indicato da monsignor De Dominis, vescovo di Spalato, nel 1590 e precisato da Cartesio nel 1637 e da Newton nel 1704, spiega il fenomeno come una conseguenza della dispersione e della riflessione che la luce del sole subisce attraversando le gocce di pioggia cadenti nella nube che sta di fronte all'osservatore, escludendo qualsiasi intervento atti-

vo dei bovini. Lor signori sono tenuti, per rispetto a Cartesio, a Newton e al vescovo di Spalato, a non credere ai loro occhi e a non farsi influenzare da animali insulsi e privi affatto di titoli accademici, come le mucche di Vipiteno.

Ma la natura (e le mucche) se ne infischiano dei titoli accademici:

> Il professor Blomberg, al termine del suo discorso, lancia in tutte le direzioni occhiate minacciose, pronto a mettere un cattivo voto in condotta al turista che oserà contraddirlo. Le mucche continuano a lanciare in cielo i loro arcobaleni.

Lo scienziato atomico

Quando può, Gianni Rodari fa un riferimento agli scienziati. In particolare agli scienziati atomici. Non sempre sono parte indispensabile della storia. Talvolta non hanno alcun ruolo. Però ci sono. E proprio per questo la loro presenza ha un significato. Sono tra le figure simbolo di una nuova era.

È il caso di Filippino, fratello di un formidabile pescatore di carpe in *Il pescatore di ponte Garibaldi*, una delle *Novelle fatte a macchina* (1973):

> – Ma chi è questo Filippino?
> – È mio fratello, – dice il pescatore fortunato. – Lui fa il fisico atomico e non ha tempo di venire a pescare.

Anche le bambole, hanno certe aspirazioni. Tratto da *La bambola a transistor*, un'altra delle *Novelle fatte a macchina*:

> – Voglio andare in cortile a giocare ai birilli, – dichiara la bambola, facendo volare ciocche di capelli da tutte le parti. – Voglio una grancassa, voglio un prato, un bosco, una montagna e il monopattino. Voglio fare la scienziata atomica…

Ma la principale figura di scienziato atomico inventata da Rodari è il professor Zeta, l'inventore di quell'improbabile astronave che è *La torta in cielo* (1964).

Il professor Zeta avrebbe dovuto costruire un "fungo atomico dirigibile". Ma per errore ha realizzato una magnifica e grandissima torta volante. Ora vuole distruggerla. Per cancellare ogni traccia dell'esperimento sbagliato. Paolo, forse a nome dell'intera umanità, cerca di dissuaderlo:

> – Mai non sia. Senza contare che morirebbe anche lei.
> – Morirò, è necessario. Non sarà la prima volta che uno scienziato si sacrifica...
> – Sarà la prima volta che uno scienziato morirà in una torta, invece di mangiarsela. Ma io glielo impedirò. Non solo, ma farò sapere a tutti che razza di genio si nasconde qua dentro: il nuovo Leonardo da Vinci, capace di trasformare le bombe atomiche in torte al cioccolato. Lei diventerebbe l'uomo più famoso della nostra epoca. Pensi, professore, su tutte le piazze del mondo, l'umanità riconoscente le innalzerà dei monumenti.

Molti scienziati, per la verità, hanno cercato se non di trasformare le bombe in torte al cioccolato di distruggere gli arsenali atomici. Alcuni sono tuttora famosi, da Bertrand Russell ad Albert Einstein. E qualche monumento, virtuale e persino reale, in giro per il mondo è stato loro dedicato. Anche se l'operazione non è ancora del tutto riuscita.

Antropologi

Tra gli scienziati frequentati da Rodari ci sono gli antropologi. E poiché siamo nell'era dello spazio, gli antropologi che studiano gli usi e i costumi degli abitanti dello spazio. Le culture del cosmo intero. Tratto da *Ricatto nello spazio*, una delle novelle di *L'agente X.99* a sua volta contenuta in *Il gioco dei quattro cantoni* (1980):

> Mi decisi a farlo quando capitò lassù, di passaggio, il professor Vir. Il celebre studioso di costumi spaziali, sa! Premio Nobel, Premio Galassia, eccetera. Come vide la noce s'incuriosì da non dire.

Neuroscienziati

Anche gli scienziati e i medici che si occupano della mente umana ricorrono con una certa frequenza. Qui ne troviamo evocati a centinaia in *Il paese dei bugiardi*, una delle *Filastrocche in cielo e in Terra* (1960):

> Dall'oggi al domani
> lo fecero pigliare
> dall'acchiappacani
> e chiudere al manicomio.
> «È matto da legare:
> dice sempre la verità».
> «Ma no, ma via, ma va'...»
> «Parola d'onore:
> è un caso interessante,
> verranno da distante
> cinquecento e un professore
> per studiargli il cervello...»

La strana malattia fu descritta in trentatre puntate sulla
– Gazzetta della bugia –.
Infine per contentare la curiosità popolare l'Uomo-che-diceva-la-verità fu esposto a pagamento nel "giardino zoo-illogico"(anche quel nome avevano rovesciato...) in una gabbia di cemento armato.

Scienziati cattivi e scienziati buoni

Il più cattivo tra gli scienziati rodariani è, probabilmente, il dottor Terribilis, protagonista dell'omonima storia contenuta in *Il tamburino magico* (1973).

Quanto sia cattivo, il dottor Terribilis, non ce lo dice solo il nome, ma anche l'incipit della storia:

> Il dottor Terribilis e il suo assistente, Famulus, lavoravano da tempo segretamente a un'invenzione spaventosa. Terribilis, come forse il suo nome dice a sufficienza, era uno scienziato

diabolico, tanto bravo quanto malvagio, che aveva messo la sua straordinaria intelligenza al servizio di progetti veramente terribili.

– Vedrai, caro Famulus: il supercrick atomico che stiamo ultimando sarà la sorpresa del secolo.

Un supercrick, naturalmente atomico, per spostare la Luna.
L'energia nucleare è una delle novità scientifiche che più hanno colpito Rodari. Ma per ogni scienziato cattivo ce n'è uno buono. E il buono è sempre migliore del cattivo.
Il dottor Terribilis ha avuto:

– L'idea più geniale del Ventesimo secolo.
– E anche, spero, la più malvagia. Ho deciso di passare alla storia come l'uomo più diabolico di tutti i tempi.

Come? Spostando la Luna dalla sua orbita e ricattando i terrestri. Ma ecco, nel secondo finale della storia proposto da Rodari, il colpo di scena:

– Per fortuna dell'umanità e degli amanti della Luna, viveva in quel tempo a Omegna, sul lago d'Orta, uno scienziato non meno intelligente del dottor Terribilis, ma non così malvagio, di nome Magneticus. In poche ore, senza dir nulla a nessuno, egli fabbricò una supercalamita atomica, con la quale attirò la Luna nella sua vecchia orbita, alla giusta distanza dalla Terra. Invano Terribilis fece entrare in funzione tutte le spaventose energie del suo supercrick: contro la calamita di Magneticus non ci fu niente da fare. Terribilis, per il dispetto, emigrò sul pianeta Giove.
La gente non seppe mai chi e come aveva riconquistato la Luna senza colpo ferire e senza lira spendere. Magneticus non ci teneva alla gloria e non rivelò il suo segreto.

Ma:

Del resto, egli era già occupato in un'altra importantissima invenzione: quella dei bottoni che non si staccano mai. Per questa invenzione, com'è noto, egli è poi passato alla storia.

Apprendista stregone

Rodari ne è convinto. Il confine sottile che divide il futuro desiderabile dall'incubo passa attraverso la scienza. E, in particolare, tra gli scienziati buoni e gli scienziati cattivi. Tra gli scienziati che lavorano per il benessere dell'umanità e gli scienziati apprendisti stregoni. Non è una partita che si gioca solo all'interno della "repubblica della scienza". È una partita che può essere vinta dagli scienziati "buoni" solo se a sostenerli c'è l'intera società.

È un po' questo il senso di *La torta in cielo*. In cui protagonista è uno scienziato apprendista stregone vinto – e convinto – da quella parte attiva e generosa della società che sono i bambini.

Il pilota della torta che staziona sul cielo di Roma, scambiata per un'astronave marziana, è il professor Zeta, uno scienziato che ha capito di essere un apprendista stregone. Rivolto a Paolo:

> – Vedo che tu mi prendi per un pasticciere. No, ragazzo mio, non sono un pasticciere: sono soltanto un pasticcione.

Ecco cosa capita, a un apprendista stregone, quando va bene:

> Che cos'è tutto questo, secondo te? – domandò al bambino, con un ampio gesto della mano.
> – Una magnifica torta, professore, – rispose Paolo, – la più grande, la più straordinaria che mai si sia vista. Una torta volante, più grande di tutti gli oggetti volanti che abbiano mai attraversato gli spazi.
> – Una torta. Pensavo di essere impazzito, quando me ne sono accorto. Credevo di avere delle allucinazioni al cioccolato, alla crema, al pistacchio, eccetera. Purtroppo è la triste verità: questa è una torta, nient'altro che una stupida torta.

Il professor Zeta (il suo vero nome è un segreto di stato), apprendista stregone, voleva fare un "fungo atomico dirigibile" e invece ha ottenuto una magnifica torta. È *il più bell'errore del mondo*:

> – Circa sei mesi fa, – cominciò a narrare il professor Zeta, – ebbi l'incarico dal mio governo di studiare da un punto di vista particolare il problema del fungo atomico. […] Gran parte della

nuvola atomica si disperde nell'atmosfera e i suoi effetti mortali vanno sprecati.
– Meno male!
– Come sarebbe a dire? Ragazzo mio, tu non hai la mentalità economica. Perché sprecare quelle preziose sostanze?
– Vorrà dire velenose.
– Velenose, appunto. Il mio governo ha pensato: se riusciamo a ottenere un fungo atomico dirigibile, lo possiamo far volare nell'atmosfera a nostro piacimento; esso girerà intorno al globo, come una piccola Luna, e noi potremo farlo cadere qua e là, poi richiamarlo per aria, dirigerlo su un altro obiettivo. Con una sola bomba si otterranno gli effetti di un intero magazzino atomico.
[…] Insomma, un mese fa credetti di aver trovato la soluzione al mio problema. Passai i disegni alla fabbrica, sorvegliai personalmente tutti i preparativi, tutte le fasi della fabbricazione della bomba che doveva servire alla grande prova. Una bomba magnifica, te lo dico io.
– Magnifica?
– Ti dico, bellissima. La più bella bomba atomica che sia mai stata fabbricata.
[…] Ricordo la cerimonia dell'inaugurazione… Bandiere, coppe di sciampagna, pasticcini. Una festa commovente. Il ministro non la finiva di stringermi le mani. A un certo punto, per l'entusiasmo. Lasciò persino cadere un pasticcino nella bomba. Sai, uno di quei pasticcini alla crema e al cioccolato. Lì per lì, ci si fece sopra una bella risata. Non era successo nulla che potesse guastare i meccanismi della bomba. Almeno, così pensavo. Ora, ahimé, non sono più dello stesso parere. Finalmente, venne anche il giorno dell'esperimento. La bomba doveva essere sganciata da un aereo e scoppiare a dieci chilometri dal suolo, anzi, dal mare. Secondo il progetto, io stesso avrei sorvegliato dall'alto il fungo atomico, lo avrei manovrato per mezz'ora, quindi lo avrei diretto a tuffarsi in un punto prestabilito dell'oceano.
[…] Tutto andò bene fino allo scoppio della bomba…
[…] Ordinai al pilota di raggiungere una certa distanza dal fungo atomico e mi accinsi alla parte più importante dell'esperimento. Ma il fungo *non si formò*! La nuvola atomica si

condensò rapidamente, assumendo la forma di un cilindro piuttosto piatto, che rotava con lentezza su se stesso. La cosa era abbastanza strana, ma il peggio fu quando mi accorsi che l'oggetto non rispondeva assolutamente ai congegni per la teleguida da me preparati. Tentai in cento modi, da distanze diverse, da diverse quote, di dirigerlo da una parte qualsiasi. Macché: non era *dirigibile*. Il pilota, nervosissimo, protestava che il carburante stava per finire, che dovevamo tornare alla base, se non volevamo precipitare. Ero troppo disperato per preoccuparmi di tanto poco. Se vuoi saperlo, non mi importava nulla di precipitare: volevo prima riuscire a dirigere il fungo.

Il carburante si esaurisce. L'aero precipita. Il professor Zeta finisce al centro del non-fungo, di quell'oggetto generato per errore e ancora tutto da identificare:

– Puoi immaginare come rimasi quando scoprii che tutti i miei studi e l'importantissimo esperimento ordinato dal mio governo si erano risolti, per un banale errore, in una torta, sia pure di proporzioni gigantesche.

Il più bell'errore del mondo, appunto. Anche se il professor Zeta proprio non vuole accettarlo:

– Il mio dovere è di distruggere quest'oggetto, perché non rimanga traccia del mio infelice esperimento.

Questioni di genere

La questione è posta chiaramente in *Mucche di Vipiteno*, la storia con cui si apre il *Gioco dei quattro cantoni* (1980):

– Tu non mi credi, caro Walter, perché sono una donna e si sa che le scoperte importanti le possono fare solo gli uomini.

Ancora oggi nella scienza si pone la questione di genere. Ancora oggi le comunità scientifiche sono costituite in prevalenza da uomini. E anche quando riescono a entrare nella torre d'avorio, le donne trovano un tetto di cristallo, invisibile ma insuperabile, che impedisce loro di fare carriera.

Molte scienziate hanno fatto notare che non si tratta solo di un'importante questione sociologica. Il problema di genere ha anche un correlato epistemologico. Insomma, la scienza si occupa poco del femminile. È uno dei grandi temi di discussione negli anni '70. E Gianni Rodari lo rileva con straordinaria puntualità in *Il gioco dei quattro cantoni*:

> Dico noi uomini, intendendo per uomini, si capisce, anche le donne, di cui si occupano tanto poco le definizioni scientifiche...

De Dominis

Gli scienziati, lo abbiamo detto sono protagonisti di molte storie di Gianni Rodari, soprattutto dopo il 1960. Spesso si tratta di figure inventate. Talvolta il riferimento è a personaggi storici. Anche poco conosciuti, fuori dalla cerchia degli esperti.

Tratto da *Le mucche di Vipiteno*, in *Il gioco dei quattro cantoni*:

> Tra essi c'è il professor Blomberg, dell'Università di Heidelberg, che alza la voce in tono cattedratico: – Ciò che loro vedono, signore e signori, è impossibile, è semplicemente ridicolo. Il principio dell'arcobaleno, già indicato da monsignor De Dominis, vescovo di Spalato, nel 1590 e precisato da Cartesio nel 1637 e da Newton nel 1704, spiega il fenomeno come una conseguenza della dispersione della riflessione che la luce del sole subisce attraversando le gocce di pioggia cadenti nella nube che sta di fronte all'osservatore, escludendo qualsiasi intervento attivo dei bovini. Lor signori sono tenuti, per rispetto a Cartesio, a Newton e al vescovo di Spalato, a non credere ai loro occhi e a non farsi influenzare da animali insulsi e privi affatto di titoli accademici, come le mucche di Vipiteno.

Il De Dominis cui si riferisce Blomberg (Rodari) è Marco Antonio De Dominis, nato ad Arbe nel 1560 e morto a Roma nel 1624, dopo essere stato non solo vescovo di Spalato, ma anche scienziato di notevole valore e condannato dalla Chiesa alla *Damnatio memoriae* per le sue posizione giudicate eretiche dalla Chiesa. In particolare nel 1611 ha pubblicato il *Tractatus de radiis visus et lucis in vitris, perspectivis et iride*, un trattato di ottica, in cui parla del cannocchiale – Galileo Galilei ha appena pubblicato il *Sidereus Nuncius* (1610) – e anche dell'arcobaleno. Propone una spiegazione teorica del fenomeno, sulla base, sostiene, di esperimenti simili a quelli di Teodorico di Freiberg. Ma si suppone che abbia avuto modo di leggere antichi trattati ellenistici sull'argomento. Fatto sta che la sua spiegazione è molto pregnante. E non a caso Isaac Newton nel suo *Optikis* (1704) attribuisce proprio a lui la prima teoria scientifica dell'arcobaleno.

Cartesio

René Descartes (1596-1650), noto in Italia anche come Cartesio, è un altro degli scienziati che lor signori sono tenuti a rispettare, molto più delle mucche di Vipiteno.

E, in effetti, Cartesio – matematico, filosofo naturale e filosofo *tout court* – è tra i grandi del pensiero scientifico. Importante è stato il suo contributo nello sviluppo della teoria dell'arcobaleno. Che presenta, sulla base delle leggi di rifrazione della luce che egli stesso ha elaborato, in *Les Météores* del 1637. La teoria dell'arcobaleno di Cartesio è simile a quella di de Dominis. Anche se il vescovo di Spalato non è mai citato. Probabilmente perché Cartesio non ha intenzione di contravvenire alla condanna alla *damnatio memoriae* che la Chiesa ha pronunciato nei confronti del vescovo di Spalato.

Newton

Isaac Newton (1643-1727) non è solo il terzo grande studioso di quel fenomeno fisico che chiamiamo arcobaleno citato in *Il gioco dei quattro cantoni* (1980) e a cui dobbiamo quel rispetto che le mucche di Vipiteno sembrano negargli.

Isaac Newton è, come abbiamo detto, lo scienziato cui Gianni Rodari dedica, per molti versi inaspettatamente, il suo discorso di ringraziamento per il premio Andersen (1970). È una figura di riferimento per Rodari. Il simbolo della creatività scientifica. Un gigante sulle cui spalle dobbiamo salire, per guardare più in profondità la realtà di oggi, informata dalla scienza.

De Mauro

Tullio De Mauro è lo scienziato vivente che compare più di frequente nelle storie di Gianni Rodari. Perché è un linguista e torna utile quando si parla, a ogni livello, di comunicazione. E perché è un amico.

Uno dei primi riferimenti chiari all'amico linguista lo troviamo in *Crunch! Scrash! ovvero Arrivano i Marziani*, una delle *Novelle fatte a macchina* (1973), dove si parla di un certo professor De Mauris, esperto di "fumettese":

> – Peccato, – dice il professor De Mauris, docente di linguistica e suonatore di strumenti a percussione. – La lingua dei fumetti io la leggo e la scrivo, ma non la parlo. Cosa volete, nelle nostre scuole, nelle ore di lingue straniere, si fanno molti esercizi di grammatica, ma quasi mai conversazione.

Tullio De Mauro riappare, come tale, in *Gli alberi non sono assassini*, una delle novelle di *L'agente X.99* a sua volta contenuta in *Il gioco dei quattro cantoni* (1980). Il professore decodifica il linguaggio degli alberi parlanti del pianeta Parco. E vuole insegnarlo all'incredulo agente X.99:

> Una volta capitò sul mio asteroide il professor De Mauro. Il famoso linguista, sì. Veniva da non so dove, andava non so dove; avevano un guasto alla ricetrasmittente e sapevano che da me si potevano trovare i pezzi di ricambio occorrenti.

De Mauro è un entusiasta della comunicazione. Di ogni forma di comunicazione, anche di quella tra gli alberi.

> Lei sa che in seguito il professore guidò una spedizione e ne tornò con un vocabolario completo della lingua vegetale.

L'agente X.99 un po' meno:

> Insomma, mi insegnò quello che, secondo lui, era l'alfabeto di Parco. Io non ne potevo più. I tecnici dell'astronave, che ci vedevano mulinare le braccia come pale dalla mattina alla sera, ridacchiavano mica male. Fui contento quando se ne andarono. Ancora un'ultima volta, da un oblò, il professor De Mauro mi salutò sbracciandosi. Io mi accontentai di fargli ciao con la mano, alla nostra vecchia maniera.

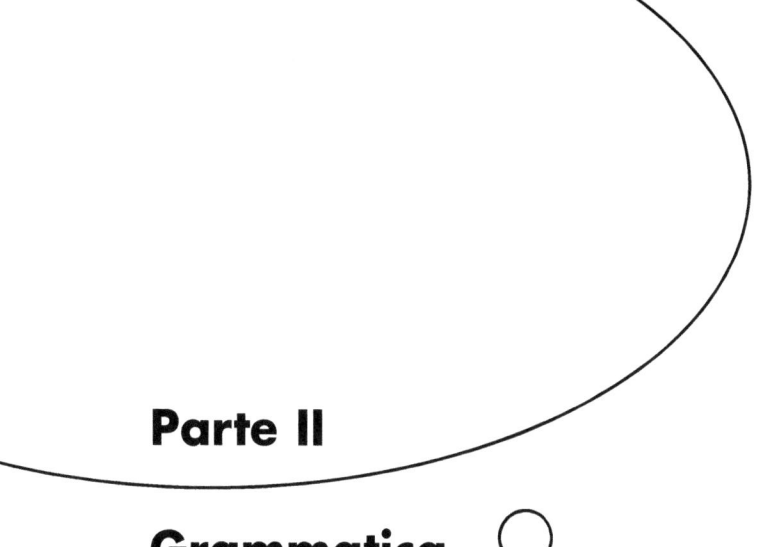

Parte II

Grammatica
di un universo a dondolo

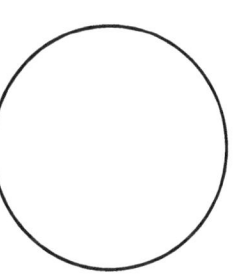

Gianni Rodari, maestro e giornalista

Giovanni Francesco Rodari, più conosciuto come Gianni, nasce il 23 ottobre 1920 a Omegna, una cittadina di (allora) diecimila abitanti posta all'estremità settentrionale del lago d'Orta, che oggi è parte della provincia del Verbano Cusio Ossola, al confine tra Piemonte e Lombardia. A un tiro di schioppo o poco più dalla Svizzera.

Entrambi i genitori di Giovanni Francesco vengono dalla Valcuvia, nel varesotto, sulla sponda lombarda del Lago Maggiore. Si sono trasferiti a Omegna per motivi di lavoro. Il padre, Giuseppe, è il fornaio del paese. Un fornaio con un forte spirito anticlericale. E antifascista. Purtroppo muore presto di broncopolmonite e Gianni si ritrova orfano a soli nove anni. Così con la madre Maddalena e i due fratelli, Cesare e Mario, si trasferisce a Gavirate, un paese non molto lontano da Omegna di (allora) quattromila anime posizionato, anch'esso, all'estremità settentrionale di un lago: quello di Varese.

Nella cittadina natale Gianni frequenta le prime quattro classi delle elementari. Senza legare molto con i suoi compagni. Ha un carattere, come usa dire, piuttosto schivo e riservato. Scrive versi, come quelli dedicati a *Il nostro Signor Direttore* [Argilli, 1990]. A Gavirate, che è invece il paese natale della madre, Gianni chiude il ciclo delle elementari e nel 1931, a undici anni, si iscrive al seminario di San Pietro Martire a Seveso, in provincia di Milano, per frequentare il ginnasio. Il rendimento scolastico nei primi due anni è ottimo. Gianni è il primo della classe. Ma il ragazzo non ha la vocazione. E sembra non sopportare la rigida disciplina della scuola dei preti. Sta di fatto che nell'ottobre del 1933 Gianni lascia il seminario e il ginnasio, supera da privatista il terzo anno e nel 1934 inizia a frequentare le scuole magistrali, iscritto alla quarta classe dell'istituto Alessandro Manzoni di Varese. L'anno successivo, nel 1935, entra nell'Azione Cattolica e a fine anno è già presidente del circolo giovanile di Gavirate. Ancora qualche mese ed esordisce sia come autore di opere letterarie – pubblica otto racconti sul settimanale diocesano *L'azione giovanile* diretto da don Giovanni Maria Cornaggia Medici – sia come giornalista, iniziando a collaborare con il bisettimanale cattolico *Luce*, diretto da don Carlo Sonzini.

Lo spirito critico di Gianni, ribelle a ogni forma di autoritarismo, è tutt'altro che attenuato, semmai ha cambiato direzione e si indirizza altrove, verso la politica. Nella nuova scuola il giovane mostra una certa irritazione per quell'obbligo di iscrizione alla Gioventù italiana del littorio. L'insofferenza latente si trasforma ben presto in critica lucida ed esplicita al fascismo, che ha portato la guerra in Abissinia e ha proclamato un improbabile Impero. Sarà Gianni Rodari stesso a proporre "i ricordi di una presa di coscienza":

> Ormai sapevamo tutto sul Primo Maggio e su bandiera Rossa. Un muratore, in gran segreto, come se si trattasse di un libro proibito, ci aveva prestato *La mia vita* di Trotski. Avevamo sedici anni. Imparavamo, quando si doveva cantare "Giovinezza", a mescolare nel coro le parole dei "sovversivi". "Delinquenza, delinquenza, del fascismo sei l'essenza". Imparavamo le parole dell'"Internazionale". Andavamo a cantarle in montagna. Sapevamo che e perché il Primo Maggio si dava malato, non andava a lavorare si vestiva con gli abiti festivi [...]. Eravamo amici del figlio di un operaio "sovversivo" [...]. Era stato a lavorare in Inghilterra, come molti del paese. Cantava Bandiera Rossa in tedesco [...]. Sfoghi innocenti e innocui. Niente di serio. Però sono cose che fanno parte della nostra educazione [P.S., 1975].

Le esperienze che in questi anni influenzano la maturazione politica del ragazzo e lo portano a "una presa di coscienza" sono tre.

La prima interna alla scuola: dove ascolta e partecipa a discussioni con i compagni di classe che, da un lato, attaccano il fascismo e la monarchia che ne ha consentito l'avvento, mentre dall'altro esaltano la profonda natura democratica del sistema parlamentare inglese. È in questo ambiente che Gianni inizia a elaborare una critica propria e sempre più profonda a quella lettura del corporativismo fascista come sintesi del liberalismo e del socialismo che viene propagandata a scuola.

La seconda esperienza si consuma fuori dalle aule scolastiche: Gianni incontra e frequenta i giovani operai di Gavirate, tra i quali Francesco Frega, di cui si vocifera sia comunista (e in effetti è iscritto al Partito fin dal 1921). Francesco è esplicito e appassionato nei suoi discorsi antifascisti. È sull'onda di queste discussioni che Gianni inizia a leggere sia le biografie di Lenin e di Stalin, sia direttamente Lev Trotsky di cui divora *La mia vita*, la sua autobiografia, e la *Storia della rivoluzione russa*.

La terza esperienza culturale e politica avviene nella Biblioteca Civica di Varese, dove il direttore, il cavalier Ramassi, un vecchio socialista:

> [...] benché il ritratto del duce fosse bene in vista sopra la sua scrivania, mi consegnò sempre senza batter ciglio qualsiasi libro di cui gli avessi fatto richiesta. [G.F., 1973]

In questo modo Gianni può leggere non solo libri sulla linguistica indo-europea, ma anche classici del socialismo: come *La donna e il socialismo* di August Bebel, e soprattutto le opere di Karl Marx: *Il manifesto del Partito comunista*, *Il 18 brumaio*, *Miseria della filosofia*, *Il capitale* nel compendio di Carlo Cafiero.

È sulla scorta di queste sue tre intense esperienze che Gianni Rodari aderisce idealmente alla visione comunista del mondo e matura l'esigenza di un impegno politico diretto. Lascia, pertanto, la presidenza del circolo giovanile dell'Azione Cattolica e allenta, anche se non interrompe del tutto, i rapporti col mondo religioso.

Nel 1937 si diploma. Lo studio lo cattura. Delle lingue straniere, della letteratura, della filosofia. Anche lo studio della musica. Per tre anni prende lezioni di violino.

Due anni dopo si iscrive alla facoltà di lingue dell'Università Cattolica di Milano. Dà qualche esame, ma poi abbandona. Intanto insegna nelle scuole elementari di Brusimpiano, Ranco e Cardana di Besozzo muovendosi in una sorta di triangolo interlacustre, compreso, appunto, tra il Lago Maggiore, il Lago di Varese e il Lago di Lugano.

Ma a Gianni più che insegnare piace studiare. Legge, come abbiamo detto, di tutto. Impara il tedesco:

Mi buttai sui libri di quella lingua con la passione, il disordine e la voluttà che fruttano a chi studia cento volte più che cento anni di scuola. [G.F., 1973]

La linguistica lo appassiona. Ma anche la storia dell'arte, la storia delle religioni, la filosofia – ama soprattutto Nietzsche, Stirner, Schopenauer – e infine la letteratura. Ama la poesia, legge soprattutto quella surrealista francese. Gianni non vede confini tra queste discipline e le frequenta senza pudore, iniziando a trovare i canali – talvolta visibili, più spesso carsici – che le attraversano. E le connettono, tutte insieme, alla politica.

È in questo periodo, a Gavirate nel 1938, che il giovane maestro e lettore vorace cerca di dare un seguito concreto alla necessità di impegno politico, partecipando alla fondazione di un gruppo di "giovani comunisti". In realtà l'azione pratica è piuttosto limitata. Ma quanto meno nel gruppo si discute di politica: di antifascismo e di socialismo.

Proprio nel 1938 impartisce insegnamenti privati in una famiglia di ebrei tedeschi espulsi dal Reich e venuti in Italia nella convinzione di trovarvi un rifugio contro le persecuzioni razziali. L'illusione dura pochi mesi: tra l'estate e l'autunno del '38 il regime di Mussolini vara le leggi razziali.

È durante questo periodo che Gianni Rodari inizia a raccontare. "Dovevo essere un pessimo maestro... [G.F., 1973]". E a porsi il problema di come raccontare.

Ed è dunque in questo periodo che, sull'onda dei suoi studi personali e delle sue esigenze di lavoro a scuola, Gianni si pone alla ricerca delle regole e delle tecniche per una "fantastica", ovvero per un'arte di inventare storie che sia

[...] strumento per l'educazione linguistica (ma non soltanto...) dei bambini. [G.F., 1973]

Frequenta i temi dell'ermetismo. Con la sua ricerca dell'essenziale. Con la sua proposta di una poesia che, attraverso un linguaggio libero (la punteggiatura è pressoché abolita) e compatto, cerca di opporsi alla superficialità della comunicazione di massa interpretando la realtà del mondo attraverso una successione complessa e, appunto, ermetica di analogie.

Incontra la proposta del surrealismo, attraverso la lettura, nel mese di gennaio 1940, di *Prospettive*. La rivista pubblica uno speciale sul movimento francese e il suo direttore, Curzio Malaparte, spiega che quel movimento ha un grande valore perché ha "intrapreso un processo di disgregazione del linguaggio" [citato in Boero, 1992].

Il movimento di avanguardia artistica ha in André Breton il suo principale teorico. E il poeta francese è a sua volta influenzato da Sigmund Freud, dalla sua teoria dell'inconscio, dalla sua analisi dei sogni, dai suoi studi sugli elementi pre-razionali del pensiero. Nel *Manifesto*, pubblicato nel 1924, André Breton sostiene che il surrealismo deve mettersi alla ricerca

[dell']automatismo psichico puro, attraverso il quale ci si propone di esprimere, con le parole o la scrittura o in altro modo, il reale funzionamento del pensiero. Comando del pensiero, in assenza di qualsiasi controllo esercitato dalla ragione, al di fuori di ogni preoccupazione estetica e morale.

Rodari legge, dunque, di un movimento che si propone non come fuga dalla realtà, ma al contrario come studio che cerca di andare "oltre la realtà" apparente. Perché, sostengono i surrealisti, l'inconscio, il pre-razionale, il sogno con la libertà che si prende di associare senza limiti di connessione causale immagini e parole, sono parte della realtà – parte della realtà da disvelare – almeno quanto il conscio, il razionale, l'associazione causale di parole e immagini.

Scoppia la guerra, ma Gianni non parte militare: esonerato per ragioni di salute. Un esonero che non gli impedisce di conoscere le difficoltà, le laceranti contraddizioni e anche le tragedie associate al conflitto.

Le difficoltà sono quelle di vivere in tempo di guerra. Sebbene nel 1941 abbia vinto il concorso per maestro e ottenuto un posto di supplente a Uboldo, è dura mettere insieme il pranzo con la cena. Per trovare un minimo di risorse accetta – contraddizione, appunto, lacerante – di andare a lavorare nella casa del fascio.

Ma anche le tragedie del conflitto lo toccano da vicino. Perde in guerra due suoi cari amici, Nino Bianchi e Amedeo Marvelli, mentre suo fratello Cesare viene internato in un campo di concentramento nazista. È anche per questo che Gianni stringe i tempi. Dopo lo sbarco alleato in Sicilia e la caduta del fascismo, il 25 luglio 1943, prima si incarica di tenere le fila dei giovani di Gavirate con idee marxiste e poi prende contatti con gli ambienti della Resistenza, entrando a far parte delle SAP (Squadre Armate Patriottiche) della 121ª Brigata "Walter Marcobi". Il primo maggio 1944 si iscrive al Partito Comunista.

È la svolta della sua vita. Finita la guerra, con la Liberazione del 25 aprile 1945 Gianni è chiamato a dare una mano alla Federazione del Partito Comunista di Varese e in virtù della sua formazione culturale viene nominato "redattore responsabile" del settimanale *L'Ordine Nuovo*. Il periodico è l'organo ufficiale della Federazione. L'incarico è, dunque, politico e giornalistico. In entrambi i casi si tratta di qualcosa di nuovo, per Rodari. Eppure l'incarico, con la sua duplice dimensione, incontra la vocazione profonda del giovane. Forse è un puro caso: perché, come dirà lo stesso Rodari,

> [...] la generazione che il PCI ha rastrellato durante la Resistenza è quella che meno si è preoccupata di vocazioni personali. [G.F., 1973]

Ma egli vuole, come scrive Carmine De Luca, "stare a contatto con la gente comune e i suoi problemi. E l'incarico di "redattore responsabile" del periodico della Federazione del PC di Varese glielo consente" [De Luca, 2005].

Si tratta di una palestra di scrittura davvero inusitata. A guerra finita, i giornali della sinistra sono chiamati da un giorno all'altro a interpretare un tipo di giornalismo di fatto mai sperimentato prima in Italia, non durante il fascismo e neppure prima del fascismo: il giornalismo popolare. Che rappresenti ed esprima i bisogni e anche i gusti di classi, quelle dei lavoratori, cui l'editoria non si è mai rivolta finora. Non è affatto un'impresa facile. Non solo perché è nuova. Non solo perché deve farsi portatrice di nuovi valori (quelli della democrazia, della Resistenza, dello spirito costituente) e di interessi (quelli di classe, appunto) che non hanno avuto espressione. Ma anche perché si tratta di inventare nuovi linguaggi. Che da un lato superino la retorica conformista che ha caratterizzato la stampa del ventennio e dall'altro siano capaci di suscitare interesse in persone che non sono abituate a leggere.

Sono tutte queste esigenze che incrociano la vocazione personale di Gianni Rodari. Il giovane infatti ha un'idea precisa, quasi connaturata, della funzione che deve avere quel giornale: provvedere all'indirizzo politico dei militanti comunisti del Varesotto, molti dei quali non leggono *l'Unità*. Si tratta di persone semplici, per lo più contadini. Non abituate a leggere. Per questo *L'Ordine Nuovo* ha poco testo, grandi titoli e molte immagini, foto e disegni. Non è solo una questione di forma. Ma anche di contenuti. Offerti molto spesso attraverso espressioni figurate, metafore, parabole. Gestite con leggerezza e ironia. Perché ciò che è importante non è solamente farsi capire da tutti, ma anche fare in modo che i concetti attecchiscano e restino saldi nelle menti.

E gli elementi concettuali che Rodari vuole trasmettere sono chiari: quelli che consentono pure ai contadini di acquisire una coscienza di classe attraverso la lotta politica e attraverso, anche, la formazione politica. Questo e non altri è il suo compito. Che trova una concreta modalità di espressione nella rubrica *Peder e Paul*. Costruita a mo' di dialogo tra due contadini che hanno, per l'appunto, un diverso grado di coscienza di classe. Paul pone i problemi, i dubbi, le incertezze. E Peder, parlando spesso in dialetto, dimostra che la soluzione è nella solidarietà di classe, nell'azione politica, nella rivendicazione non finalizzata a se stessa o al miglioramento delle condizioni individuali, ma al progresso collettivo.

Come nota Carmine De Luca, il dialogo è di tipo "socratico": con le risposte del saggio Peder, il volenteroso Paul aumenta progressivamente la sua conoscenza e la sua coscienza, politica e sociale [De Luca, 1995]. L'intento di Gianni Rodari è quello del maestro: insegnare. Divulgare e, insieme, formare. Trasmettere valori. Lo ricorda Paolo Spriano, quando invita a riflettere su Gianni Rodari e

> [...] sui fondamenti populistici della sua formazione, sul bisogno reiterato, anzi crescente, di divulgare un "messaggio" utopistico e insieme umanistico per le nuovissime generazioni. [Spriano, 1980]

Ma, a ben vedere, il genere letterario che Rodari inizia a sperimentare ha un che non solo di "socratico", ma anche di "galileano". Tra coloro che partecipano alla discussione non c'è solo un'asimmetria di cultura e/o di saggezza. Spesso gli interlocutori sono antagonisti. Hanno visioni del mondo contrapposte. Un po' come nelle discussioni tra il copernicano Salviati e lo scolastico Simplicio proposte da Galileo nei *Dialoghi sopra i due massimi sistemi del mondo*.

E la polemica tra antagonisti è uno strumento che Gianni Rodari inizia a frequentare subito con assiduità. In un'altra rubrica, sempre su *L'Ordine Nuovo*, chiamata *I discorsi del cav. Bianchi*, oppone, appunto, al cavalier Bianchi – un perbenista che spiega indignato che "non si deve permettere ai contadini di vendere ai prezzi che vogliono" se si vuole controllare l'inflazione – un difensore degli interessi dei contadini che, spiega: "bisogna invece avere il coraggio di colpire i veri colpevoli, […] i grandi agrari, i grandi industriali, i grandi finanzieri […] che fanno i prezzi".

Il dialogo è necessariamente stereotipato. Ma Gianni Rodari vi aggiunge quell'elemento, l'ironia lieve e fulminante, che caratterizzerà la sua scrittura. "Ho ragione o parlo bene?" chiede ammiccante il difensore dei contadini, in chiusura d'articolo.

In questi stessi anni Gianni Rodari inizia a collaborare anche con il quotidiano di Varese, *La Prealpina*, dove si cimenta come scrittore più che come giornalista. Rivelando quella sua passione per la fiaba quale strumento per raccontare la realtà che potremmo definire di "realismo magico".

Rodari trova il modo sia di valorizzare le fiabe popolari, con un articolo su *Leggende della nostra terra*, firmato con lo pseudonimo Francesco Aricocchi, sia di proporsi come autore di fiabe moderne. È il caso di *La signorina Bibiana*, una giovane donna che è diventata la propria fotografia, perché "si è guardata tanto allo specchio che alla fine c'è rimasta". In questa fiaba è già possibile scorgere l'attitudine della fantasia di Rodari per il racconto breve. Ma il giovane non ha modo di proseguire la collaborazione col quotidiano *La Prealpina*. Lo chiamano a Milano. E lui va.

A *l'Unità* di Milano

Nei primi due anni di direzione dell'*Ordine Nuovo*, a Varese, il maestro Gianni Rodari diventa giornalista. È bravo. E molti se ne accorgono, anche nel Partito. Ecco, dunque, che il giovane maestro di Gavirate viene chiamato nel 1947 a Milano, alla redazione dell'*Unità*. Servizio cronaca.
Il 18 luglio firma il primo articolo sul quotidiano, organo ufficiale del PCI. Coi primi servizi racconta la vita quotidiana della gente.

> Mi occupavo – ricorderà più tardi – di questioni alimentari e ogni mattino facevo il giro dei mercati, guardavo i prezzi, parlavo con i commercianti. [G.F., 1973]

Raccontare cosa fa la gente. È un lavoro che gli piace. È un lavoro che sa fare. Come dimostra in occasione di un tragico fatto di cronaca che avviene ad Albenga, con decine di bambini morti a causa dell'affondamento di un barcone. *L'Unità* invia lo specialista Alfonso Gatto sul posto, ma è sera e il servizio non arriva. Rodari è incaricato di "cucinarne" uno in redazione, sulla base delle notizie di agenzia lanciate dall'Ansa.

> Il servizio – ricorda l'allora capo redattore, Fidia Gambetti – fu il migliore, il più informato e il più "scritto" fra tutti quelli della stampa milanese. [Gambetti, 1976]

Non è l'unica occasione in cui Rodari si mette in luce. Anche perché, in redazione, non passa certo inosservato. Ormai ha perso quel carattere schivo e riservato che mostrava da bambino. Ora ha un carattere aperto, sicuro, gioioso. Ecco come lo descrive Fidia Gambetti:

Lavora in cronaca, allegro, pronto alla battuta, con quel suo viso da ragazzo, un ciuffo di capelli renitenti al pettine, sempre sugli occhi pungenti e arguti. Quando lui è presente, in cronaca è spettacolo: fa discorsi o recita in vari dialetti, imita o fa il verso a questo o a quello; improvvisa originali e divertenti filastrocche che talvolta si ritrovano scritte qua e là sui tavoli e sui muri. [Gambetti, 1976]

Non è solo per come anima la vita in redazione, ma anche per quello che scrive sul giornale che Gianni Rodari si fa notare. Il suo è un giornalismo molto personale. Frutto sia di una cultura ricca e senza barriere disciplinari, sia della fusione di tre diverse caratteristiche letterarie, ben segnalate da Carmine De Luca: chiarezza, narrazione, realismo utopico.

La prima, la chiarezza, è da intendersi in senso esteso. È

[…] l'onestà intellettuale, la nitidezza dell'esposizione, la considerazione costante del bisogno di capire il lettore, il rifiuto della reticenza, della banalità, delle espressioni stereotipate, dei toni apologetici e retorici. [De Luca, 1995]

Il parlar chiaro. Senza fronzoli. Ma anche senza infingimenti. Chi scrive è un comunista. Che ha come riferimento non i dirigenti del partito o i colleghi, come spesso accade in redazione. Ma i lettori. I lettori dell'*Unità*: gli operai di Milano, i contadini del varesotto.

La seconda caratteristica è il "giornalismo come racconto" [De Luca, 1995]. Ecco come Gianni Rodari narra la nuova e incerta industrializzazione:

Nelle cascine dell'Alto Milanese la voce del progresso ha cominciato a giungere un poco ogni sera con le ragazze che tornavano dalle prime fabbriche, sorte sulle rive di quel fiume Olona che è tra i più modesti e meno significativi della nostra geografia fisica, ma che da centocinquant'anni, da Varese a Milano, riceve i rifiuti di cartiere, tessiture, filature, cotonifici. [U.M., 1948b]

Gianni ama descrivere il contesto in cui il fatto avviene. E verificare gli effetti, non sempre positivi, che comporta.

Una mattina essi [gli industriali] affiggono in portineria un elenco nominativo delle operaie da licenziare, contando così di farsi alleate tutte le altre, le più fortunate. [U.M., 1948b]

Ma le operaie non si lasciano dividere. L'azione degli industriali ha come effetto l'aumento della solidarietà di classe. Ed ecco, infine la morale, non populistica, ma di chiara impronta marxiana:

> L'unità che nasce nell'interno della fabbrica tessile è importante perché essa è anche, di fatto, nelle persone che la costituiscono, unità di proletari e di contadini. [UM, 1948b]

Nel narrare – con tanto di cronaca dei fatti, di analisi e di morale – il giovane giornalista usa tutti gli strumenti utili al racconto, compresa l'ironia. Compresa la narrazione fantastica. Così descrive ai suoi lettori ciò che ha visto alla Fiera campionaria di Milano nel maggio 1948:

> Un oggetto-campione esposto al padiglione n. 29 ne ha dato alla luce altri venti. La madre e i neonati godono ottima salute. [UM, 1948a]

L'articolo di cronaca continua su questo tono fino alla fine, proponendo un genere letterario affatto originale, che De Luca definisce giustamente "ai confini tra giornalismo e fiaba", senza che nessuno dei due prevalga sull'altro e senza che nessuno dei due "si senta tradito" dall'altro.

La terza caratteristica è che racconti con pathos, con ironia o mediante metafore fantastiche, Gianni Rodari guarda sempre alla realtà oggettiva. Alla realtà quotidiana. E alla realtà di oggi. E a quella, tutta da costruire, di domani. Il suo è uno sguardo direzionato. La sua narrazione è costantemente proiettata verso il futuro. È una narrazione progettuale. Scientifica, potremmo dire. L'analisi delle condizioni oggettive di partenza, infatti, è sempre precisa, mai ideologica. La sua idea – il suo progetto – traspare, in maniera limpida, solo nella fase successiva: quando si tratta di modificare la realtà o, almeno, quella parte della realtà che non gli piace, per costruire su basi solide ed enorme fiducia, un futuro desiderabile. Gianni Rodari sarà sempre un "realista utopico". Ed è attraversando le strade del realismo e dell'utopia che incontra la scienza e la tecnologia, che in quel secondo dopoguerra stanno iniziando a plasmare la realtà quotidiana e a ipotecare la realtà futura come mai è avvenuto prima.

Tutto questo e altro ancora lo ritroviamo negli articoli dei primi mesi a *l'Unità* di Milano. Non è una lettura a posteriori del genio di Gianni Rodari. La sua eclettica bravura viene subito notata e premiata in redazione. In breve, il giovane diventa inviato speciale. E inizia a frequentare – ma si potrebbe dire, a inventare – il giornalismo rivolto ai bambini. Con lo pseudonimo di Lino Picco redige la rubrica domenicale che l'edizione milanese di *l'Unità* dedica ai più piccoli.

Ecco come il più grande scrittore italiano di favole della seconda metà del XX secolo racconta l'inizio della sua attività di "giornalista per bambini" [P.U., 1965]:

> Ho cominciato a scrivere per i bambini nel 1948 a Milano.
> Avevo già 28 anni e lavoravo nella redazione dell'Unità. Redattore capo era Fidia Gambetti, e fu lui ad invitarmi a scrivere qualche pezzo allegro, divertente per il giornale della Domenica.
> Doveva essere una specie di angolo umoristico. Io feci le mie prove e il risultato, lì per lì, mi parve sconsolante. Le mie storielle sembravano piuttosto adatte ai bambini che agli adulti. O forse erano quel tipo di storie che gli adulti leggono, e ci si divertono, ma per non confessare che le hanno lette volentieri, dicono: – Ma queste sono storie da bambini.
> Gambetti e Ulisse decisero che la Domenica il giornale avrebbe pubblicato un angolo per i bambini, curato da me. In quell'angolo pubblicai le prime filastrocche, fatte un po' per ischerzo. Le filastrocche piacquero. Cominciarono a scrivermi mamme e bambini, per chiedermene delle altre: "Fanne una per il mio papà che è tranviere","Fanne una per il mio bambino che abita in uno scantinato".
> Io facevo queste filastrocche e firmavo "Lino Picco". E per un paio d'anni andai avanti così, senza pensarci troppo. Però quel lavoro mi piaceva sempre di più. Tra l'altro, con la scusa che erano "cose per bambini", potevo farle come mi piacevano, potevo dire quel che avevo in mente nella maniera che più mi piaceva, potevo giocare con la fantasia.

Pare che la prima filastrocca, una *Filastrocca per Ciccio*, sia stata pubblicata da Rodari su esplicita richiesta della mamma di un bambino malato: la mamma di Ciccio, appunto [Diamanti, 2009]. La cosa, come ricorda egli stesso, piace. E vengono le altre filastrocche, spesso su richiesta – quasi su ordinazione – dei lettori. Piccoli e grandi. Le poesie fanno ridere, ma non si tratta solo di poesie per ridere:

> Non scrivevo per bambini qualunque, ma per bambini che avevano tra le mani un quotidiano politico. Era quasi obbligatorio trattarli diversamente da come prescrivevano le regole della letteratura per l'infanzia, parlare con loro delle cose d'ogni giorno, del disoccupato, dei morti di Modena, del mondo vero, non di un mondo, anzi, di un mini-mondo di convenzione. [P.U., 1965]

La realtà, dunque. E la volontà di cambiarla negli aspetti indesiderabili. Come dimostra proprio nella *Filastrocca per Ciccio*.

Rodari giornalista per l'infanzia funziona. Dal 13 marzo 1949 al 5 febbraio 1950 ogni domenica firma una rubrica, *La domenica dei Piccoli*, cimentandosi con svariati generi, dalla corrispondenza con i lettori ai giochi, dalle fiabe alle filastrocche. La prima filastrocca compare il 17 aprile 1949. È dedicata a Susanna [U.M., 1949]:

> Filastrocca per Susanna,
> le piace il latte con la panna,
> le piace lo zucchero nel caffè
> tale quale come a me,
> le piace andare in bicicletta:
> quando va piano non va in fretta;
> quando va in fretta pare un gattino,
> non le manca che il codino.
> Di codini lei ne ha
> uno di qua e l'altro di là:
> se li porta sempre in testa
> con due nastri per la festa.
> Son due nastri rossi e blu.
> Chi è Susanna? Sei tu, sei tu!

Anche Susanna nasce su esplicita richiesta di una mamma.

Per ora quello del giornalismo per bambini è un lavoro *part-time*, il lavoro della domenica. Ma incontra. Ha successo. Tanto che Luigi Longo, mitico comandante delle brigate internazionali nella guerra in Spagna e futuro segretario generale del PCI, nel 1949 decide di affidare a Rodari una rubrica fissa, *Piccolo mondo nuovo*, diretta ai bambini fin dal primo numero della nuova rivista, *Vie Nuove*, che ha fondato e che dirige.

Ma Rodari è e resta un redattore dell'*Unità*. E in redazione la sua attività principale riguarda ancora la cronaca, sociale e politica. Sono tempi duri. L'unità del CLN si è rotta. E con lei la solidarietà antifascista che ha portato alla nascita della Repubblica e alla stesura della Costituzione. Da Stettino e Trieste, come va dichiarando Winston Churchill, una cortina di ferro divide ormai l'Europa. È iniziata la guerra fredda. In Italia il Partito Comunista è ormai fuori dal governo. È considerato alternativa di sistema. Il 18 aprile 1948 il PCI partecipa alle elezioni in unità d'azione coi socialisti, in quel "Fronte popolare" che si propone appunto come (impossibile) alternativa alla Democrazia Cristiana. La sconfitta alle elezioni è secca. Tutti hanno la sensazione che il clima sia definitivamente cambiato.

Gianni Rodari lo ha registrato già alla fine del 1947, occupandosi, forse per la prima volta su *l'Unità*, di ragazzi e di scuola [U.M., 1947]:

> La Repubblica italiana ha ormai più di un anno di vita, ma a scorrere le decine di testi di lettura e di storia che abbiamo davanti agli occhi, sembra che ai nostri scolaretti sia proibito saperlo. Essi devono sapere tutto di Pietro Micca, della Rivoluzione francese e perfino della tassa sul macinato; ma ai loro occhi innocenti la Repubblica italiana, per chissà quale strano pudore, è tenuta nascosta quasi quanto i misteri della riproduzione [...]. [Questi libri] ci sono parsi destinati a ragazzi vestiti alla marinara coi calzoni al ginocchio, come nelle riviste di moda di quarant'anni fa, anziché ai nostri ragazzi, che sono stati nelle cantine sotto i bombardamenti e che hanno visto con i loro occhi l'insurrezione nazionale, qualcosa come le Cinque Giornate di Milano, i partigiani fucilati nelle strade e Mussolini appeso a Piazzale Loreto.

Rodari, come molti comunisti del Nord, sente che, ormai, i valori della guerra partigiana di liberazione stanno perdendo egemonia e forza. Che la rivoluzione è stata tradita. Che una parte d'Italia si vergogna della storia recentissima del paese. E quei libri di testo a scuola sono lì non solo a dimostrarlo, ma a costruire un nuovo – un vecchio – clima. Se la scuola è uno dei luoghi dove si consuma la crisi tra le "due culture", quella progressista e quella conservatrice, è dalla scuola, sostiene Rodari, dalla formazione dei bambini, che bisogna ripartire per costruire il futuro.

All'inviato speciale Gianni Rodari non viene chiesto di occuparsi solo di cronaca della vita quotidiana dei milanesi e di giornalismo per bambini. Fidia Gambetti lo utilizza in ogni spazio dello scibile. Gli chiede, per esempio, di recensire per la rivista letteraria *Adamo* il primo volume dei *Quaderni dal carcere* di Antonio Gramsci, pubblicato da Einaudi. Argomenti delle note di Gramsci sono "Il materialismo storico e la filosofia di Benedetto Croce".

La recensione è importante, non solo perché – come nota Carmine De Luca – il giovane cronista interviene con "esemplare lucidità" e profondità critica sul rapporto tra Gramsci e Croce [De Luca, 2005], a testimonianza (lo ripetiamo) di una cultura vasta e interdisciplinare, ma anche perché, nel parlare di Gramsci, Rodari rivela in qualche modo se stesso. In Gramsci, sostiene Rodari:

> […] rimane la creazione di una cultura integrale, che sia filosofia e vita, pensiero e azione, che non evada mai la realtà sociale, […] che non si illuda di raggiungere punti fermi universali, ma riconosca e attui […] pazientemente, ostinatamente il suo destino di essere una cultura di parte, impegnata in una lotta di parte. [Ad., 1948]

Con altri strumenti, Rodari intende fare come Gramsci: perseguire una cultura integrale, che sia pensiero e azione, filosofia e vita, che non evada mai e abbia sempre (e occorre sottolineare quel sempre) presente la realtà sociale e fornisca una rappresentazione di parte del mondo, perché impegnato in una lotta di parte.

Quando – con le sue filastrocche, con le sue favole, con le sue canzoni, ma anche con i suoi articoli giornalistici – Gianni Rodari diventerà Gianni Rodari, questa tensione non calerà. Anzi verrà sublimata. Rodari cercherà sempre di proporre una cultura integrale capace di interpretare il mondo per cercare di cambiarlo.

Non è un caso che a cogliere questa unità di fondo nell'azione diversificata di Gianni Rodari sia un matematico, come Lucio Lombardo Radice:

> Non dobbiamo considerare la straordinaria quantità di lavoro di Rodari come una somma di attività. Era un uomo intero, non frammentario [...] ha sempre operato per far sì che cultura e politica diventassero fatti davvero di massa, per rompere la tradizionale barriera che separa i "dotti" dai "semplici". [...] Non esibiva la sua cultura, la usava. [Lombardo Radice, 1980]

In questi primi mesi di attività giornalistica a Milano inizia dunque a emergere tutta la complessa figura "gramsciana" del giovane intellettuale.

A *l'Unità* di Roma

A *l'Unità* di Milano Gianni Rodari resta fino al 1950. In questi primi trent'anni della sua vita ha vissuto sempre in Lombardia o, al più, lungo le sponde dei laghi che segnano il confine tra la Lombardia e il Piemonte. Ma ecco che ora il Partito, nella persona di quel dirigente carismatico che è Giancarlo Pajetta, lo chiama a una nuova scelta di vita. Lo vuole a Roma, sia per lavorare alla redazione nazionale dell'*Unità* sia, soprattutto, per fondare e dirigere un settimanale illustrato per ragazzi, *Il Pioniere*.

Rodari, accetta. Non senza averci riflettuto:

> È stato quasi un compito di Partito. In principio non ne volevo proprio sapere. Ma a quei tempi eravamo tutti molto disponibili: se ci fosse stato bisogno di un quadro nuovo nella cooperazione, e mi fosse stata fatta la proposta di diventarlo, penso che avrei accettato. La generazione che il PCI ha rastrellato durante la Resistenza è quella che meno si è preoccupata di vocazioni personali. Nel mio caso, sì e no una ventina di filastrocche giustificava quella scelta. [citato in Diamanti, 2009]

Ma mai scelta fu più indovinata. Rodari è infatti destinato a diventare il più bravo scrittore di letteratura per l'infanzia (ma non solo) nell'intera storia d'Italia.

Rodari, il Partito e i giovani pionieri

La scelta di Pajetta è motivata dal fatto che c'è un'attenzione forte e crescente del Partito Comunista all'educazione dei giovani, sia a quella scolastica sia all'educazione informale. Un'attenzione che si è manifestata già nel 1945, non appena la guerra è finita, con una serie di interventi per così dire teorici su *l'Unità*, con la pubblicazione di un periodico destinato ai ragazzi, *Pattuglia*, con le rubriche dedicate ai bambini nelle quattro edizioni della stessa *Unità* – *Il novellino del giovedì* a Roma, il *Muretto dei bambini* a Genova, il *Cantuccio dei bambini* (nelle edizioni di Milano e di Torino) e che ha trovato un'espressione formale nella mozione approvata a conclusione del V Congresso, nel gennaio 1946, dove si può leggere che il Partito si impegna a

> [...] inaugurare e svolgere la necessaria opera di ricostruzione materiale e di rinnovamento morale, realizzare l'emancipazione politica della donna, riformare e rendere a tutti accessibile la scuola, estendendo l'istruzione obbligatoria fino alla scuola media. [PCI, 1946]

L'interesse del Partito per l'educazione dei giovani ha origini molteplici e complesse. C'è un interesse ideale: l'affermazione, democratica, che il sapere appartiene a tutti. E che l'emancipazione delle classi più umili avviene anche attraverso l'accesso al sapere di cui la borghesia tende a conservare un geloso monopolio. C'è un interesse pratico: il Partito conta quasi due milioni di iscritti, ha un'organizzazione capillare e ha necessità di formare una schiera estesa di quadri. C'è, infine, un interesse ideologico: la guerra fredda è iniziata. L'interpretazione del mondo perde i suoi colori in chiaroscuro e assume sempre più una colorazione duale: bianco e nero. Non si deve cedere ai modelli e alle forme di comunicazione per i giovani edificanti delle parrocchie. Ma soprattutto non si deve cedere ai modelli aggressivi e alle forme di comunicazione che, in maniera sempre più incessante, provengono dagli Stati Uniti. Occorrono, appunto, modelli alternativi per veicolare i valori, alternativi, del comunismo.

Lo dicono i documenti ufficiali del partito. E lo dice, in maniera esplicita, il giovane Enrico Berlinguer, responsabile dei giovani comunisti, in un discorso pronunciato nel 1948 a Torino davanti a operai altrettanto giovani: "la borghesia italiana vorrebbe che i giovani italiani fossero educati come i giovani americani, secondo le concezioni dell'americanismo". Per questo, con ogni mezzo importato dall'America, dalle riviste a fumetti ai film di Hollywood [la borghesia] cerca di far credere alle ragazze lavoratrici che il loro ideale deve essere quello di diventare l'amante del loro padrone [...], esalta davanti ai giovani le gesta di banditi, di gangsters o, il che non cambia, di banchieri americani facendo loro credere che un giorno potranno diventare banchieri o affaristi.

La borghesia vorrebbe

> [...] far sì che i giovani attendano, rinuncino a lottare, accettino le regole della libera iniziativa, accettino i principi immortali ed eterni secondo i quali la società deve essere divisa tra sfruttati e sfruttatori, tra padroni e servi.

Ai giovani comunisti, sostiene ancora Enrico Berlinguer, spetta il compito di respingere questi modelli culturali e impedire che

> [...] penetri nella gioventù lavoratrice una concezione morale che conduce inevitabilmente alla disperazione e alla disgregazione delle sue fila, una concezione che trascinerebbe inevitabilmente decine di migliaia di giovani sulla via del banditismo, della delinquenza, del suicidio e della prostituzione, sulla via della sottomissione e della sconfitta. [Berlinguer, 1948]

I toni sono quelli del confronto senza mediazioni fra sistemi. Ma le conseguenze dell'analisi sono chiare. È per tutto questo – per affermare un principio di democrazia della conoscenza, ma anche per costruire modelli culturali alternativi con cui radicarsi profondamente nella società italiana – che la scuola e l'educazione dei giovani sono al centro dell'interesse del PCI. E, come nota Carmine De Luca:

> È anche alla luce dello svolgimento di questo dibattito che occorre leggere gli scritti di Rodari sulla scuola e sui giovani e riconsiderare le iniziative che a lui vengono affidate. [De Luca, 2005]

Non è dunque un impiego di secondo piano, quello che la Direzione nazionale del Partito affida a Rodari. Anzi è una responsabilità primaria. La formazione politica e culturale dei ragazzi ha infatti un valore strategico. E non solo per i comunisti. Non a caso in quell'anno 1950 è al centro di un ennesimo, aspro scontro tra PCI e DC.

A guerra finita, nel 1945, un gruppo di genitori comunisti ha fondato l'Associazione Pionieri d'Italia (API), che organizza attività per (e insieme a) i ragazzi con un evidente riferimento al movimento cattolico degli *scout* e, in particolare, all'Associazione Ragazzi Pionieri d'Italia (ARPI), creata nel 1915 dall'insegnante Ugo Peducci. Come gli *scout*, i giovanissimi Pionieri del PCI hanno un'intensa vita associativa. Come gli *scout* hanno una divisa e un bel fazzoletto (di colore rosso) al collo. Ma, a differenza degli *scout*, i ragazzi dell'API si ritrovano nelle sezioni di partito. Se a ogni campanile, come diceva Palmiro Togliatti, occorre far corrispondere una sezione del PCI, in ogni sezione comunista – dicono i dirigenti dell'API – occorre creare un circolo di Pionieri e, in questo modo, insegnare loro quello che – come lamenta anche Gianni Rodari – non si insegna a scuola: i valori dell'antifascismo e della democrazia, della laicità, della pace e della giustizia sociale.

Nel 1950 il reclutamento dei giovani Pionieri ha un significativo successo. Le iscrizioni vanno oltre ogni previsione. La notizia alimenta la polemica della stampa di ispirazione democristiana contro quella che viene definita una forma "parallela di educazione" e di "indottrinamento". I toni continuano a essere alti. Senza mediazioni. Sul *Momento* qualcuno chiede che l'organizzazione comunista sia messa fuori legge.

Nella polemica interviene lo stesso Rodari. L'Associazione Pionieri d'Italia, scrive, viene descritta dai democristiani

> […] come un'organizzazione creata per corrompere i bambini e iniziarli all'ateismo, alle pratiche erotiche e chissà a quali altre diavolerie. Una delle due: o i genitori italiani sono degli incoscienti e dei pervertiti che desiderano e favoriscono la corruzione dei loro figli, oppure essi […] non hanno creduto una parola dei vari Gedda, Fallani, Bedeschi, Schuster, Socche, del "Quotidiano", dell'"Avvenire d'Italia" e, adesso, del "Momento".
> [U.M., 1950]

Ma l'API, sostiene ancora Rodari, nasce dal movimento operaio. E il movimento operaio

> [...] è stato, e continua ad essere, un formidabile educatore della coscienza e dell'attività collettiva. I ragazzi [figli di operai e braccianti, nda] non potevano non assorbire questa lezione dell'ambiente [...]. Si parla tanto della scuola attiva, dell'autoeducazione attraverso l'azione: sono proprio questi i principi che hanno guidato l'API. [U.M., 1950]

In questo scontro tra sistemi e modelli, tra mondi educativi alternativi, è coinvolta non solo la scuola (la concezione stessa della scuola), ma anche l'informazione (i giornali). Assume così un ruolo decisivo l'intero mondo della comunicazione per l'infanzia: il sistema, i modelli, i mezzi di comunicazione.

La letteratura per l'infanzia

Nell'Italia del dopoguerra c'è una notevole pubblicistica rivolta ai bambini e ai ragazzi. È per lo più una letteratura "frenata", che si percepisce in una dimensione pedagogica, quasi didattica. E che pertanto, come nota Pino Boero, è incanalata tra due antichi e altissimi argini: quello dell'Arte e quello della Morale, ovviamente cattolica [Boero, 1992].

Non è solo una pratica. Che così debba essere sono in molti a teorizzarlo. Per esempio la scrittrice Giana Anguissola, collaboratrice del *Corriere della Sera* e del *Corriere dei Piccoli*:

> Il vero scrittore per ragazzi non offrirà mai in pubblicazione, in rappresentanza o in trasmissione, un lavoro meno che degno, perché col suo lavoro ha da servir l'Arte e da formare moralmente un giovane. Due ottime ragioni per renderlo più che cauto, avvertito. [Anguissola, 1957]

Anche Ottavia Bonafin, maestra e scrittrice che pubblica presso un'importante casa editrice, La Scuola, nonché collaboratrice della rivista *Scuola italiana moderna*, ha idee precise:

> Il libro [per bambini, nda] va studiato nel suo contenuto educativo. È ispirato a sentimenti religiosi? È morale? [...] Il libro va giudicato nei suoi pregi artistici. È veramente un bel libro? interessa? commuove? [Bonafin, 1964]

Se queste sono le finalità della comunicazione per l'infanzia – educare e divertire, moderatamente – anche chi scrive fiabe e libri umoristici deve stare molto attento, scrive il critico cattolico Giovanni Bitelli:

> L'educatore deve vagliare e rivagliare i libri fiabeschi prima di porli tra le mani dei fanciulli. Negarli alla loro avidità fantasiosa, al bisogno che essi sentono prepotente di crogiolarsi tra le braccia di un sogno delizioso, no. Ma andar cauti, molto cauti certamente […] le argomentazioni riguardanti i libri comico-umoristici per bambini e adolescenti, restano le stesse che per le fiabe […]. Il riso è necessario per l'educazione dei fanciulli nella gamma ampia dei loro anni e dei loro sentimenti. Ma attenti. Ci sono umorismo sciocco e umorismo malizioso all'agguato. [Bitelli, 1962]

La verità è che questa idea della letteratura per l'infanzia costretta tra Arte e Morale domina la pubblicistica cattolica e non solo. L'idea è che i ragazzi siano una cittadella esposta a un pericoloso e incessante assedio. Compito della letteratura e di ogni altra forma di comunicazione per ragazzi deve essere preservare la purezza della cittadella. Ogni parola, ogni virgola, ogni immagine devono essere edificanti. Devono formare il ragazzo entro canoni molto rigidi. Senza ambiguità. Tutte si fondano sul valore metastorico di dimensioni che invece sono storiche, come Arte, Moralità, Infanzia [Boero, 1992].

Le forma di narrazione diverse o semplicemente nuove vengono considerate pericolose, devianti. E sottoposte a un fuoco di sbarramento cui non sono estranei l'anatema e l'invettiva.

C'è nell'Italia post-fascista un filo di continuità con un pensiero che si è già espresso nell'Ottocento: quando in molti si opponevano all'idea e alla pratica di una letteratura divertente per i ragazzi a favore di una letteratura edificante imposta ai ragazzi. Non tocca a loro – si diceva e si ritorna a dire – scegliere i libri da leggere, ma tocca ai loro educatori, sia esso il maestro, un genitore o un intelligente e ragionevole amico di famiglia [Boero, 1992].

La letteratura per l'infanzia deve dunque limitarsi alla sfera dei buoni sentimenti. Deve saper commuovere. Deve interessare. Deve anche divertire, con moderazione. Non deve stimolare un autonomo spirito critico.

In ogni caso, non può ambire a essere vera arte. Una posizione, quest'ultima teorizzata anche da Benedetto Croce:

> L'arte "per bambini" […] non sarà mai arte vera. Sotto l'aspetto pedagogico, ossia dello sviluppo dello spirito infantile, a me sembra che difficilmente si possa dare in pascolo ai bambini l'arte pura, che richiede, per essere gustata, maturità di mente, esercizio di attenzione e molteplice esperienza pedagogica. [Croce, 1973]

In questa ottica la letteratura per l'infanzia diventa una forma minore di letteratura. Intrinsecamente bambina. Perché i libri scritti per l'infanzia possono avere anche un qualche contenuto artistico, ma – secondo il filosofo napoletano – sono inevitabilmente farciti di "elementi extraestetici" – come avventure, azioni ardite e di guerra, curiosità varie – necessari a catturare l'attenzione del bambino, ma non motivati dall'insieme dell'opera.

Tuttavia in Italia non esiste solo una tradizione di pensiero che considera il bambino privo di una sua autonoma capacità critica e utilizza la letteratura come strumento per lanciare messaggi "seri", che sono a volte edificanti (di matrice cattolica), altre volte populisti (di matrice socialisteggiante), altra ancora stereotipati (di matrice fascista) e a volte, infine, un'intersezione delle tre.

In Italia c'è un'altra grande tradizione che considera il bambino se non ancora un adulto, certo una persona capace di un suo autonomo pensiero critico, cui è possibile inviare messaggi anche forti, con leggerezza e gusto. È una letteratura che si aspetta dal fruitore – giovane o non giovane – non il mero assorbimento, ma un'interpretazione. Non l'accettazione passiva, ma l'esercizio dello spirito critico. È questa scuola, tra l'altro, che, da Carlo Collodi a Italo Calvino, raggiunge le massime vette culturali e artistiche.

È a questa scuola di pensiero che si rifà Gianni Rodari quando sostiene che scopo della letteratura non è quello di far commuovere i bambini, ma offrire spazi alla libertà di pensiero e al divertimento, praterie libere per far correre la fantasia. La letteratura per bambini deve avere contenuti metaforici, ambiguità, specchi proprio come la letteratura per adulti. E proprio come la letteratura per adulti non deve riferirsi a una realtà che non esiste, ma alla realtà così com'è, per cambiarla negli aspetti che non vanno.

È con questi presupposti e partecipando a questo dibattito, dunque, che il giornalista per l'infanzia Gianni Rodari, all'inizio degli anni '50, si appresta a diventare il più grande autore della letteratura italiana per l'infanzia del XX secolo.

Ma, per cercare di capire come e anche perché, conviene ricordare brevemente come si è venuto sviluppando, in Italia, questo genere.

Abbiamo già rilevato come la letteratura per l'infanzia vanti, in Italia, una storia ricca: più ricca di quanto si creda comunemente. E che questa storia, già alla fine dell'Ottocento, veda confrontarsi almeno due grandi tradizioni culturali. In realtà ogni divisione rigida tra diverse dimensione letterarie (come vedremo, praticamente, più avanti) è un mero esercizio di idealismo positivistico: non esiste una letteratura per l'infanzia separata e separabile da una letteratura per adulti. Esiste non solo un continuo di proposte, ma anche un continuo rimando dall'una all'altra: tentare di separarle è come voler tagliare l'oceano con il coltello.

In ogni caso quella che viene in genere definita la letteratura per l'infanzia già a cavallo tra il XIX e il XX secolo non propone due, ma tre diversi e limpidi punti di riferimento. Tre forti interpretazioni. La letteratura pedagogico-morale (o moralistica) di Edmondo De Amicis. La letteratura d'avventura di Emilio Salgari. La letteratura, infine, della favola realistica, che tocca vertici di valore assoluto con Carlo Collodi. È all'interno del triangolo disegnato da questi tre punti di riferimento quasi paradigmatici che nasce e si sviluppa una letteratura per l'infanzia (e non solo) piuttosto ricca. Ma anche un discorso sulla letteratura per l'infanzia (e non solo) piuttosto variegato che spesso diventa dibattito radicale, estremizzato, dicotomico tra concezioni diverse del mondo. E del mondo dei ragazzi.

Edmondo De Amicis e il modello Cuore

Per tutto l'Ottocento (e oltre) resta acceso il dibattito sulla funzione "popolare" della letteratura [Zaccaria, 2004]. Laddove il popolare viene inteso in un duplice senso. Da un lato quello quantitativo: di diffusione editoriale di un'opera. Dall'altro quello etico e ideologico: di educazione del popolo attraverso il testo.

Edmondo De Amicis riesce a cogliere l'una e l'altra declinazione del concetto di "popolarità" della narrativa con un libro, *Cuore*, pubblicato nel 1886 presso l'editore Treves, destinato a diventare il primo vero best seller dell'Italia unita.

De Amicis è un giornalista quarantenne – è nato a Oneglia, in Liguria, il 21 ottobre 1846 – con un trascorso da ufficiale dell'esercito. Aveva frequentato l'Accademia militare di Modena e nel 1866 aveva partecipato, come luogotenente, alla battaglia di Custoza, dove l'esercito sabaudo guidato dal generale La Marmora, pur superiore di numero, si era lasciato sconfiggere dagli austriaci, guidati dall'Arciduca Alberto d'Asburgo.

Nell'esercito Edmondo De Amicis aveva coltivato due forti valori: quello della disciplina, forgiata dall'autorità militare, e quello dell'amor di patria. La sconfitta di Custoza, piuttosto inopinata, mette a dura prova l'una e l'altra. Ma entrambe ne escono rafforzate. In capo a un paio di anni Edmondo lascia l'esercito, ma conserva gelosamente quei due valori, anche nella nuova attività di giornalista che inizia a praticare a Firenze, dove si è trasferito. È inviato della *Nazione* e come tale segue con trepidazione la presa di Roma, nel 1870.

Per tutti gli anni '70 gira il mondo, scrivendo numerose note di viaggio. Fermatosi e presa casa a Torino, nel 1878 inizia a pensare a un libro per la scuola, che intende pubblicare presso la casa editrice fondata a Milano nel 1861 dai fratelli Emilio e Giuseppe Treves:

> Ho in testa un libro nuovo, originale, potente, mio [...] di cui il solo concetto m'ha fatto piangere di contentezza e di entusiasmo [...]. Mi son detto: per fare un libro nuovo e forte bisogna che lo faccia colla facoltà nella quale mi sento superiore agli altri – col cuore. [...] Il soggetto preso nel mio cuore. Il libro intitolato *Cuore*. [citato in Zaccaria, 2007]

L'obiettivo è quello, come scrive lo stesso De Amicis al suo editore in una lettera del 1886, di far leva sui sentimenti forti per dimostrare

> [...] ai fabbricanti dei libri scolastici come si parla ai ragazzi *poveri* e come si spreme il pianto dai cuori di dieci anni. [citato in: Zaccaria, 2007]

L'editore è molto interessato. La scuola è un settore che tira nella giovane nazione. Stanno nascendo nuove case editrici, per rispondere alla domanda di libri per l'infanzia: Sonzogno, Paravia e lo stesso Treves. Emilio in persona programma l'uscita e la promozione del libro progettato da De Amicis. Ma la gestazione dell'opera è lunga. Dura anni, tra le proteste sempre più nervose di Treves.

Infine *Cuore* esce, con un battage pubblicitario senza precedenti da parte del suo editore, il 17 ottobre 1886, primo giorno di scuola in un'Italia da poco unita, ma ancora povera (appunto) e segnata da un tasso di analfabetismo tra i più alti d'Europa. Il paese è governato dalla "sinistra storica", il cui orizzonte culturale e politico è intessuto, sì, di trasformismo, ma anche di ideali laici e liberal socialisti. La sinistra storica ha messo fine, sia pur lentamente, alla odiata "tassa sul macinato", ha varato nel 1882 la "legge Zanardelli" che estende il voto politico a tutti i maschi di età superiore a 21 anni che sappiano leggere e scrivere; e, soprattutto, ha varato nel 1877 la "legge Coppino" che ha reso obbligatoria e gratuita l'istruzione elementare dai 6 ai 9 anni, fino alla terza classe.

È un periodo, dunque, in cui la scuola viene chiamata ad assolvere un ruolo di coesione sociale e nazionale di primaria importanza. Una richiesta che chiama in causa anche la letteratura. Si pone l'accento sul fatto che tutti i libri, non solo i manuali scolastici, possono concretamente aiutare masse crescenti di popolo, in particolare i bambini, a imparare a leggere e a scrivere. Ma si pone l'accento anche sul suo ruolo educativo: la letteratura, in particolare quella rivolta ai bambini, può e deve aiutare a creare valori comuni, identità, sentimenti di appartenenza in un paese giovane e, forse, "allungato" nella sua cultura ancor più che nella sua stessa lunga geografia. Un paese ancora sostanzialmente contadino, in un'Europa che va industrializzandosi. E, dunque, dal futuro non ancora ben delineato. Alle prese con formidabili problemi sociali. Ma in crescita, almeno demografica. È questo mondo che il socialista De Amicis vuole raccontare. Anzi, è a questo mondo che De Amicis vuole indicare i valori fondanti: un umanesimo laico ma solidale, l'amore per la patria e l'unità nazionale; il senso del dovere e del sacrificio; la famiglia e gli affetti familiari; la solidarietà tra le classi sociali.

Cuore è un'opera originale, in cui si mescolano – come rileva Cosmi Rodia – tre diversi generi letterari: il diario, l'epistolario e il racconto breve. Ma anche tre diversi punti di vista: quello di un ragazzo, dei sui familiari, del suo maestro [Zaccaria, 2007]. Per raccontare appunto la *Storia d'un anno scolastico, scritta da un alunno di terza d'una scuola media municipale d'Italia*. Ambientata a Torino, la prima capitale dell'Italia unita, la storia è quella del piccolo Enrico Bottini, famiglia borghese benestante, che raccoglie nel suo diario la vita quotidiana a scuola nel corso di un intero anno scolastico, tra ottobre e luglio.

È – e vuole essere – un racconto esemplare, capace di trasmette valori assoluti, che si offre come modello educativo, fondato sui sentimenti. Vengono così caratterizzate figure di bambini, i compagni di scuola di Enrico, a tutto tondo: come Crossi, il povero volenteroso; Stardi, il più caparbio; Garrone, il più buono; Franti, il più ribelle; Derossi, il più bravo e il più bello.

Quelli che trasmette e intende trasmettere De Amicis sono i valori civili e anche laici mediante i quali – per dirla con D'Azeglio – fatta l'Italia, occorre fare gli Italiani: la famiglia, la scuola e la patria; il rispetto per l'autorità; l'interclassismo; il lavoro; lo spirito di sacrificio fino all'eroismo; l'amore per lo studio e il rispetto per la sua funzione. Si tratta di "buoni sentimenti" che agli occhi di molti appaiono, tutto sommato, dolciastri e conservatori: propongono una visione della società ideale (idealistica) acquiescente, forse troppo, con una realtà sociale che è invece profondamente segnata dalla disuguaglianza:

> Considerato a lungo come il portavoce di uno smaccato consenso verso i valori della classe dirigente, – scrive Giuseppe Zaccaria – De Amicis ha legato il suo nome a quel gusto sdolcinato che è definito, appunto, con l'aggettivo "deamicisiano". [Zaccaria, 2004]

Il titolo dell'opera non è certo casuale: De Amicis, come aveva promesso a Emilio Treves, cerca di fare leva

> […] sul "cuore" più che sulla "testa" dei suoi lettori, sfruttando sapientemente anche il filone del romanzo popolare. [Zaccaria, 2004]

Basta sfogliarle, le pagine di *Cuore*, per rendersene conto.

Al centro del discorso è la famiglia. A seguire, la scuola, che ne completa la funzione educatrice. Sullo sfondo, la patria.

"Guarda quel povero ragazzo, com'è costretto a lavorare, tu che hai tutti i tuoi comodi, e pure ti par duro lo studio!", dice la madre a Enrico dopo aver fatto visita a Crossi, il compagno di studi più povero, nella sua misera casa.

"Non essere un soldato codardo, Enrico mio", esorta il padre di Enrico, un ingegnere.

Studio, bontà, carità, volontà, spirito di sacrificio, coraggio, amor patrio. Valori da apprendere in famiglia e da consolidare a scuola: questo è il messaggio di De Amicis.

In *Cuore*, tuttavia, la scuola non emerge solo per la sua funzione di educatrice morale. Ma anche come palestra e fucina di progresso universale. De Amicis ha una cultura "positiva" comune a molti socialisti dell'epoca (lo scrittore sarà deputato al Parlamento per il Partito Socialista). Quella che frequenta Enrico a Torino è infatti simbolo della scuola non solo italiana, ma di tutto il mondo. È il luogo ove un "vastissimo formicolio di ragazzi di cento popoli" a "milioni e milioni, tutti" si recano "a imparare in cento forme diverse le medesime cose. Se questo movimento cessasse, l'umanità ricadrebbe nella barbarie; questo movimento è il progresso, la speranza, la gloria del mondo".

È questa la proposta letteraria e pedagogica "positiva", di natura idealistica ma intrisa di umanesimo socialista, che viene accolta con entusiasmo da alcuni, come Ida Baccini – la prima a mettere il sentimento nella letteratura italiana per l'infanzia – che la esalta e la fa propria, o che, al contrario, viene nettamente rifiutata da altri: Giosuè Carducci stronca l'"Edmondo da i languori" e Benedetto Croce lo definisce "non artista puro, ma scrittore moralista".

La radicalità di questi giudizi – che si riconfermerà nel corso di un secolo e più di critica letteraria – spiega forse meglio di ogni altra analisi, le ragioni del successo di *Cuore*. Il libro coglie nel segno. Supera il muro dell'attenzione. Ottiene successo. Cattura i bisogni di una parte – una parte non banale – della società italiana della sua epoca, ma anche delle epoche successive. È una proposta ideologica, che fa leva sulle emozioni, e si inserisce in quel grande fiume di offerte letterarie che, come i "romanzi di appendice", sono espressione della nascente cultura industriale e utilizzano tecniche, tipiche della moderna comunicazione di massa, che operano nel pubblico una sottile e ammaliatrice "persuasione occulta".

Il successo di *Cuore* è immediato: nei due mesi e mezzo successivi alla prima uscita, Treves ne propone già 41 edizioni; a fine anno le copie vendute sono 40.000 e l'editore si vede recapitare 18 richieste di traduzioni.

Ed è un successo di lungo periodo: in un quarto di secolo *Cuore* vende in Italia un milione di copie. Ma anche la polarizzazione delle critiche è immediata. Molti rimproverano a De Amicis quella sua narrazione dei buoni sentimentali che in realtà sarebbe la rappresentazione della falsa coscienza dell'intellettuale umbertino [Zaccaria, 2004]. Un tipo di critica del tutto divergente che ritroviamo anche di recente: ancora oggi *Cuore* è definito sia "vangelo laico dei fanciulli" e "grande affresco della fratellanza umana", sia "Bibbia ipocrita degli ideali della borghesia" e addirittura "enciclopedia della sofferenza, della tristezza, del cupo e onnipresente senso di morte".

Tuttavia, come sostiene Angelo Nobile, è possibile rintracciare diversi periodi nella storia della critica a *Cuore*: c'è il periodo con le reazioni già citate degli esordi e degli anni successivi, quando De Amicis viene definito di volta in volta sia "mite sognatore di pace", "amico dei fanciulli", "apostolo di bontà" sia "scrittore prolisso, manieroso" [Nobile, 2009]. Quel suo stile sdolcinato e quei valori (che sembrano) tipici della classe dirigente attirano sia critiche molto positive sia critiche molto negative e fanno di *Cuore* un punto di riferimento per la letteratura per l'infanzia.

E a poco vale che De Amicis in opere successive riveli per intero la sua convinzione politica e l'adesione al socialismo. Lo stereotipo "deamicisiano" si impone a prescindere e persino malgrado Edmondo De Amicis.

C'è il periodo della critica fascista, dove Nobile scorge un "atteggiamento ambiguo, oscillante, non privo di contraddizione del regime verso lo scrittore e la sua opera" [Nobile, 2009]. Piacciono ai critici letterari organici al regime i richiami ad alcuni valori (la patria, la disciplina, il rispetto delle forze armate), ma dispiace la mancanza di virilità, di esibizione dei muscoli.

Caduto il regime, molti critici ritornano sugli argomenti di Carducci e di Croce. E ne aggiungono altri. Il neorealismo lo denuncia per il suo idealismo. La neoavanguardia, negli anni sessanta, lo dissacra con l'arma distruttiva dell'ironia. Arbasino definisce *Cuore* un "sanguinaccio speziato e dolcissimo". Umberto Eco, nell'*Elogio di*

Frati, ne rivolta come un guanto la struttura valoriale, elogiando appunto il ribelle e denunciando la passiva obbedienza dei ragazzi "a modo".

Più tardi molti, da Luciano Tamburini ad Alberto Asor Rosa a Franco Cambi, ne proporranno una lettura storicizzata e più equilibrata [Zaccaria, 2007; Nobile, 2009]. Ma quello che a noi più interessa, in questa sede, è la percezione che si ha di *Cuore* nel secondo dopoguerra, quando Gianni Rodari inizia la sua attività pubblicistica negli ambienti culturali più vicini a Rodari. Ebbene negli anni successivi al conflitto si assiste, come rileva ancora Angelo Nobile, a "una più attenta valutazione del capolavoro deamicisiano sotto il profilo psico-pedagogico, oltre che letterario".

Alle intenzioni educative di De Amicis guardano con simpatia scrittori cattolici come Piero Bargellini o anche intellettuali di orientamento marxisista, come Lucio Lombardo Radice (un matematico attento alle tematiche della formazione) [Nobile, 2009]. Ma non per questo vengono meno le critiche più spietate. Ancora nel 1956, Nazareno Fabbretti scrive:

> *Cuore* è un libro ambiguo, unilaterale, facilone, immanente. Il suo successo di ieri e di oggi è spiegabile più con i suoi difetti che con i suoi pregi. Si tratta infatti di difetti del pubblico che lesse e legge il libro e trovò e trova in esso la propria tutt'altro che faticosa giustificazione. È il libro dei galantuomini dell'epoca umbertina applicato ai ragazzi ma scritto per gli adulti. È infatti soprattutto in mano agli adulti che il libro ebbe e continua ad avere successo come pochi altri libri. [Fabbretti, 1956]

Emilio Salgari e il modello *Sandokan*

L'universo cui si riferisce il secondo grande protagonista della letteratura italiana per l'infanzia a cavallo tra il XIX e il XX secolo, Emilio Salgari, è affatto diverso da quello di Edmondo De Amicis. Non è la scuola sottocasa, sia pure assurta a modello universale, ma sono i mari e la giungla, le praterie e i deserti in terre lontane. Non è la vita di tutti i giorni, ma l'avventura irripetibile.

Emilio Salgari nasce a Verona nel 1862 in una famiglia di piccoli commercianti. La sua aspirazione è il mare: si iscrive nel 1878 all'Istituto Tecnico e Nautico "Paolo Sarpi", ma non diventerà mai capitano di marina come avrebbe voluto e come spesso lascia intendere abbia fatto. La sua esperienza da marinaio navigante si limita a tre mesi trascorsi in Adriatico a bordo della nave *Italia Uno*.

Lascia, così, viaggiare la fantasia verso oceani (e terre) lontani. E nel 1882, a vent'anni, scrive a puntate su un giornale milanese *I selvaggi della Paupasia*, la prima di una sterminata serie di opere (80 romanzi, 120 racconti) che inventano, almeno in Italia, un nuovo genere letterario: l'avventura esotica. Nel 1883 pubblica, sempre a puntate sul quotidiano *La Nuova Arena* di Verona, *La Tigre della Malesia*. L'anno dopo manda alle stampe il suo primo romanzo, *La favorita di Mahdi*, che aveva già scritto sette anni prima, nel 1877. Nel 1888 *Duemila leghe sotto l'America* e via via a seguire i romanzi ambientati nell'Asia del sudest – tra cui *Le Tigri di Mompracem* (1900), *Le due tigri* (1904), *Sandokan alla riscossa* (1907) – nelle acque della filibusta, ai Caraibi – *Il Corsaro Nero* (1898), *La Regina dei Caraibi* (1901), *I corsari delle Bermude* (1909) – ma anche quelli ambientati nella grandi praterie d'America, tra cui *Sulle frontiere del Far-West* (1908), *La scotennatrice (La vendetta di Minnehaha)* (1909) e *Le selve ardenti* (1910).

Se la sua fantasia copre il mondo intero, la sua vita si svolge in un triangolo cittadino più ristretto: Verona, Torino, Genova. Nel 1892, ormai trentenne, sposa l'attrice Ida Peruzzi e dal Veneto si trasferisce a Torino. Dove, sotto contratto con l'editore Speirani, nel giro di sei anni pubblica 30 opere. Nel 1898 lavora per l'editore Antonio Donath, spostandosi per un breve periodo a Genova, prima di ritornare definitivamente a Torino. Dal 1906 al 1911, anno della morte per suicidio, sarà sotto contratto con l'editore Bemporad.

La sua sterminata proposta editoriale è abbastanza inusuale in Italia. Il suo successo tra i ragazzi è strepitoso. Sandokan, Yanez, il Corsaro Nero – ma anche Marianna, La Perla di Labuan, o Jolanda, la figlia del Corsaro Nero – diventano eroi popolarissimi tra fine Ottocento e inizio Novecento. E tuttora colpiscono l'immaginario di giovani e meno giovani.

Nei romanzi e nei racconti di Emilio Salgari c'è l'azione incalzante. Il ritmo concitato. Il mito. L'eroe libertario. L'avventura, appunto.

È una narrazione, la sua, che sposa la retorica risorgimentale. Garibaldi non è stato forse un uomo d'azione come Sandokan? E il Risorgimento non è stato, forse, una lotta per la libertà e l'indipendenza dallo straniero come quella che si consuma tra le foreste e i mari dell'Asia sud-orientale o nelle praterie americane durante la Guerra di secessione?

Ma nei romanzi di Salgari c'è anche la descrizione di situazioni e di sentimenti molto forti, violenti, al limite e spesso oltre il limite della ferocia. Le storie parlano di lotta per la giustizia e per la libertà, certo. Ma, come rileva Giuseppe Zaccaria, il motore è quasi sempre la vendetta [Zaccaria, 2004]. Gli strumenti sono la forza o l'intrigo. I protagonisti sono uomini portatori non di un progetto politico come Garibaldi, ma di una vitalità primitiva e, appunto, selvaggia. Come quella dei *thugs*, i leggendari strangolatori di uomini e adoratori della dea Kali. Nella sua prima caratterizzazione, il capo dei pirati di Mompracem appare addirittura come "un uomo che più di una volta era stato visto bere sangue umano, e, orribile a dirsi, succhiare le cervella dei moribondi".

Negli anni Salgari attenua un po' i caratteri più duri delle sue prime storie, ma senza mai venir meno ai presupposti originari. L'amore e l'odio, la lealtà e l'amicizia, il coraggio e la vendetta, la gioia e il dolore senza mediazioni. La malinconia diffusa. I suoi personaggi, da Sandokan al Corsaro Nero, diventano popolarissimi per via di quell'aura esotica che li fa banditi e gentiluomini, leali e terribili. Non eroi risorgimentali. Ma eroi della fantasia. Che agiscono non tra le città dell'Europa in via di rapida industrializzazione. Ma in una natura selvaggia e remota. Uno degli ingredienti del successo di Salgari è proprio la descrizione della natura – in particolare della fauna e della flora – inesplorata e incontaminata di luoghi lontani. Luoghi ove lo scrittore non si è mai recato (ma che vengono descritti con grande fedeltà sulla base di accurate ricerche di letteratura) e mai i suoi lettori si recheranno.

Luigi Russo considera Emilio Salgari "il miglior discepolo italiano" di Jules Verne. E in realtà in alcune opere – da *Duemila leghe sotto l'America* a *Le meraviglie del Duemila*, del 1909 – l'italiano si richiama, anche esplicitamente, a Verne e affronta i temi classici della fantascienza. Ma – nota Giuseppe Zaccaria – non c'è nulla di più lontano da Salgari dei temi della scienza, delle macchine, del progresso tecnologico [Zaccaria, 2004]. Non c'è nulla di più lontano da lui della vita reale, presente o futura. La sua proposta è, piuttosto, la fuga dalla realtà. Per Emilio Salgari non è la letteratura che deve imitare la vita, semmai il contrario.

Il successo di pubblico che hanno le opere di Emilio Salgari è indiscutibile. È un successo immediato che, tuttavia, resiste nel tempo. Intere generazioni di lettori giovani e meno giovani hanno letto i suoi libri.

Più controversa è l'accoglienza della critica, come dimostra Roberto Fioraso in una recente ricostruzione a cui generosamente attingiamo [Fioraso, 2008]. Le sue opere non entreranno mai a far parte della "letteratura alta". Tuttavia nel 1896 lo scrittore veronese registra l'attenzione, positiva, di una riconosciuta espressione di quella letteratura, Grazia Deledda, che su *Roma letteraria* recensisce *I naufragatori dell'Oregon*, che Salgari ha appena pubblicato con Speirani. È tra le prime, Grazia Deledda, ad accostare il nome del giovane veronese a quello di Jules Verne.

Grazia Deledda riconosce che Emilio Salgari: "scrive spigliatamente e coglie ogni occasione per inserire nelle sue pagine nozioni geografiche e di storia naturale". Sottolinea che, certo: "per avere anche l'approvazione dei grandi oltre che dei giovinetti, dovrebbe usare un po' più di garbo artistico". E tuttavia conclude: "Ma il Salgari è ancora giovane: col tempo si perfezionerà e siamo quasi certi di salutare un giorno in lui il Verne italiano".

Salgari in vita, pochi sottopongono ad analisi la sua opera in generale. La gran parte dei critici recensisce le sue opere singole. Ecco un'antologia di note che non sono vere e proprie recensioni, ma segnalazioni pubblicitarie:

> Il signor Salgari – scrive la *Domenica Fiorentina* il 23 dicembre 1894 – pubblicando questo racconto interessantissimo per i giovanetti e anche per gli adulti, si è affermato come uno dei più forti scrittori di romanzi non indegno di aspirare al titolo di *Verne italiano*.

> Il Salgari – ribadisce *Lotta di Cosenza* il 29 dicembre 1894 – [sa esporre] con istile nervoso e vibrato, limpido e facile insieme, e con lingua schietta e pura, senza affettazione di eleganza.

> Se l'intento dell'autore – rileva la *Nuova Antologia*, il primo giugno 1895 – è stato quello di offrire una lettura e piacevole istruttiva per i ragazzi, egli lo ha raggiunto: [...] appaghiamoci di trovare in questo racconto una favola che tien sospesa l'at-

tenzione dei piccoli lettori, e ne approfitta per arricchire la loro mente di cognizioni geografiche e di scienza naturale [...] *Un dramma nell'Oceano Pacifico* non manca di alcun ingrediente atto a destare la curiosità dei giovinetti pei quali è stato scritto: forzati evasi, tigri furibonde, e più furibondi cannibali, tempeste, naufragi, un incendio, un matrimonio.

Certo una segnalazione pubblicitaria è cosa ben diversa da una recensione. Ma la *Nuova Antologia*, fondata nel 1866, è una rivista culturale prestigiosa, che mette in gioco la sua credibilità quando esprime un giudizio.

È dopo la morte di Salgari che, lentamente, matura un giudizio sul complesso delle sue opere. Negli ambienti cattolici non piace quel suo indulgere alla violenza e quel suo scatenare la fantasia dei ragazzi, invece di educarli a una severa morale. E tuttavia non manca chi, come Paul Hazard – in un articolo, *La letteratura per l'infanzia in Italia*, apparso in francese nel 1914 sulla *Revue des Deux Mondes* e in italiano nel 1921, su *Diritti e Doveri*, la rivista della Federazione Magistrale Trentina – lo difende con equilibrio. A Salgari, scrive Paul Hazard,

> [...] furono rimproverati gl'incendi troppo numerosi e una predilezione eccessiva per i delitti; egli avrebbe certamente fatto meglio a non parlare degli Orrori della Siberia e a non condurre i giovani in una città della lebbra. Perché un libro di avventure sia del tutto morale non è sufficiente che il vizio sia punito e la virtù, alla fine, ricompensata; è necessario ancora che l'emozione non arrivi all'agitazione, né la paura fino all'angoscia. Ma, nonostante questi difetti, il Salgari ha saputo trovare, seguendo il Verne, il grande segreto di piacere. Sono i critici che la discutono, non già i fanciulli di dodici anni che, eccitati ancora dal piacere di aver avuto paura, raccontano le peripezie dei suoi drammi.

Ma ormai sono arrivati gli anni '20. Gli anni del fascismo. E i fascisti si uniscono ai critici cattolici, sebbene per motivi diversi, nella critica a Emilio Salgari. Lo scrittore diventa, improvvisamente, il cattivo maestro.

Non mancano, ancora in questo periodo, significative eccezioni. Una, già ricordata, è quella di Luigi Russo che, nel 1923, lo annovera tra *I narratori*, lo elegge per l'originalità della scrittura tra i migliori romanzieri italiani (non solo, dunque, scrittore per l'infanzia), gli riconosce la capacità di aver rotto con una certa tradizione della letteratura italiana e lo paragona a Jules Verne. Anche Giuseppe Fanciulli, che con Enrichetta Monaci Guidotti pubblica nel 1926 *La letteratura per l'infanzia*, un compendio più volte ristampato per almeno due decenni, ed esprime un giudizio sostanzialmente positivo su Salgari. I suoi libri, scrive:

> Mentre suscitano tante simpatie nel pubblico giovane, vennero condannati dagli educatori, e il loro autore fu giudicato come un mediocre imitatore di Giulio Verne. Ora è doveroso correggere un giudizio tanto sommario. In realtà, Salgari non ebbe mai, come Verne, il proposito di istruire, e probabilmente quello di educare, ma ciò non toglie che egli raggiungesse, anche inconsapevolmente, qualche effetto educativo [...] *La scimitarra di Budda, I misteri della Jungla nera, Le Tigri di Mompracem* e altri racconti, si salvano dall'eccidio e sono vivi anche oggi, mercè l'arte dello scrittore. Dove risiede l'originalità di quest'arte? Nella tecnica cinematografica del racconto [...] Verne con tutti i suoi meriti era lento, descrittivo, minuto, Salgari procede rapido, sicuro che il movimento di per sé può interessare e perfino raggiungere effetti artistici.

Ma, per quanto autorevoli e influenti, si tratta, appunto, di eccezioni. Col fascismo i giudizi su Salgari diventano estremamente negativi. Il fascino che esercita sui giovani viene considerato pericoloso. La qualità della scrittura scadente. Ugo Zannoni, in un libro su *La letteratura per l'infanzia e la giovinezza* pubblicato nel 1931, scrive:

> [Salgari] è divenuto talmente popolare da essere ancora costantemente ricercato e divorato dai fanciulli e tollerato dai maestri, nonostante il suo valore assolutamente negativo in fatto di educazione. I numerosissimi romanzi del Salgari [...] non hanno altra virtù che quella di esaltare la fantasia, di trascinare la mente del fanciullo in un paradossale mondo estremamente lontano dalla realtà, e quel che è peggio, lasciare impressioni crudeli e sanguinarie.

E poco dopo, nel 1933, Olga Visentini in *Libri e ragazzi* scrive a sua volta:

Salgari ebbe del poeta solo la febbre: ma la febbre fu perenne e gli tolse col freno dell'arte anche la coscienza suprema della creazione, onde quell'incalzar di fatti espressi in uno stile duro, disadorno, a volte convulso o contorto, non costruiti, a incubo, come nel sogno. In lui fu continua l'esaltazione avventurosa che negli adolescenti è transitoria: ma in quell'esaltazione c'è un vigore che non va trascurato.

Una sintesi della critica fascista a Emilio Salgari viene espressa nel 1942, dalla Commissione per la Bonifica Libraria, che, a proposito del romanzo *Il Vascello Maledetto* appena ristampato, scrive:

> [l'opera è] popolata da marinai invasati da una sorta di *delirium tremens* dell'orrido: equipaggi terrorizzati, navi-feretro, capitani stolti, ciurme alle prese con apparizioni diaboliche, ecc. [...] non è questa la vita della sana ed eroica gente di mare, che il Regime vuol far conoscere alle nuove generazioni.

Ma quello che a noi, ancora una volta, interessa di più è il giudizio che di Emilio Salgari viene proposto alla fine del fascismo, mentre Gianni Rodari si appresta a proporsi come nuovo scrittore per l'infanzia. Ebbene, i giudizi negativi non vengono assolutamente meno. Nel 1950, per esempio, un commentatore autorevole, di cultura laica, antifascista e socialista, come Gaetano Salvemini, si dichiara ostentatamente un "non lettore" di Salgari. E, al contrario di Grazia Deledda o di Luigi Russo, lo oppone a Verne. Portando il francese ad alto esempio formativo e proponendo Salgari, all'opposto, come esempio così profondamente diseducativo da aver contribuito a traviare un popolo:

> Jules Verne fu maestro di buona educazione morale a me e a molti della mia generazione. La generazione che succedette alla mia lesse invece Salgari cioè storie di corsari che vanno in cerca di ricchezze, senza direzioni morali, col pugnale fra i denti. Jules Verne, 1880-1900, Salgari 1900-1920. Quei nomi e quelle date spiegano molti avvenimenti italiani.

Tranchant anche i giudizi espressi in ambienti cattolici. Come quello di Giovanni Bitelli, che in quel medesimo anno, il 1950, pur riconoscendo che

> [...] i libri di Salgari corsero velocemente tutta l'Italia, entrando di casa in casa, sollevando l'entusiasmo degli adolescenti e dei giovanetti, scuotendoli e liberandoli dall'apatia in cui li aveva gettati, nel trapasso di due secoli, una letteratura giovanile che era per tradizione troppo rugiadosa o eccessivamente pedante

scrive che quei libri che hanno avuto tanto successo

> [...] sono privi di qualsiasi valore letterario. È una prosa trasandata, infarcita di luoghi comuni, di idiotismi e persino sgrammaticata e zoppicante. È prosa buttata giù alla carlona [...]. Luoghi persone costumi non vivendo che la sbiadita affrettata rielaborazione cerebrale, scolastica e imprecisa restano soffocati dalla accentuazione coreografica violentemente tumultuosa.

Anche in ambito cattolico il giudizio negativo su Salgari appartiene più alla critica colta che non agli educatori sul campo. Quando Padre Sebastiano Pazzini pubblica, nel 1953, la sua *Guida libraria*, un vero e proprio prontuario in cui autori e libri vengono classificati in base alla loro "qualifiche morali", ovvero secondo l'adesione alla morale della Chiesa Cattolica, elenca centosette titoli dello scrittore veronese, compresi svariati falsi. Ebbene quasi tutte le opere di Salgari vengono classificate "per tutti". Solo alcune, secondo Pazzini, vanno lette con "cautela", ovvero "con prudente circospezione", perché possono contenere sia "elementi di seduzione e di suggestione sensuale", sia "tesi od osservazioni dottrinarie tali, che possono essere pericolose per coloro che non hanno una adeguata formazione dottrinale". In questo caso, se la lettura è fatta direttamente dai ragazzi, questi devono essere "guidati dal parere di una persona competente".

Ma, per tornare ai critici, ecco quanto scrive nel 1955 Lino Monchieri:

> È stato detto che un'opera d'arte crea caratteri e configura vicende emotive, indipendentemente – anche se ciò raramente si verifica – dalla forma. Sarebbe il caso di Salgari il quale, pur non avendo scritto opere d'arte, né avendo la pretesa di aver dettato *il* capolavoro, che in tutta la sua produzione si cerche-

rebbe invano, tuttavia ha creato figure (Sandokan, il Corsaro nero) e descritto ambienti (Mompracem, la Filibusta) tipici e non facilmente morituri.

Si continua a negare a Emilio Salgari una caratura artistica. Si continua a considerare la sua letteratura poco educativa o addirittura diseducativa. Ma dopo oltre mezzo secolo tutti devono riconoscere che i personaggi di Salgari "non sono facilmente morituri". Piacciono ai ragazzi.

All'inizio degli anni '50, dunque, due dei vertici del triangolo della letteratura italiana per l'infanzia, Emilio Salgari ed Edmondo De Amicis, anche se per motivi opposti, continuano a essere nella bufera.

Carlo Collodi e il modello *Pinocchio*

Ma nasce e si manifesta, nell'Italia di fine Ottocento, anche un altro archetipo di letteratura per l'infanzia che va oltre quella pedagogico-morale di Edmondo De Amicis e quella avventurosa di Emilio Salgari. Nasce e si manifesta la letteratura del realismo magico e favolistico di Carlo Collodi che, con *Le avventure di Pinocchio*, assurge alle vette artistiche altissime del capolavoro assoluto di ogni genere, tempo e luogo.

Carlo Collodi è il nome d'arte di Carlo Lorenzini, nato a Firenze il 22 novembre 1826. Il padre, Domenico, è cuoco nella casa del marchese Garzoni Venturi. La madre, Angiolina Orzali, è figlia di un fattore. Entrambi i genitori sono nativi di Collodi, una frazione del comune di Pescia posta su un'altura che domina la Valdinievole. Sposati, si trasferiscono in città.

Carlo nasce dunque in quella che è ancora la capitale del Granducato. A partire dall'età di 11 anni il giovanotto inizia a frequentare il seminario di Colle Val d'Elsa. Ma – come si dice – non ha la vocazione e dopo cinque anni lascia la tonaca e ritorna in città. Continua però a studiare e nel 1844 si diploma. Subito dopo incontra e fa sue le idee di Mazzini. Nel 1848 si arruola volontario – insieme al fratello Paolo e a Giulio Piatti, il proprietario della libreria di Firenze dove ha iniziato a lavorare – nelle formazioni toscane che partecipano alle battaglie di Curtatone e Montanara. Convinto assertore dell'unità d'Italia, dieci anni dopo, nel 1859, si arruola nel Reggimento Cavalleggeri di Novara dell'esercito piemontese con cui partecipa alla seconda Guerra d'Indipendenza.

Ma, tra una guerra e l'altra, si interessa di libri e di giornali: ha iniziato a scrivere sulla *Rivista di Firenze* e ha fondato un giornale satirico, il *Lampione*, presto chiuso dalla censura. Poco dopo fonda un nuovo foglio, *Scaramuccia*, e scrive sulle pagine della *Nazione*. Insomma, politica, editoria e giornalismo sono la sua vita.

Dopo l'ingresso nella libreria di Giulio Piatti, che come molti librai d'allora è anche editore, i passaggi salienti della vita intellettuale di Carlo Lorenzini, che dal 1853 ha iniziato a firmarsi con lo pseudonimo di Carlo Collodi, sono probabilmente due. La fondazione nel 1870, sempre a Firenze, del giornale *Il Fanfulla*, che l'anno successivo diventa quotidiano e che nel 1879 inizia a pubblicare un supplemento settimanale di cultura chiamato *Il Fanfulla della Domenica*. Il supplemento è voluto e diretto da Fernandino Martini, intellettuale e politico fiorentino capace di chiamare a raccolta molti scrittori da tutt'Italia con lo scopo di rifondare la cultura letteraria del giovane paese sulla base di un programma rivolto a tutti gli strati della società – anche gli strati popolari, anche i bambini – che potremmo definire positivista. Quale sia il progetto è chiaro già dal primo numero, che si apre con un articolo in cui è addirittura Francesco De Sanctis a riproporre il suo problema – la divaricazione tra letteratura italiana colta e popolo-nazione – e a indicare la funzione appunto nazionale e popolare che deve assumersi la cultura: dando un contributo decisivo a unificare il giovane e frammentato paese [Asor Rosa, 2007]. Non è l'unico colpo, quello di De Sanctis, messo a segno a Martini. In breve *Il Fanfulla della Domenica* riesce a ottenere la collaborazione assidua di scrittori di ogni parte d'Italia e di gran valore, come Matilde Serao, Giovanni Verga, Luigi Capuana, un giovanissimo Gabriele D'Annunzio, Ida Baccini e, naturalmente, Carlo Collodi.

Il 7 luglio 1881 *Il Fanfulla* pubblica il primo numero di un nuovo supplemento, *Il Giornale per i bambini*, che ospita la prima puntata di una bizzarra storia firmata da Carlo Collodi: *La storia di un burattino*.

È nato il personaggio Pinocchio e sta per nascere il capolavoro.

Ma prima di specificare come e quando nasce, quel capolavoro, occorre richiamare la seconda grande svolta nella vita intellettuale di Carlo Collodi. Si verifica nel 1874, quando un'altra libreria e casa editrice fiorentina, quella dei fratelli Paggi, convinta che il mercato dei bambini sia promettente nella nuova Italia della scolarizzazione di massa, chiede a Carlo Collodi di tradurre alcune tra le più belle e famose fiabe francesi: quelle proposte da Charles Perrault in *Histoire ou contes du temps passé* (tra cui alcune davvero celeberrime, come *Cenerentola, Cappuccetto Rosso, La bella addormentata nel bosco, Pollicino, Il gatto con gli stivali, Barbablù*) e in *Contes*, quelle raccolte dalla Contessa Marie-Catherine d'Aulnoy, e quelle di Jeanne-Marie Leprince de Beaumont.

Collodi svolge il suo lavoro, che non è di semplice traduzione. Propone infatti anche alcuni adattamenti originali: come "la morale" che trae alla conclusione di ogni storia. L'opera viene pubblicata nel 1875 col titolo *I racconti delle fate*.

Ma, soprattutto, si appassiona al genere. Perché due anni dopo, nel 1877, pubblica per la medesima Libreria Editrice Felice Paggi una sua storia rivolta ai ragazzi, *Giannettino*. Ancora un anno e, nel 1878, propone un'altra storia per bambini e un altro personaggio, *Minuzzolo*. In entrambe le storie i protagonisti sono giovanetti molto vivaci e poco dediti alle fatiche dello studio. In entrambe le storie, ambientate a Firenze, i bambini si ravvedono e diventano finalmente buoni bambini. Nel 1880 Collodi con la sua fantasia esce da Firenze e pubblica *Viaggio per l'Italia di Giannettino: Italia superiore*. Nessuna di queste tre opere può essere definita un capolavoro.

Ed eccoci, dunque, ritornati al 1881, quando sul primo numero del *Giornale per i bambini* a firma Carlo Collodi appare *Storia di un burattino*, la prima puntata della serie *Le avventure di Pinocchio*. Il progetto della narrazione è antico: la caduta e poi il riscatto. Ma la storia è affatto nuova:

C'era una volta...
– Un re! — diranno subito i miei piccoli lettori.
No, ragazzi, avete sbagliato. C'era una volta un pezzo di legno. Non era un legno di lusso, ma un semplice pezzo da catasta, di quelli che d'inverno si mettono nelle stufe e nei caminetti per accendere il fuoco e per riscaldare le stanze.
Non so come andasse, ma il fatto gli è che un bel giorno questo pezzo di legno capitò nella bottega di un vecchio falegname, il quale aveva nome mastr'Antonio, se non che tutti lo chiama-

vano maestro Ciliegia, per via della punta del suo naso, che era sempre lustra e paonazza, come una ciliegia matura.

La storia ha l'incipit di una favola. Ma non è (solo) una favola. È una narrazione di stampo ariostesco: improntata a un realismo che abbiamo definito magico e favolistico. Non è questa la sede per ricostruire, anche solo per sommi capi, la struttura, lo stile, i temi di *Le avventure di Pinocchio*.

Ricordiamo unicamente che si tratta, appunto, di una fiaba e insieme di un racconto intriso di quello spirito verista che caratterizza il miglior filone della letteratura italiana del periodo (proprio nel 1881, fra l'altro, Giovanni Verga, che collabora con Collodi a *Il Fanfulla della Domenica*, pubblica *I Malavoglia*). Che i personaggi di questa fiaba che è anche un racconto sono, insieme, fantastici e realistici. Cosicché gli elementi magici, che pure sono presenti, non assumono una connotazione esoterica e consentono al racconto di svilupparsi in maniera verosimile. C'è certo la fata, ma il mondo in cui si muove Pinocchio non è fatato: è un mondo duro, persino cattivo. E la fata altro non è che la maniera con cui i bambini guardano alla mamma e al suo ineguagliabile modo (amore severo e delicato) di proteggerli.

Inoltre *Le avventure* si succedono con un ritmo incalzante e sono informate di una meravigliosa ironia. Sono scritte in maniera straordinariamente semplice, con leggerezza, disincanto, umorismo, gusto dello sberleffo.

Collodi mostra di saper usare – di amare – la parodia e la caricatura. Sa giocare con le parole. E sa anche far interagire le parole con le illustrazioni. La commistione di generi – la fiaba e il racconto, ma anche il romanzo avventuroso e il teatro – conferiscono alla proposta una forza che attira i piccoli e cattura anche gli adulti. Anche gli adulti più esperti e smaliziati. Anche i letterati. *Pinocchio* è davvero il prototipo – è l'archetipo – di una genere di narrazione a tutt'oggi insuperato: dove favola e realismo si fondono. *Pinocchio*, come riconoscerà Benedetto Croce, ha qualcosa di speciale: è uno dei classici della letteratura di ogni genere e di ogni tempo. È per dirla con Gérard Genot: "un capolavoro, non solo della letteratura per l'infanzia, ma della letteratura *tout court*" [Genot, 1970].

Non vale sapere che è, per dirla con Alberto Asor Rosa, "un capolavoro per caso": non il frutto di un progetto pianificato prima, ma il risultato di sviluppi decisi e di interventi pensati spesso sul momento, mentre il giornale che ospita sta per andare in stampa [Asor Rosa, 2004]. Il genio si manifesta in mille maniere.

Sebbene il suo *Pinocchio* esca nel medesimo periodo in cui giungono in libreria le opere di De Amicis e Salgari (*Le avventure di Pinocchio* escono nel medesimo anno, il 1883, di *Le Tigri di Mompracem* di Salgari e solo tre anni prima di *Cuore* di De Amicis), Carlo Collodi, come rileva Daniela Marcheschi, deve essere considerato dunque il vero fondatore della letteratura per l'infanzia in Italia [Marcheschi, 2004].

Naturalmente *Le avventure di Pinocchio* hanno un progetto pedagogico. Indicano chiaramente al bambino (il pezzo di legno) l'obiettivo: diventare uomini. Diventare buoni adulti: equilibrati, rispettosi della legge e delle norme del vivere civile. La fiaba che è anche racconto, romanzo d'avventura e teatro, indica anche un percorso pedagogico, che è quello del riscatto dopo l'errore.

Ma è un progetto pedagogico che chiama il bambino/lettore non a una supina accettazione di norme codificate, ma a un'interpretazione critica, oltre che a una lettura piacevole e allegra. Collodi si rivolge al lettore non come a un bambino da normalizzare, ma come a un adulto in formazione per stimolare il suo spirito critico. È vero che nella proposta di Collodi – agire bene conviene, agire male non conviene – c'è una morale alquanto opportunista. Ma Pinocchio non è e non vuole essere un personaggio edificante. Somiglia a un vero bambino. Con i suoi capricci, le sue debolezze e i suoi straordinari scatti di generosità, in un tourbillon di situazioni in cui i bambini – ma anche gli adulti – si riconoscono facilmente. Come scrive Giuseppe Zaccaria:

> Le componenti moralistiche, che contraddistinguono il genere della favola, sono tutte alleggerite da un ritmo narrativo e da una cadenza fantastica che assorbono e risolvono ogni rigidità normativa o esemplare. [Zaccaria, 2004]

La grande intuizione di Carlo Collodi – una delle grandi intuizioni – è di riuscire a fare tutto ciò salvaguardando la dimensione "irrazionale" e istintuale – la dimensione libera – dell'infanzia.

Per tutto questo lo scrittore fiorentino con la sua favola realistica rappresenta il terzo vertice del triangolo entro cui si sviluppa la letteratura italiana per l'infanzia. Un vertice che, ripetiamo, con *Le avventure di Pinocchio* assurge a valori letterari assoluti.

Il capolavoro prende la forma di libro nel 1883, quando Carlo Collodi raccoglie in un volume le sue storie a puntate e pubblica presso la solita Libreria Editrice Felice Paggi *Le avventure di Pinocchio. Storia di un burattino*. Nel medesimo anno diventa direttore del *Giornale per i bambini*. Nel 1887 raccoglie in un nuovo volume, *Storie allegre*, la serie degli omonimi racconti che ha scritto per il periodico. Nel 1890, infine, muore: anche lui suicida. Non è riuscito a pagare un debito di gioco.

Pinocchio non viene accolto bene. Non da quella parte della cultura italiana che cerca di confinare la letteratura per l'infanzia tra la Morale e l'Arte. Molti ne sconsigliano la lettura. Qualcuno ne vorrebbe addirittura il sequestro. Ma il libro supera di slancio ogni ostacolo. E diventa, a sua volta, un best seller internazionale.

Una forte rivalutazione di *Pinocchio* da parte della critica arriva, forse in maniera inaspettata, da Benedetto Croce, che nel 1937 lo definisce il "più bel libro della letteratura infantile italiana" [Croce, 1937]. Un'opera letteraria a tutto tondo. L'unica capace, secondo don Benedetto, di proporsi come l'eccezione che conferma la (sua) regola: secondo cui quella per l'infanzia non è e non può essere vera arte, letteratura *alta*.

In realtà Croce dà espressione a un'idea di fondo che non riguarda tanto e solo gli autori, ma anche e soprattutto i fruitori: ritiene che i bambini non possano esprimere giudizi estetici pertinenti.

Sarebbe possibile muovere almeno tre ordini di obiezioni alla critica di Croce. La prima è che non è possibile separare in modo così netto la letteratura diretta all'infanzia da quella diretta agli adulti. La seconda è che, in ogni caso, le due forme letterarie sono in stretta connessione tra loro: dialogano, in modo esplicito o, per lo più, implicito. Infine i bambini – come gli adulti – hanno diverse modalità di espressione dei loro giudizi estetici. Magari non tutti sono capaci di esprimere giudizi analitici profondi, ma quasi tutti sanno apprezzare, gustare e, soprattutto, si lasciano accendere la fantasia da un libro ben scritto. Come e, spesso, più degli adulti.

Ma, al di là della nostre obiezioni, resta il fatto che il pensiero di Croce ha pesato notevolmente sulla percezione e anche sull'autopercezione della letteratura per l'infanzia. A tutt'oggi Collodi come

Rodari – le massime espressioni italiane di questo genere letterario – sono considerati scrittori di rango inferiore. In molte storie della letteratura contemporanea il nome di Gianni Rodari neppure compare. Men che meno nella ricostruzione dei rapporti tra letteratura e scienza. Ed è questa lacuna che, molto modestamente, vogliamo recuperare.

Gli "altri"

Edmondo De Amicis (1846-1908), Emilio Salgari (1862-1911) e Carlo Collodi (1826-1890) rappresentano i vertici di un triangolo entro cui, tra la fine dell'Ottocento e i primi anni del Novecento, si sviluppa la letteratura per l'infanzia in Italia. Un triangolo vasto. E ricco, sia di nomi sia di declinazioni e sovrapposizioni fra i tre archetipi. Insomma, non ci sono solo loro. Ci sono anche "gli altri".

E non sono affatto marginali. Alcuni sono di grande valore e originalità.

Tra "gli altri" di maggior spicco c'è certamente Luigi Capuana (1839-1915), che possiamo certamente definire uno scrittore per l'infanzia, oltre che critico, fotografo ed entomologo. Autore di romanzi per ragazzi di impronta realista – come *Scurpiddu* del 1888 – raccoglie e studia le favole popolari della Sicilia. Nel 1882 esce la sua raccolta *C'era una volta...* dopodichè Capuana continuerà a scrivere per l'infanzia, sia fiabe che romanzi, per molti anni a venire. Nel 1906 pubblicherà, per esempio, *Chi vuole fiabe, chi vuole?* Le fiabe di Luigi Capuana, come le fiabe della cultura popolare, sono abitate da fate, maghi, orchi, animali parlanti e, naturalmente, re e regine.

Tra "gli altri" c'è anche – e, forse, prima fra tutti, non fosse altro che in termini cronologici – la fiorentina Ida Baccini (1850-1911), che nel 1875 pubblica il suo libro più famoso, *Le memorie di un pulcino*. Un libro che ha un grande successo – tale da segnare per sempre l'immagine della scrittrice – e che precede il Pinocchio di Collodi. È un libro innovativo, perché, raccontando a mo' di autobiografia le vicende di un pulcino di campagna che cambia padroncino e diventa gallo in città, la scrittrice fiorentina cerca di descrivere il mondo dal punto di vista "altro", quello appunto di un pulcino. Intendendo, naturalmente, che nell'assumere punti di vista diversi, la letteratura possa osservare il mondo anche con gli occhi di un bambino. Un'operazione del tutto opposta a chi propone una visione didattico/moralistica della letteratura per l'infanzia, che è quella di descrivere un mondo (quasi mai vicino alla realtà) da un unico punto di vista, quello di un maestrino. Ida Baccini è un personaggio davvero importante nel contesto che cerchiamo di descrivere. Sia perché i suoi temi e il suo linguaggio hanno un'influenza diretta su Collodi, con cui collabora, sia perché, come rileva Pino Boero, definisce

> [...] un ambito tematico e formale (la capacità di mettere in campo con divertito compiacimento proverbi e modi di dire) entro i quali anche Rodari si muoverà. [Boero, 1992]

Anche se il suo nome resterà legato a *Le memorie di un pulcino* – ne sono rimasta "vittima", scriverà – la produzione di Ida Baccini non si limita affatto a una sola opera. Pubblica molti libri, ha svariate collaborazioni giornalistiche, dirige un giornale, *Cordelia* (1884-1911) che si definisce foglio settimanale per le giovinette italiane, fonda nel 1895 e dirige per oltre un decennio il *Giornale dei bambini*, che per motivi economici nel 1906 si fonderà con il *Giornalino della Domenica* di Vamba.

Uno scrittore da citare nella nostra storia rapidissima e largamente incompleta è certamente Tommaso Catani (1858-1925), un altro amico di Collodi, che riesce ad abbinare la sua vocazione per la letteratura per l'infanzia a quella per le scienze naturali, come dimostra già nel suo primo libro, *In cerca di cavallette*. Non solo perché protagonisti dei suoi romanzi (da *Marchino, avventure di un asino* a *Uno sciopero nel pollaio* o *La congiura delle galline* e a tanti altri ancora) sono spesso gli animali. Ma anche perché nei suoi libri riesce a inserire note di vera e propria divulgazione scientifica.

Uno scrittore di successo è anche Collodi Nipote (al secolo Paolo Lorenzini, nipote di Carlo; 1876-1925), che, pur non raggiungendo le vette dello zio, emerge come un valido interprete del genere di letteratura per l'infanzia – il realismo magico e fiabesco – proposta da Collodi-zio, anche perché autore nel 1902 di un bellissimo *Sussi e Biribissi. Storia di un viaggio verso il centro della Terra*, dove favola e avventura si mescolano, e la mescola risulta efficace grazie alla capacità umoristica non banale dell'autore.

Ci sono, ancora, le opere di Luigi Bertelli (1858-1920), più conosciuto come Vamba, inventore di un personaggio, *Gian Burrasca*, niente affatto scontato. Vamba, che è stato collega di Carlo Collodi al *Fanfulla*, fonda nel 1906 il *Giornalino della Domenica*, chiamando, come Martini, a collaborare il meglio della letteratura del tempo: da Emilio Salgari a Edmondo De Amicis, da Giovanni Pascoli a Luigi Capuana, da Grazia Deledda a Matilde Serao, oltre a Ida Baccini. Il capolavoro di Vamba è, naturalmente, il *Giornalino di Gian Burrasca*, pubblicato a Firenze nel 1920. Ma già uscito, a puntate, sul *Giornalino della Domenica*. Gian Burrasca (che attinge molto a *Pinocchio*) è una simpaticissima canaglia, una figura di eroe speculare e opposta a quelle proposte da De Amicis. Con la sua verve da ribelle e insieme col suo ingenuo candore, Gian Burrasca mette a nudo l'ipocrisia della borghesia dell'età giolittiana.

Alla generazione successiva appartengono quelli del *Corriere dei Piccoli*, forse il più noto giornale per bambini italiano, fondato nel 1908: tra loro Antonio Rubino (1880-1964), scrittore, poeta e illustratore; Paola Lombroso (1871-1954) che, con lo pseudonimo di *zia Mariù*, partecipa alla progettazione e alla nascita del giornalino; Giovanni Mosca (1908-1983), che del *Corriere dei Piccoli* sarà il direttore proprio negli anni, per noi cruciali, che vanno dal 1952 al 1961.

Dell'esperienza del *Corriere dei Piccoli* parleremo tra poco a proposito dei fumetti. Conviene però parlare subito di un suo collaboratore, Sergio Tofano (1886-1973), comunicatore capace di agire con diversi media – è attore, regista, scrittore e illustratore – e dentro la grande cornice della narrazione umoristica e surrealista. Sue sono le letture, stravolte, di fiabe consolidate, come *Storia di Aladino e della lampada meravigliosa* o *Cappuccetto rosso*. Sue sono le illustrazioni al *Marcovaldo* che Calvino pubblica nel 1963. Suoi sono, soprattutto, i personaggi del signor Bonaventura e del suo fido bassotto, inventati nel 1917 e protagonisti di mille storie in rima baciata, sempre concluse in maniera brillante e con l'assegnazione del rituale milione (divenuto poi miliardo).

Degna di menzione è Laura Orvieto (1876-1953), che nel 1911 pubblica *Storie della storia del mondo*, dove ripropone per i ragazzi senza infingimenti e senza reticenze i miti greci, con le loro durezze e le loro ambiguità.

Da ricordare è, infine, Lorenzo Viani (1882-1936), autore nel 1924 di *Giovannin senza paura*, un romanzo di avventura dove il ribelle Giovannino scopre il dolore e l'atrocità della vita. Un'opera che, ancora una volta, è all'opposto del genere edificante e melenso proposto da una letteratura minore.

Arriva il fascismo

A interrompere questa autentica esplosione del filone fantastico della letteratura per l'infanzia interviene, negli anni '20 del XX secolo, il fascismo. Sia con la proposta di opere edificanti tese, per dirla con Paul Hazard, ad alienare i bambini dal vitale e liberatorio piacere del riso, sia con la messa al bando di opere straniere.

Il regime guarda, per la verità, con interesse alla letteratura per l'infanzia, considerandola uno straordinario strumento di propaganda e indottrinamento. È Benito Mussolini in persona, che è stato anche maestro elementare, a dare la linea. Così si rivolge a chi con l'insegnamento o con i media, si rivolge ai bambini: "Voi non siete soltanto coloro che spezzano il pane della scienza, ma siete anche apostoli, siete anche dei sacerdoti".

Apostoli e sacerdoti dei valori fascisti, naturalmente.

Durante gli anni del regime di Mussolini, dunque, trovano difficoltà a imporsi gli autori che guardano ai bambini come persone con cui intavolare un dialogo e di cui stimolare lo spirito critico, mentre si impongono gli autori militanti – talvolta rozzamente militanti – che, accanto all'insegnamento dei "buoni sentimenti", non senza contraddizioni a volte stridenti, propongo i valori e l'apologia del fascismo.

Certo, tra questi c'è qualcuno che, magari utilizzando anche i nuovi media, è capace di trovare una sua strada personale tra l'impegno civile e la militanza di regime. Giuseppe Fanciulli (1881-1951), per esempio. Lo scrittore, pedagogista e abile comunicatore fiorentino – a inizio secolo è stato esortato da Ida Baccini a dedicarsi alla letteratura per l'infanzia ed è stato collaboratore di Vamba al *Giornalino della Domenica*, dove firmava i suoi articoli con lo pseudonimo di Mastro Sapone prima di diventare, nel 1924, direttore del periodico e di avvicinarsi, successivamente al fascismo – cerca, per esempio, di proporre una rilettura di Edmondo De Amicis, nel tentativo di stemperare quella propensione per l'azione piuttosto che per la spiritualità, tipica della cultura del regime e che lui non ama. Fanciulli scrive sia un *Cuore del Novecento*, in cui sviluppa una sorta di realismo senza mediazioni, sia, successivamente, una biografia di don Bosco. Il tentativo è evidente: cerca di portare a sintesi l'umanesimo interclassista laico e cattolico per proporre una letteratura fascista che non sia né propaganda bruta, né portatrice di una filosofia dell'azione fine a se stessa. E, tuttavia, Fanciulli non evita (non può evitare) di scivolarvi, nella mera propaganda. Così celebra l'Urbe e il suo nuovo Eroe che "all'Italia fu dato;/ fin della Terra a gli ultimi confini/vanno sull'ali di superbo fato/stretti due nomi: Roma e Mussolini". Il suo realismo deve infine accettarla una mediazione e scendere a compromessi con l'apologia del fascismo e del suo Duce.

Ma il fascismo, come abbiamo detto, non evoca solo retorica dei "buoni sentimenti" e apologia di regime. Propone anche una sua visione del mondo, dei suoi propri valori: fondati sulla virilità, sul nazionalismo, sulla forza, sull'azione. Di questa vocazione si fa espressione, tra gli altri, Salvator Gotta (1887-1980) quando, nel 1926, pubblica il *Piccolo Alpino*, ove si esaltano appunto i valori della guerra e dei guerrieri. Nel 1935 Gotta, che è autore dell'inno fascista *Giovinezza*, pubblica *L'altra guerra del Piccolo Alpino*, in cui accanto alle antiche apologie è possibile trovare anche l'esaltazione esplicita del regime. Il piccolo alpino è diventato fascista.

In realtà, lo stesso fascismo ha diverse anime, spesso in aperta contraddizione tra loro. C'è quella futurista, per esempio. E quella tradizionalista. A quest'ultima dà espressione Enrico Pea (1881-1958), che collabora con le riviste letterarie di cultura fascista *Il Selvaggio* e *Strapaese*, si impegna a recuperare le tradizioni popolari e contadine della sua Lucchesia e si pone in esplicito contrasto sia con le aperture europee della *Ronda* e di *Solaria* sia con il modernismo futurista. Pea pubblica tra il '42 e il '43 una serie di racconti, di romanzi e di filastrocche facendo ricorso alla parabola, non a caso il suo riferimento è la Bibbia.

Durante il fascismo, dunque, il moralismo di stampo socialista, il moralismo di stampo cattolico e la retorica dell'eroe guerriero cercano una fusione. La vittima designata, nella letteratura per l'infanzia, è la fantasia. Tanto che don Carlo Gnocchi nel 1939 elegge a modello la proposta letteraria di un altro sacerdote – Ruffillo Uguccioni, che ha scritto *Aurora sulle ambe* cantando le lodi delle imprese coloniali del regime – e attacca in maniera violenta quella stampa per ragazzi che dopo gli anni '20 si è lasciata

[…] americanizzare dimenticando ogni mira formativa [e riducendosi] a una esaltazione morbosa della fantasia e alla sollecitudine dei sentimenti meno delicati dell'anima giovanile.

E tuttavia non è facile contemperare la visione deamicisiana, la visione cattolica e la visione fascista della vita, attaccando nel medesimo tempo lo spirito di avventura dei romanzi in stile Salgari. Fanciulli ne è perfettamente consapevole. Lo dimostra nella sua *Letteratura per l'infanzia*, che scrive nel 1934 con Enrichetta Guidotti-Monaci. E lo pone come tema esplicito nell'ambito del *Convegno nazionale per la letteratura infantile e giovanile* che si tiene a Bologna tra il 9 e il 10 novembre 1938. Quando, nella sua relazione, sostiene che "la realtà della chiara eroica vita al tempo fascista" non può essere messa in crisi dall'"avventura strampalata e truculenta" e che i giornali per ragazzi devo dare meno spazio a poesie e racconti, devono al contrario privilegiare "l'articolo divulgativo, l'informazione, la cronistoria", naturalmente "sempre tenendo conto dei valori nazionali, in ogni loro aspetto" [citato in Boero, 1992].

È anche per contrastare l'interpretazione (le interpretazioni) degli scrittori fascisti che, secondo alcuni, Benedetto Croce esprime le sue riserve sulla capacità della letteratura per l'infanzia – fatta eccezione per il Collodi di *Le avventure di Pinocchio* – di assurgere a "vera" letteratura.

Il dopoguerra

Sul periodo della guerra, in Italia, molto si è detto e scritto. Il paese ha partecipato alla tragica avventura del conflitto al fianco della Germania e del Giappone. Ha conosciuto l'occupazione tedesca e la liberazione da parte degli Alleati. Ha conosciuto la Resistenza, un movimento con una sua forte natura risorgimentale, di reazione all'occupazione straniera (quella dei tedeschi). Ma con tratti anche da guerra civile: contro la Repubblica Sociale di Mussolini. La Resistenza, tuttavia, ha prodotto anche il Comitato Nazionale di Liberazione: ovvero una ripartenza unitaria. Le forze politiche e culturali emerse dalla guerra, pur nella loro diversità (si va dai monarchici ai comunisti, passando per azionisti, cattolici e socialisti) si riconoscono in valori comuni.

E sulla base di questi valori avviano il piano della ricostruzione materiale del paese e, poi, di un processo di rapida industrializzazione. Un processo che non è indolore e non è privo di contraddizioni e ostacoli.

Come molti storici sostengono e come molte persone nell'Italia di quegli anni percepiscono, c'è anche un tratto incompiuto di rivoluzione. Una certa continuità col fascismo, che si manifesta anche – e soprattutto – a livello culturale. In larghi strati della cultura italiana non c'è soluzione alcuna di continuità tra il fascismo e la nuova Italia democratica.

A complicare le cose interviene la guerra fredda. Una cortina di ferro, va sostenendo Winston Churchill, si estende tra Stettino e Trieste. E subito dopo la guerra l'Europa si ritrova nuovamente divisa. La divisione è totale: militare, economica, ideologica.

La guerra fredda irrompe in Italia non solo nella politica (l'unità del CLN si rompe) ma anche nella cultura. Nelle menti delle persone. E la nuova situazione trova riflesso anche nella letteratura per l'infanzia.

Ne emerge un quadro frammentato. In cui la diversità più che ricchezza di proposta esprime, appunto, divisione. Tensione tra continuità e discontinuità col fascismo. Tra cattolici e laici. Tra una visione del mondo che fa riferimento all'Occidente e agli Stati Uniti e una visione del mondo che fa riferimento all'Oriente e all'Unione Sovietica.

Ecco, dunque, che nel dopoguerra ritroviamo autori nostalgici, come Vittorio Emanuele Bravetta che nel 1947 pubblica *Il «Cuore» non invecchia*, un testo che Pino Boero definisce "davvero violento e fascista anche nella determinazione di barriere razziali" [Boero, 1992]. Bravetta ripropone tutti i personaggi del libro di De Amicis, li colloca in un ambiente storico che non è la Torino del dopo unità, ma l'Italia del dopoguerra. Il tono è quello del rimpianto per il fascismo, del rancore verso gli Alleati che lo hanno abbattuto, del disprezzo razziale verso i soldati arabi e neri che sono venuti "a comandare" in casa degli italiani.

Ritroviamo, con un continuismo per così dire dolce (ovvero scevro di nostalgie per il regime, di venature razziste e di apologia della violenza) e già in grado di saldarsi con alcune proposte culturali di matrice cattolica, Giuseppe Fanciulli, che tra il 1946 e il 1948 dirige il *Corriere dei Ragazzi*.

Ma è anche la ripresa degli antichi filoni. Già nel 1943 Sergio Tofano (STO) può riproporre, in una riduzione cinematografica, il Gian Burrasca di Vamba. E nel 1945 il poeta ermetico Alfonso Gatto pubblica *Il sigaro di fuoco*, in cui recupera la fiaba quale strumento per rivolgersi direttamente ai bambini e, nel medesimo tempo, rinnovare la propria poesia. Preceduto, addirittura prima che la guerra e il fascismo finiscano, da Ubaldo Bellugi che nel 1942 pubblica *La bisaccia delle fiabe*.

E c'è, infine, il tentativo esplicito di rinnovare la letteratura per l'infanzia, uscendo dalla dimensione provinciale del fascismo ed entrando nel pieno flusso della cultura europea. Di questa nuova tensione, ma anche delle complesse vicende politiche, si fanno espressione nuovi autori, come, per esempio, Silvio D'Arzo che tra il 1947 e il 1949 pubblica la serie di racconti per ragazzi *Il pinguino senza frac* e scrive *Penny Wirton e sua madre*, un romanzo di avventura più sul genere dello Stevenson di *L'Isola del tesoro* che di Emilio Salgari.

Di questa nuova tensione si fa espressione, soprattutto, quella corrente culturale che prende il nome di neorealismo, che – dalla letteratura al cinema – pone al centro della sua proposta il tema della realtà italiana e, in particolare, delle condizioni reali di povertà e a volte di autentica miseria che larghissimi strati della popolazione si trovano a dover affrontare nell'immediato dopoguerra.

Il neorealismo ha un ampio filone dedicato all'infanzia. Dino Buzzati, per esempio, pubblica sul *Corriere dei Piccoli* nel 1945 *La famosa invasione degli orsi in Sicilia*. E due anni dopo Italo Calvino scrive *Il sentiero dei nidi di ragno*. Ma sul neorealismo torneremo fra poco.

Conviene ora ricordare che nel dopoguerra diventano pubbliche anche le riflessioni svolte da Antonio Gramsci in carcere e ora proposte nei *Quaderni*. Si tratta di riflessioni che hanno un grande impatto sulla originale formazione culturale del Partito comunista italiano e sull'intera cultura italiana.

Gramsci si pone (e, ora, pone a tutti) sia il problema generale dell'educazione e dell'egemonia culturale – forse il problema centrale del suo pensiero – sia il problema specifico della letteratura per ragazzi.

A proposito del tema generale, scrive:

Il rapporto pedagogico non può essere limitato ai rapporti specificatamente "scolastici", per i quali le nuove generazioni entrano in contatto con le anziane e ne assorbono le esperienze e i valori storicamente necessari "maturando" e sviluppando una propria personalità storicamente e culturalmente superiore. [...] Questo rapporto esiste in tutta la società nel suo complesso e per ogni individuo rispetto ad altri individui, tra ceti intellettuali e non intellettuali, tra governanti e governati, tra *élites* e seguaci, tra dirigenti e diretti, tra avanguardie e corpi di esercito. Ogni rapporto di "egemonia" è necessariamente un rapporto pedagogico e si verifica non solo all'interno di una nazione, tra le diverse forze che la compongono, ma nell'intero campo internazionale mondiale, tra complessi di civiltà nazionali e continentali. [Gramsci, 1948]

È anche alla luce di queste indicazioni che il partito di Palmiro Togliatti si pone il problema pedagogico, che riguarda la scuola – di massa, aperta a tutti – ma riguarda anche l'educazione informale, fuori dalle aule scolastiche. Inclusa, come vedremo fra poco la letteratura per ragazzi nelle sue varie forme.

Antonio Gramsci può e deve essere considerato anche uno scrittore per ragazzi. Ha tradotto, per esempio, diverse fiabe dei fratelli Grimm. E, soprattutto, dal carcere ha scritto fiabe e racconti per i suoi figli Delio e Giuliano (raccolte e pubblicate postume in almeno due libri, *L'albero del riccio* e *Favole di libertà*). Ma Gramsci ha affrontato anche il tema in una dimensione analitica, annotando in uno dei suoi quaderni "la non esistenza di una letteratura per l'infanzia". Probabilmente, come sostiene Daniela Marcheschi, non per negare, con Croce, dignità culturale a questo genere, ma per sostenere, con De Sanctis, la necessità di creare una letteratura italiana per ragazzi che assuma su di sé e abbia una funzione nazionale.

È anche assumendo le idee di Gramsci rilanciate da Togliatti che il PCI, il partito comunista italiano, nel dopoguerra si pone il "problema pedagogico". Si pone, addirittura, come "partito educatore", presupposto per incarnare l'ideale di partito "intellettuale collettivo" [Sanzo, 2001].

Il PCI ha avuto un ruolo decisivo nell'opposizione al fascismo e nella guerra partigiana. Emerge dalla guerra come un partito con un largo seguito di massa. E con una moltitudine di militanti: gli iscritti sono due milioni. Ha due problemi. Quello di radicarsi nella società italiana, stabilizzando il consenso. E quello di formare migliaia di quadri dirigenti. Così le esigenze pratiche si sposano con la visione strategica di Gramsci, fatta propria da Togliatti: cercare di acquisire l'egemonia culturale. Andare ben oltre la semplice propaganda. Ma costruire un vero e proprio sistema pedagogico di massa, capace di contrastare sia la cultura delle classi egemoni nel paese, sia la cultura proveniente dal centro dell'impero, gli Stati Uniti. Per fare questo occorre non solo proporre una propria idea di scuola pubblica, ma istituire proprie scuole di formazione a ogni livello: nazionale e locale. Per ogni campanile una sezione del PCI, va sostenendo Palmiro Togliatti. Ma quella sezione non deve limitarsi a funzioni di propaganda: deve diventare luogo di socializzazione e di educazione, persino di vera e propria alfabetizzazione.

Occorre, naturalmente, avere una rete nazionale di supporto. E questa rete è costituita non solo da giornali quotidiani (come *l'Unità*) e periodici (come *Rinascita*) a carattere politico generale, ma anche da una rete fittissima di periodici di settore e da case editrici. Di movimenti trasversali: le donne, i ragazzi, i giovani. Di scuole, per così dire, di alta formazione. Dove preparare i quadri nazionali.

È nell'ambito di questa costruzione, dunque, che Giancarlo Pajetta chiama a Roma Gianni Rodari e gli propone di dirigere *Il Pioniere*. Con il compito, implicito, di contribuire a colmare la lacuna di cui parlava Gramsci: la costruzione – ma, alla luce di quanto abbiamo detto finora – la ricostruzione di una letteratura per l'infanzia con una funzione nazionale.

Ma Gianni Rodari si trova subito ad affrontare un grande nodo. La concezione prevalente – che, come vedremo, anche nel suo partito molti hanno – della natura e della funzione di questo genere letterario. Quello che Pino Boero definisce "l'equivoco della letteratura per l'infanzia in Italia", che "nasce da un'idea di bambino dimezzato, tutto «intuizione, fantasia, sentimento»" cui occorre un libro e un giornale "da «sentire» e non da «capire»" [Boero, 1992].

Questo equivoco continua a riproporre sia una letteratura che non affronta il tema della realtà in cui anche i bambini vivono, sia una letteratura in cui non si ride. Una letteratura che spesso si ferma a esaltare mondi che non esistono più (che non sono mai esistiti): il "mondo delle polente d'oro", il paradiso della vita contadina, l'ideale del rurale. È una letteratura per bambini che nega dignità al bambino e a se stessa: che, come scrive Remo Ceserani, con i bambini non parla, ma "bambineggia" e "bamboleggia" [Ceserani, 1990].

Rodari è pronto a educare, ma non è disposto a "bambineggiare". Assume il compito affidatogli da Pajetta, dunque, intenzionato a non concedere nulla alla letteratura del "mondo delle pentole d'oro" e alla letteratura moralista. Intenzionato a realizzare una letteratura, attraverso il giornale o il libro non importa, che fa pensare. E che fa ridere. Perché il riso, come poi scriverà Umbro Eco, è sovversivo.

I fumetti

Ma prima di verificare come Rodari incarni con *Il Pioniere* e con i suoi primi libri questo suo ideale di letteratura per l'infanzia, dobbiamo dare un ulteriore sguardo a un dibattito che appassiona e divide l'Italia del dopoguerra: i fumetti.

Perché la polemica sui fumetti – soprattutto sui fumetti di importazione americana – domina, a guerra appena finita, il dibattito intorno alla letteratura per l'infanzia. Con argomenti che attraversano gli schieramenti e i partiti. E che presto coinvolgeranno direttamente Gianni Rodari, consentendogli di esprimere il suo pensiero sul ruolo e la funzione della letteratura per l'infanzia.

Non è che i fumetti americani giungano in Italia al seguito delle truppe che hanno liberato il paese. Circolano già da molto tempo. Se proprio dobbiamo trovare una data per lo sbarco delle nuvolette d'oltreoceano dobbiamo risalire, probabilmente, al 27 dicembre 1908, quando il *Corriere della Sera* acconsente a un'idea di Paola Lombroso Carrara – figlia di Cesare Lombroso – e pubblica un nuovo supplemento, *Il Corriere dei Piccoli*, affidandone la direzione a Silvio Spaventa Filippi, che la conserva fino al 1931.

La novità editoriale del supplemento, che è in competizione se non in concorrenza con *Il Giornalino della Domenica* di Vamba, consiste proprio nella pubblicazione in versione italiana di alcuni fumetti che da almeno un decennio spopolano in America, come: *The Katzenjammer Kids*, che diventano *Bibì e Bibò*; *Happy Hooligan*, che diventa *Fortunello* e come *Jiggs & Maggy*, tradotti come *Arcibaldo e Petronilla*.

In realtà, quei primi fumetti non hanno le nuvolette di fumo: non sono, in termini tecnici, veri e propri fumetti. Il testo, in rima baciata, accompagna sì una storia narrata soprattutto per immagini lungo una striscia, come negli autentici fumetti, ma non appare scritto in una nuvola disegnata all'interno dell'immagine, bensì in un riquadro a mo' di sottotitolo.

Sia come sia, il *Corriere dei Piccoli* e i suoi fumetti non ancora propriamente fumetti fanno furore. Il primo numero del giornale esce con una tiratura di 80.000 copie. In breve si afferma come la rivista dei ragazzi della buona borghesia italiana. Il giornale vanta collaboratori, italiani, di grande valore.

Per esempio: Térésah, al secolo Corinna Teresa Ubertis Gray, assunta come redattrice, che propone il genere della favola di radice popolare, con luoghi e situazioni – come le avventure nel paese di re Baldoria o del re Terrore; come la rilettura dei proverbi – che ritroveremo nella favole di Rodari.

C'è Antonio Rubino, scrittore e illustratore che lavora al *Corriere dei Piccoli* a partire dal 1909, capace di inventare storie che sono giudicate di vera e propria "contro-pedagogia", nel senso, come rileva Pino Boero, che sovvertono l'ordine dei valori e dei "buoni sentimenti" proponendo altri temi e altre situazioni che saranno frequentate da Gianni Rodari [Boero, 1992].

Ma l'autore forse più importante e a cui Rodari sarà più vicino è il già citato Sergio Tofano, inventore del signor Bonaventura, del suo inseparabile bassotto e di quell'incipit sempre uguale che molti ancora oggi ricordano: "Qui comincia l'avventura del signor Bonaventura…". Con queste e altre storie, con questi e altri media, STO (Sergio Tofano) si propone come audace sovvertitore non solo dei valori, ma della stessa struttura narrativa delle fiabe.

Insomma, *Il Corriere dei Piccoli* con i suoi protofumetti americani e con le irriverenti storie italiane ha una straordinaria capacità innovativa. Non stupisce che venga preso di mira dai fascisti. Non da tutti e, comunque, non in maniera tale da portare alla completa censura del genere. Anzi, quando nel 1923 inizia le pubblicazioni il primo giornalino fascista dedicato ai ragazzi, *Il Balilla*, utilizza anche i fumetti per proporre le sue ideologia. Ma negli anni '30 arrivano i nuovi fumetti americani. Nel 1932 l'editore fiorentino

Giuseppe Nerbini inizia a pubblicare le storie di *Topolino*, le avventure in italiano del neonato personaggio di Walt Disney. Il 14 ottobre 1934 esordisce, a Firenze, la prima rivista a fumetti, con tanto di nuvolette, d'Italia, *L'Avventuroso* diretto da Mario Nerbini e poi, fino alla chiusura, avvenuta nel 1943, da Paolo Lorenzini. Il giornale pubblica storie nuove d'oltreoceano, come *Flash Gordon* e *L'Uomo Mascherato*. Quello stesso anno l'editore Vecchi pubblica un'altra rivista a fumetti, *L'Audace*, che sarà stampata – passando di mano tra diverse case editrici – fino al 1944. *L'Audace* propone le storie di altri celebri personaggi dei fumetti recentemente inventati in America, come Tarzan e Mandrake. L'anno successivo inizia le pubblicazioni *L'Intrepido*, con nuovi fumetti americani.

Il fascismo ne permette la pubblicazione. Ma gli intellettuali del fascismo non li amano affatto. Giuseppe Fanciulli, per esempio, nel già citato *Convegno nazionale per la letteratura infantile e giovanile* del 1938, a Bologna, attacca direttamente le storie a strisce e quelle "nefaste" figure che uccidono la parola. Certo, Fanciulli si rende conto che la narrazione per immagine soddisfa a una domanda emergente e ormai insopprimibile, perciò invita a far fronte alla

> [...] necessità di copiose illustrazioni [...] con fotografie di pregio per la parte giornalistica e disegni, possibilmente a colori, per la parte letteraria. E da questi disegni [vuole] bandite le affliggenti deformazioni, i ripugnanti grotteschi, insomma tutte le aberrazioni, che il ragazzo non intende o gusta in modo malsano.

Nel dopoguerra, con la fine del fascismo, la polemica contro i fumetti non si attenua. Anzi, si infiamma. Coinvolgendo i cattolici e, un po' a sorpresa, anche i comunisti. Gli argomenti "contro" sono in parte analoghi (il rifiuto della società dei consumi e dei suoi valori) e in parte diversi: i comunisti vedono, nei fumetti, anche un inaccettabile impianto liberista e antisovietico.

In realtà la proposta editoriale, nel dopoguerra, è davvero effervescente. Non ci sono solo i classici fumetti americani. Iniziano a cimentarsi col genere nuovi autori, italiani. Subito dopo la guerra iniziano a lavorare, tra gli altri: Hugo Pratt, ideatore di Corto Maltese; Gianluigi Bonelli, che nel 1948 propone per la prima volta un personaggio mitico per gli amanti del genere, *Tex Willer*; l'anno dopo Guido Martina inventa *Pecos Bill*.

Ma ad agitare le acque culturali alla fine della guerra è l'inaugurazione di un nuovo genere, quello dei fotoromanzi. Storie d'amore con foto e fumetti, destinati soprattutto al pubblico femminile. Il prototipo è il settimanale *Grand Hotel*, che inizia le pubblicazioni nel 1946 a opera dei fratelli Alceo e Domenico Del Duca.

È un enorme fiume editoriale che investe l'Italia libera e crea reazioni. I fumetti, i fotoromanzi, i giornali sportivi giungono a basso costo anche nelle case degli operai e delle operaie, proponendo modelli e stili di vita che né i cattolici né i comunisti accettano. E, infatti, reagiscono.

Nel 1948 un giovane deputato democristiano, Oscar Luigi Scalfaro, inizia a chiedere l'intervento delle legge per mettere un freno alla pubblicazione di quelle storie scollacciate. E ancor prima, il 6 ottobre 1946, il matematico e intellettuale comunista Lucio Lombardo Radice è intervenuto su *Vie Nuove* per denunciare come tra i lavoratori è molto diffusa una

> [...] produzione letteraria scadente, insignificante, inintelligente: i giornaletti per bambini all'americana con i "fumetti" e le più pacchiane ed idiote e mostruose avventure; la stampa sportiva priva di ogni qualità; i canovacci di films di poche lire. Le donne lavoratrici, in un certo senso, leggono più degli uomini [...] ma quali disastrose letture! I romanzetti d'amore più falsi e melensi; e poi una vastissima letteratura novellistica pseudo-borghese, rappresentata da decine e decine di pubblicazioni come *Grand Hotel*, *Intimità*, *Liala* che sono diffusissime. [citato in Sanzo, 2001]

Nasce, dunque, anche nel PCI il "problema dei fumetti". E non è un problema da poco non solo perchè, come rileva Alessandro Sanzo, "rappresenta, fin dai primi momenti di vita della FGCI, una delle preoccupazioni di Berlinguer e dei dirigenti giovanili comunisti" [Sanzo, 2001], ma anche perché sentono l'esigenza di intervenire sul tema anche i principali dirigenti del partito.

Proprio mentre, nel 1948, l'anno del grande confronto elettorale, il democristiano Scalfaro chiede la censura, ecco il comunista Pietro Secchia tuonare contro gli imperialisti americani e i loro servi europei che progettano di utilizzare i nobili e generosi sentimenti dei giovani "in imprese brigantesche e criminali. Pensano di utilizzare le forze della vita per evocare la morte"; si servono "dei films, delle scuole, dei libri e delle riviste per incoraggiare nei giovani i sentimenti del più basso, del più abietto gangsterismo" [citato in Sanzo, 2001]. E lo stesso giovane Enrico Berlinguer, che dirige le Federazione giovanile, scrive su *Rinascita*:

> Tutti vedono che è da tempo in atto un tentativo di organizzare una parte della cultura italiana in funzione della preparazione della guerra. L'invadenza – si potrebbe dire l'aggressione – della "cultura" americana contro la nostra cultura ne è l'aspetto più evidente. Tale elemento è oggi presente dappertutto: nei film, in giornali e riviste di ogni tipo, nelle arti figurative, ecc. e agisce come fattore di snazionalizzazione della cultura italiana minandone le possibilità di resistenza, di esistenza e di sviluppo.

La verità è, rileva ancora Alessandro Sanzo, che i fumetti sono considerati dei veri e propri "cavalli di Troia" capaci di penetrare nella cittadella comunista e minarne alla base quelle fondamenta culturali che, con tanto impegno, si cerca di costruire.

La polemica, come vedremo non è certo destinata a esaurirsi. Anzi, presto esploderà in maniera ancora più fragorosa.

Il Pioniere

È in questo clima, dunque, che Giancarlo Pajetta chiama Gianni Rodari a Roma, proponendogli di fondare e dirigere, insieme a Dina Rinaldi, un settimanale illustrato per ragazzi che sia organo dell'Associazione Pionieri d'Italia. Il giornale si chiama *Il Pioniere* e il primo numero esce il 7 ottobre 1950. E da questo momento Gianni Rodari diventa, soprattutto, un giornalista specializzato. Specializzato nell'educazione informale dei ragazzi.

Rodari pensa che il suo lavoro a *Il Pioniere* debba essere lo sviluppo naturale delle rubriche pubblicate su *l'Unità*, che hanno avuto grande successo e coinvolto a centinaia i bambini e le loro famiglie. *Il Pioniere* non è e non deve essere un foglio ideologico, ma una proposta nuova e diversa rispetto alla stampa per bambini che circola in quegli anni in Italia: da un lato una stampa perbenista, paternalista, spesso confessionale; dall'altro quei fumetti e quei fotoromanzi di stile e spesso di diretta importazione americana che molto vendono e molto fanno discutere. Per assolvere alla funzione di trovare un nuovo linguaggio e nuovi canali di comunicazione con i bambini e i ragazzi, è convinzione di Rodari, occorre lasciare libero sfogo al divertimento, agli aspetti insieme ludici e formativi. Filastrocche e racconti andranno benissimo. Gli indovinelli possono rivelarsi un *atout*.

Ma questa è la forma della comunicazione. Rodari, naturalmente, guarda anche ai contenuti. Ed è pronto ad assolvere al suo mandato principale: educare a una visione comunista del mondo. E dunque *Il Pioniere* parla e fa parlare di lavoro, di solidarietà, di pace. Per queste ragioni il giornale gli è del tutto congeniale. Ma Rodari non intende interpretare il suo ruolo (e, per la verità, nessuno glielo chiede) come quello di un mero propagandista. Né è disponibile a "bambineggiare". È invece intenzionato a realizzare un giornale che fa pensare. Facendo divertire.

Ben pochi, d'altra parte, sanno scrivere, come il giornalista di *l'Unità*, divertendo i ragazzi (e gli adulti). Quasi nessuno sa come lui trasmettere valori forti, scrivendo e divertendo.

Gianni Rodari prende, dunque, molto sul serio la sua attività, che non ha scelto e forse ha subito. E, insieme a Raul Verdini inizia a inventare buffi personaggi tutti "frutta e verdura": Cipollino, Pomodoro, il Principe Limone:

> Quei personaggi mi piacevano: mi ricordavano i miei primi anni all'"Unità", quando lavoravo in cronaca, e mi occupavo di questioni alimentari, e ogni giorno facevo il giro dei mercati, guardavo i prezzi, e parlavo con commercianti e massaie, e scoprivo tanti problemi nella borsa della spesa della gente. [St., 1965]

Sono personaggi da favola. Ma di favole che raccontano la vita quotidiana di gente comune. Quella che profuma di mercato e di massaie e di borse per la spesa. Ma è una realtà – quella della vita quotidiana di gente comune – che Rodari racconta con allegria, ma non contempla. È una realtà che vuole cambiare. Con la forza, sovversiva, del sorriso.

Il Pioniere inizia le pubblicazioni il 10 settembre 1950. Non è accolto affatto bene dalla stampa più moralista. In particolare dalla stampa cattolica più integralista. Viene accusato di proporre tesi classiste in forma surrettizia, non comprensibile per i fanciulli. Viene accusato, appunto, di deviare i ragazzi, non di educarli.

Ma questi attacchi, provenienti dal campo politico e culturale più conservatore, sono messi in conto. Sono attesi. E tuttavia visioni diverse e opposte sulla forma e sulle funzioni che deve assumere la pubblicistica rivolta ai ragazzi, come abbiamo detto, non separano solo i diversi schieramenti politici: li attraversano.

Ben presto il direttore del *Pioniere* si trova coinvolto in una polemica sul "problema dei fumetti" tutta interna al partito. E al massimo livello. Con Palmiro Togliatti in persona. Come esordio da direttore di un giornale comunista davvero non c'è male.

La vicenda è stata ben ricostruita da Alessandro Sanzo. Tutto inizia con il "Mese della stampa giovanile democratica" organizzata dal Partito comunista proprio nel 1950 [Sanzo, 2001]. Tema di discussione proposto un po' da tutte le Federazioni del PCI in ogni parte d'Italia sono appunto i fumetti. Il fatto è che l'approccio non è affatto univoco. Molti giovani e meno giovani del Partito i fumetti li leggono e li usano. Anche per fare azione politica. L'edizione milanese di *l'Unità*, per esempio, ha pubblicato nel 1947, complice Rodari, una striscia quotidiana a fumetti, *Stella e Tom*. E due anni dopo l'edizione nazionale del quotidiano comunista ha pubblicato un supplemento a fumetti curato dal medesimo Gianni Rodari. Il genere è frequentato regolarmente da riviste del partito come *Noi Donne*, *Pattuglia* e *Avanguardia*.

Tutto questo non piace affatto al gruppo dirigente del partito. E neppure, come abbiamo già ricordato, a quello della FGCI, la Federazione giovanile comunista, che considera i fumetti un genere "cattivo in sé", creato in America per proporre valori e stili di vita tipici del capitalismo, per narcotizzare le menti, allontanarli dalla lettura seria e impedire ai giovani di pensare. Ed è così che su *Gioventù Nuova*, organo ufficiale della Federazione giovanile, viene aperto il dibattito per stabilire la corretta linea sul giudizio da dare e sull'uso da fare dei fumetti.

È un dibattito intenso, cui partecipano funzionari e semplici militanti. La lunga teoria di interventi è aperta da Marisa Musu. È sbagliato, esordisce la giovane dirigente, attaccare la "forma fumetto" accusandola di essere negativa in sé, intrinsecamente "cattiva", perché addormenterebbe inevitabilmente la fantasia, minerebbe lo spirito di iniziativa dei giovani e li costringerebbe necessariamente a una lettura schematica del mondo, portandoli lontani dalla realtà, in un altro mondo fantasioso, falso e irreale. Certo, continua Marisa Musu, i fumetti non possono essere considerati un nuovo genere letterario: tant'è che in Unione Sovietica neppure esistono (l'argomento può sembrare bizzarro, ma come vedremo viene riproposto anche da altri). Certo, continua Marisa Musu, i fumetti sono uno strumento inventato dalla borghesia per cloroformizzare i giovani proletari, negandogli ogni seria possibilità di migliorare la propria cultura. Ma bene farebbero i giovani comunisti ad attaccare non il fumetto in sé; bensì i contenuti che certi fumetti – in primis i fotoromanzi del *Grand Hotel* – veicolano. Di più, sostiene Marisa Musu. Dobbiamo noi stessi usare i fumetti in tutti quei casi in cui riteniamo possano aiutarci a migliorare la nostra capacità di comunicare con le masse popolari, cui difficilmente potremmo arrivare "con forme più elevate di propaganda".

La discussione sul periodico della FGCI prosegue con interventi pro e contro le tesi di Marisa Musu e, come è di prammatica per le questioni importanti, viene conclusa a fine anno da un autorevole esponente del partito, nel caso Giancarlo Pajetta. Le questioni interessanti – sostiene il dirigente "adulto" del PCI in un articolo che chiarisce anche l'intenzione con cui è stato fondato *Il Pioniere* – che sono emerse nel corso della vostra discussione sono due: da un lato, prendere atto e analizzare il successo dei fumetti e di tutte le altre espressioni di letteratura deteriore, che riescono a catturare l'attenzione di grandi masse popolari; dall'altra l'esigenza di non fermarsi alla denuncia, ma di trovare un antidoto al veleno.

Il fatto è, sostiene Pajetta, che nei fumetti non è possibile separare la forma dal contenuto. Men che meno è possibile proporre un "fumetto comunista". Il genere è intrinsecamente cattivo. Il fumetto non è la semplice illustrazione di una storia, è

> [...] un racconto abbreviato, impoverito, fatto solo di stupido e arido dialogo, la sua stessa forma corrisponde al miserabile contenuto che ha la letteratura borghese decadente di oggi, la "cultura" che la borghesia è disposta a dare ai giovani ai quali non assicura né un serio studio né una seria istruzione professionale, ai quali non può dare nessun ideale nazionale e sociale.
> [Pajetta, 1950]

Quanto all'antidoto a questo veleno esso è la militanza culturale attiva: far leggere di più i giovani. Organizzando, per esempio, letture collettive di romanzi e di poesie. O distribuendone le pagine più importanti e interessanti casa per casa, fabbrica per fabbrica. Insomma l'educazione informale dei giovani deve diventare un impegno politico del partito.

Giancarlo Pajetta chiude la discussione, sbarrando la porta ai fumetti, su *Gioventù Nuova*. Ma il tema resta di stringente attualità e viene ripreso su altri organi di stampa. Anche perché la questione dei fumetti viene portata in Parlamento da un gruppo di deputati democristiani che, con la proposta di legge sulla "Vigilanza e controllo della stampa destinata all'infanzia e all'adolescenza" – prima firmataria Maria Federici Agamben – chiede né più e né meno che la censura preventiva, appunto, sulla stampa destinata all'infanzia e all'adolescenza, fumetti inclusi. Perché, sostengono, questa pubblicistica è alla base di un fenomeno crescente e inedito di delinquenza giovanile.

I comunisti sono contrari alla censura. Ma, come abbiamo visto, tra loro molti concordano sul giudizio di fondo. Nel mese di maggio del 1951 il matematico Lucio Lombardo Radice, dopo un lungo viaggio in URSS, ripropone su *Rinascita*, la rivista teorica del PCI, la tesi di Musu, rilevando che nel "Centro del libro per l'infanzia" di Mosca non c'è

> [...] neppure un esemplare di quei racconti di foschi e atroci delitti di criminali raffinati e di poliziotti astuti, che eccitano e rimbecilliscono i nostri ragazzi. Non c'è neppure una copia di quei giornalacci che abituano alla fantasticheria malsana, di quel "veleno americano" che circola liberamente da noi. [Lombardo Radice, 1951]

Insomma, anche agli occhi di un intellettuale raffinato e abituato alla logica rigorosa, come Lucio Lombardo Radice, il fatto che non circolino in Unione Sovietica è la prova provata che i fumetti sono intrinsecamente deleteri.

Interviene Nilde Jotti

Sull'argomento, diventato ormai un fatto politico, ritorna in dicembre, sempre su *Rinascita*, Nilde Jotti, la giovane compagna di Palmiro Togliatti, che ribadisce il no alla censura per legge: "perché reazionaria e inefficace". E definisce

> [...] inconsistente l'argomentazione che misure simili, attraverso le quali la stampa per bambini e ragazzi dovrebbe essere "moralizzata", potrebbero influire nel ridurre la delinquenza giovanile e far sparire certe forme di degenerazione e delitto dei giovani, di cui si sono avuti di recente, in Italia e altrove, esempi numerosi e pietosi.

(Eh, sì, perché anche di questo venivano accusate le strisce e i fotoromanzi).

Poi Nilde Jotti ripercorre la storia della letteratura per l'infanzia e delle reazioni moralistiche a partire dal Seicento e dai "racconti di fate". E da questa reazione fa nascere la

> [...] noiosissima, stomachevole letteratura per l'infanzia e la giovinezza che, per insegnare la virtù, elabora il tipo del ragazzo virtuoso, ma cretino e lo fa muovere in un mondo di stoppa dipinta e di lattemiele, di enti e moralità non reali, lontani tanto dalla vita che veramente si vive quanto dai sogni della fantasia popolare. I libri di scuola appartengono quasi tutti a questa famiglia, purtroppo, e neanche il *Cuore* se ne stacca.

Ben diverso è il giudizio sul *Pinocchio*:

> La tradizione della letteratura per ragazzi è, da un lato, quella dei racconti popolari ingenuamente fantastici, che sotto la fantasia nascondono una concezione vigorosa e semplice del mondo, delle sue difficoltà, delle sue stranezze, e dall'altro è quella realistica, che racconta e fa capire la vita com'è e insegna ad affrontarla con calma. In *Pinocchio* le due correnti felicemente si congiungono e per questo *Pinocchio* è una grande, classica opera d'arte.

Ma infine ecco che Nilde Jotti affonda la lama del giudizio di valore sui fumetti:

> Che cosa è, oggi, il fumetto, e da che parte viene? È un modo di raccontare per immagini una storia rappresentata nei momenti più salienti: non vi è commento scritto, soltanto alcune parole che escono in una nuvoletta di fumo dalla bocca dei protagonisti. È comparso in America nel 1894, lanciato da Hearst, il più grande editore di giornali del mondo, padrone di centinaia di fogli collegati a catena e di conseguenza dell'opinione pubblica degli Stati Uniti.

Hearst è Randolph Hearst, il magnate della stampa che ha dato vita al King Features Syndacate, il più grande distributore al mondo di fumetti e cartoni animati.

Insomma, il fumetto ha origine nel cuore del mondo capitalista. E questa origine non è un dato marginale, sostiene la Jotti:

Il fumetto è stato inventato in America e viene dall'America. Esso è adeguato a quel complesso di aspetti negativi, repellenti persino, a cui purtroppo sembra ridursi la civiltà del Paese che fu di Walt Whitman e di Mark Twain.

I contenuti dei fumetti sono funzionali alla visione capitalistica e consumistica del mondo. Un mondo

> […] dominato dalla preoccupazione del successo materiale che consente di viver bene e infischiarsi del resto. Ciò che si oppone al successo materiale, trattasi di un concorrente o di una legge morale, di una banda di malfattori o della polizia, di una organizzazione di operai o della indipendenza di un popolo, deve essere battuto, stroncato. Ha ragione il più forte.

Il fumetto è stato inventato da "Hearst, imperialista cinico e fascista" anche come modo di manipolazione dell'opinione pubblica e delle coscienze:

> Se il popolo non pensa, non riflette, rimane estraneo alla cultura, alimentando in sé in modo grottesco una voglia assurda di denaro, di eleganza femminile, di avventure e di successo, tanto di guadagnato per i capitalisti.

Non a caso, dunque, i contenuti sono sempre stereotipati ed esaltano "la violenza, la brutalità, la lotta tra gli uomini, l'istinto sessuale". Ma non sono solo i contenuti. È proprio la forma fumetto che non va, perché

> […] afferra la mente attraverso poche immagini, e sostituisce una serie violenta di queste immagini alla ricerca dei particolari, di una logica, e di un processo discorsivo. Le poche parole illustrative sono una molla, essa pure primitiva, che spinge da una immagine all'altra una mente che non lavora, non riflette, si impigrisce e arrugginisce mentre, d'altra parte, le vengono fatte passare davanti, come strumento di avventura, le più portentose conquiste della tecnica.

Questo riferimento alla tecnica è significativo. Perché è vero: nei fumetti il mondo della tecnologia e, anche, della scienza applicata è molto presente. È infatti del mondo di oggi, del nuovo mondo sempre più modellato dalla tecnica e dalla scienza, che i fumetti parlano. Questo li rende diversi da quelle antiche fiabe, che raccontano di un mondo contadino fatto di polenta e mestoli e paioli che non esiste più. Ma l'atteggiamento dei comunisti nei confronti della tecnica è ambivalente. E le parole di Nilde Jotti, in qualche modo, lo dimostrano.

Ma torniamo, per ora, ai fumetti. La loro osservazione, sostiene la giovane deputata

> [...] è quindi cosa profondamente diversa dalla lettura. Non sostituisce la lettura. La sopprime. La gioventù che si nutre di fumetti è una gioventù che non legge e questa assenza di lettura nel senso proprio della parola non è l'ultima tra le cause di irrequietezza, di scarsa riflessività, di deficiente contatto col mondo circostante e quindi di tendenza alla violenza, alla brutalità, all'avventura fuori della legge e solidarietà degli uomini.

La conclusione del lungo articolo è, dunque, significativa:

> Decadenza, corruzione, delinquenza dei giovani e dilagare del fumetto sono dunque fatti collegati, ma non come l'effetto e la causa, bensì come manifestazioni diverse di un'unica realtà. Proibire i fumetti, dunque, controllarli a mezzo di una commissione di gente per bene, lasciar circolare soltanto quelli che sian fatti dalle organizzazioni cattoliche? Sono tutti palliativi, pretesti e in parte anche ingiustizie e soprusi. Bisogna affrontare e risolvere tutta la questione dell'orientamento ideale e pratico, della educazione, dello sviluppo intellettuale e morale dei giovani. Ma non lo si fa, se non si mette il dito nella piaga, che è di ordine economico, sociale e anche politico. [Jotti, 1951]

Riassumendo. Una parte del PCI – e che parte – vede dunque nei fumetti un prodotto figlio della cultura e delle imprese editoriali degli Stati Uniti in grado di attaccare l'integrità morale dei ragazzi, compresi i ragazzi comunisti, evidentemente.

Interviene Gianni Rodari

Il problema tocca direttamente Gianni Rodari. Perché ha utilizzato il fumetto su *l'Unità*, sia a Milano che a Roma. E ora lo sta utilizzando su *Il Pioniere*. Ecco, dunque che il giornalista scende apertamente in campo e con una *Lettera al Direttore* pubblicata a stretto giro da *Rinascita*, contro le tesi di Nilde Jotti e a difesa dei fumetti [Ri, 1952]:

> Caro Direttore,
> ho letto sull'ultimo numero di *Rinascita* un articolo di Nilde Jotti sulla *Questione dei fumetti*, e desidero esprimere la mia opinione dicendo subito che l'articolo della Jotti non mi convince.

Rodari, dunque, non la manda a dire. Non esita a dissentire pubblicamente dalla deputata, compagna del Segretario generale del Partito. Certo, dice di apprezzare il no a ogni forma di censura:

> Questa posizione nei confronti della legge sui fumetti è giusta
> [...]

E dice di ritrovarsi anche nel giudizio negativo sui contenuti del fumetto americano:

> Altrettanto giusta è l'analisi che la Jotti fa del fumetto americano, figlio dell'imperialista e fascista Hearst [...]

È la generalizzazione che non condivide:

> La Jotti, però, estende questo giudizio negativo al fumetto come genere, come modo di raccontare, escludendo esplicitamente la possibilità di fare "fumetti" diversi da quelli americani, con forme, contenuti, spirito e intendimenti diversi. Su questo punto mi pare che la Jotti non abbia tenuto conto della realtà di oggi, qui, in Italia, e perciò abbia fatto dell'accademia.

Partiamo dal dato di fatto, sostiene Rodari: i fumetti piacciono ai giovani. Infatti vendono moltissimo. Ne consegue che:

Chi voglia parlare ai ragazzi e ai giovanetti, deve tener conto del linguaggio a cui sono abituati, e che è diventato uno dei più importanti mezzi per comunicare con loro: e se farà dei "fumetti", il giudizio su questi dovrà essere dato non già in base alle sue intenzioni, ma nemmeno in base ai preconcetti, piuttosto in base ai risultati.

La posizione di Rodari è solo in apparenza pragmatica e strumentale: i fumetti piacciono, dunque adeguiamoci. In realtà sostiene qualcosa di molto più profondo. I giovani usano ormai canoni di comunicazione diversi dai nostri. Tanto che noi adulti neppure li comprendiamo. Ma se vogliamo dialogare con i giovani e anche con i bambini, dobbiamo entrare in sintonia con loro. Dobbiamo acquisire il loro linguaggio.

Non è un problema di strumenti, ma di sostanza.

Quanto al fumetto, non è vero che sia una forma di comunicazione intrinsecamente negativa:

> Un giudizio teorico talmente negativo è inesatto, o per lo meno equivoco, e in equivoco è caduta la Jotti, secondo me, polemizzando sulla distinzione tra la forma del fumetto e il contenuto del racconto a fumetti. Questa distinzione – ha ragione la Jotti che la analizza molto brillantemente – è impossibile. Ma la Jotti ha scambiato la "forma" con il genere, o il mezzo, o lo strumento, o come lo vogliamo chiamare, rappresentato dal "fumetto" […].
> E perché non sarebbe legittimo raccontare in questo modo?

Il fumetto è una delle nuove modalità con cui comunicano i giovani. Se vogliamo entrare in sintonia con i giovani, dobbiamo usare anche la forma di comunicazione fumetto.

Che non è affatto alternativo al libro. Anzi, può essere integrativo:

> Vi sono molti modi di raccontare, con la parola scritta, con la voce, con l'immagine ferma o con l'immagine in movimento (cinema, disegni animati, eccetera). Ognuno ha la sua funzione. Se si equivocasse tra la funzione del fumetto e quella della lettura, avrebbe ragione la Jotti, perché evidentemente non sono due cose sostituibili, sono due cose diverse.

La posizione di Rodari è molto articolata. Non c'è dubbio, sostiene, che i fumetti siano un grande affare e siano venduti come una merce. Non c'è dubbio che i contenuti prevalenti nei fumetti in circolazione siano quelli, appunto, di una merce. Non c'è dubbio che leggere solo fumetti, in maniera esclusiva, morbosa e compulsava, possa indurre i giovani al disimpegno morale, intellettuale, politico e sociale.

Ma, al netto di tutto ciò, resta il fatto che i fumetti sono un ottimo mezzo di intrattenimento, un ottimo passatempo, proprio per i ragazzi più poveri, quelli che – non per colpa loro – non possono frequentare la scuola o sono costretti a frequentarla avendo la mente altrove.

I fumetti si diffondono perché i ragazzi e non solo i ragazzi vogliono conoscere, vogliono apprendere. Rispondono a una domanda di cultura. Anzi, per bambini fino a otto o nove anni, i fumetti sono una lettura stimolante, perché impegna la loro immaginazione e il loro spirito critico. Certo, i ragazzi più grandi e gli adulti dovrebbero leggere altro. Ma se non lo fanno non è per colpa loro.

Il genere è utile anche e soprattutto perché i bambini e i ragazzi possono "creare" da sé i loro fumetti: possono inventare e disegnare storie, possono impadronirsi del mezzo e svilupparne tutte le grandi potenzialità espressive.

Il mondo è cambiato, sottolinea Rodari. Il mondo sta cambiando. E non ci si può – non ci si deve – opporre al cambiamento. Occorre, al contrario, cercare di governarlo. Occorre minimizzare i rischi e cogliere tutte le opportunità che offre il nuovo mondo:

> In quest'ultimo mezzo secolo, parallelamente all'evoluzione delle masse popolari, si è formata una nuova, immensa domanda di cultura. I giornali e le riviste popolari hanno raggiunto tirature altissime. Centinaia di migliaia di persone che non leggono nulla chiedono di leggere: talora vanno a cadere nelle pagine di *Grand Hotel* o simili, e tuttavia anche questo è un sintomo del bisogno di cultura. Nel secolo scorso i giornali e i libri per ragazzi erano destinati a ristrette *élites*, rappresentate dalla famiglie piccolo-borghesi o medio-borghesi. Oggi essi si rivolgono a un pubblico enorme e anche per questo ha prevalso, nella loro impostazione, lo spirito commerciale sui principi educativi, la speculazione sulla cultura.

E, allora, alla luce di tutto quanto detto cosa bisogna fare? Ricostruire l'equilibrio perturbato a un livello più alto. Ma diamo la parola, per le conclusioni, allo stesso Gianni Rodari:

> Che cosa ci può aiutare a far fronte a questa situazione? Essenzialmente la nascita di una nuova letteratura per l'infanzia, capace anche coi suoi mezzi organizzativi di condurre una lotta efficace. Ma questo richiede anni di lavoro, e richiede per il suo successo definitivo anche il realizzarsi di nuove condizioni sociali e politiche. Accanto ai libri possono i "fumetti" essere uno strumento, anche secondario, in questa lotta, oggi? Se non possono, smettiamo di stamparli.
> Gianni Rodari

Lui li stampa e li fa stampare. Dunque, al contrario di Nilde Jotti e di gran parte del gruppo dirigente del PCI, ritiene che possano – debbano – essere un strumento di lotta, oggi.

Gianni Rodari rovescia, dunque, la posizione della compagna di Togliatti. Il fumetto non è intrinsecamente dannoso. È una forma di espressione potenzialmente dirompente. I fumetti possono essere utilizzati per costruire una "nuova letteratura per l'infanzia, capace anche con i suoi mezzi organizzativi di condurre una lotta efficace". La cultura non è seriosa. Si può imparare anche divertendosi. Perché i bambini e i ragazzi non devono essere considerati spugne che assorbono qualsiasi cosa viene loro dato, ma devono essere considerati come persone dotate di un proprio spirito critico e di una propria creatività.

La *Postilla* di Togliatti

La sintesi politica del dibattito tra Nilde Jotti e Gianni Rodari, come usava allora, è realizzata da Palmiro Togliatti, direttore di *Rinascita* e segretario generale del PCI, con una *Postilla* alla lettera del giornalista:

> Non ci sentiamo di condividere la posizione del Rodari [...]

Il giudizio di Togliatti è secco: il fumetto non è una nuova lingua, dunque non è e non può diventare una nuova forma di cultura popolare. Rodari, continua il segretario generale del PCI, ammette il carattere antieducativo dei fumetti, ma poi si propone che vengano tradotte ed espresse in fumetti storie educative. No, "non metteremo in fumetti la storia del nostro partito o della rivoluzione". Per raccontare e trasmettere i nostri valori è preferibile usare altri generi "invece di correre dietro alle forme più corruttrici dell'americanismo".

La chiusura sembra totale. Tuttavia Togliatti ribadisce una linea più articolata, che aveva già avuto modo di esprimere in precedenza: i comunisti non devono far uso di divieti o bandi, perché non sono dei "gesuiti rossi" e non propongono alcun indice delle letture proibite, non devono dire "non leggete questi fumetti o questi libri reazionari", ma devono invitare i giovani a leggere e riflettere, a leggere e pensare, a leggere e confrontare la loro vita con quella degli altri ragazzi. Non ordini e divieti, ma discussione e convinzione, lavoro per abituare i ragazzi a pensare liberamente con la loro testa e a studiare da soli [Sanzo, 2001].

E alla fine risolleva il tema di fondo proposto da Rodari:

> Certo, il fondo della questione è molto complesso perché si tratta di riuscire a creare una letteratura e una pubblicistica per bambini che attirino, piacciano, educhino, e nonostante i buoni tentativi già fatti, si è ancora indietro assai. [Togliatti, 1952]

Palmiro Togliatti, con tutta la sua autorità, sembra, dunque, porre un alt a Gianni Rodari. E, invece, a leggere bene, il Segretario del PCI dà il via libera al programma più ambizioso del giornalista di Omegna e sembra dargli quasi un mandato: far nascere una nuova letteratura per l'infanzia.

Che ci sia stato o no quel mandato, una cosa è certa: mai fu meglio rispettato.

Un nuovo scrittore per l'infanzia nella bufera

All'inizio degli anni '50 *Il Pioniere* di Gianni Rodari naviga, dunque, tra Scilla e Cariddi. Tra le accuse esplicite dei cattolici più integralisti che considerano quello di Rodari un giornale che diseduca i giovani perché comunista e le accuse implicite di chi, nel PCI, considera una pericolosa concessione all'americanismo l'esplorazione di nuove forme di comunicazione.

Ma se *Il Pioniere* è eletto a luogo della ricerca applicata, della ricerca sul campo, di una nuova letteratura per l'infanzia, ecco che il giornalista sente il bisogno di esporre i contenuti teorici della ricerca in un libro, *Il manuale del Pioniere*, pubblicato nel 1951 per le Edizioni di Cultura sociale.

Non l'avesse mai fatto. Il libro è attaccato con virulenza – davvero inusitata, ma non del tutto inattesa – dalla stampa cattolica più integralista, che definisce Gianni Rodari un "ex-seminarista cristiano diventato diabolico". Gli attacchi non si limitano alle ingiurie a mezzo stampa, ma assumono ben presto i caratteri, anche simbolici, della crociata: insomma, non è raro vedere nei cortili delle parrocchie italiane ardere roghi dove vengono bruciati *Il Pioniere*, *Il manuale* e tutti gli altri libri di Rodari.

Già, perché lui, Gianni Rodari, intanto ha iniziato a scriverne diversi di libri per bambini. Il primo è il *Libro delle filastrocche*, uscito nel 1950 per le Edizioni del Pioniere, seguito da il *Romanzo di Cipollino*, pubblicato nel 1951 con le Edizioni di Cultura Sociale. Passa un anno ed ecco che pubblica per lo stesso editore *Cipollino e le bolle di sapone*, *Il libro dei mesi*, *Il treno delle filastrocche* e, con l'editore Toscana Nuova, *La carte parlanti*.

Ormai è uno scrittore per l'infanzia a tutto tondo. Ormai è uno scrittore alla ricerca di una nuova letteratura per l'infanzia.

È proprio in questi primi anni '50 che lo scrittore Rodari compie la maggior parte del suo lavoro, inventando rime, producendo filastrocche, "dipingendo" dal vero [Boero, 1992]. È in questi mesi di straordinaria creatività che Rodari inventa Cipollino, destinato a imporsi come il simbolo stesso di *Il Pioniere*.

Con questi libri, con questi personaggi, mostra di poter iniziare a dare corpo al mandato, vero o presunto, di Togliatti: fondare una nuova letteratura per l'infanzia. E, in questa nuova letteratura, Rodari fa irrompere un mondo tenuto finora fuori da fiabe e canzoncine: il mondo del lavoro. Nelle quarantasei filastrocche del *Libro delle filastrocche*, computa Marcello Argilli, accanto ai bambini figurano pochi personaggi delle fiabe classiche. E due sole volte sono nominate le parole mamma e nonni. Vi figura, invece, un'autentica dovizie di figure del mondo del lavoro:

Operai 4 volte, fornai 3, imbianchini 2, spazzacamini 2, medici 2, omino della gru 2, spazzino 2, muratore 2, maestro 2, bidello/a 2, impiegato 2, e una volta droghiere, pescatore, minatore, contadino, elettricista, stagnino, arrotino, vigile urbano, vigile notturno, cenciaiolo, pompiere, portinaia, servetta, tranviere, ferroviere, lattaio, fattorino, cacciatore, giornalista, pittore, maestro della banda. [Argilli, 1990]

È Rodari stesso a raccontarci come nasce *Il libro delle filastrocche*:

> Anche "Vie Nuove" cominciò a pubblicare abbastanza spesso le mie filastrocche. Prima che me ne fossi reso ben conto, ne avevo messe insieme un buon numero. Io non le avevo nemmeno ritagliate dal giornale. Quando nacque a Dina Rinaldi, (con la quale ero passato a dirigere "Il pioniere", di nuova fondazione) l'idea di farne un libretto, dovetti penare un po' a metterle insieme. Si chiamò "Il libro delle filastrocche" ed ebbe abbastanza fortuna, perché in due anni, tra Roma e Firenze se ne fecero tre edizioni.

Nel medesimo tempo scrive *Le avventure di Cipollino* e si cimenta con il genere fiaba. E in qualche modo le reinventa. Non perché siano il primo esempio di favole realistiche: che per questo, come abbiamo visto, la letteratura italiana ne ha prodotte tante, da tempo e di valore. Ma perché per la prima volta la realtà raccontata è quella della vita di tutti i giorni della gente di tutti i giorni. Protagonisti di queste sue prime (e bellissime) favole realistiche infatti sono, oltre a Cipollino, Pomodoro e il Principe Limone, Pirro Porro e Sora Zucca, le Fragole e Ravanella. Personaggi, per così dire, "frutta e verdura". Espressione di un mondo – quello dei mercati e delle massaie che li frequentano, del "borsellino" con gli spiccioli – che Rodari, giornalista e scrittore comunista, ha ancora a riferimento, come ricorderà in *Storia delle mie storie* (1965):

> Quei personaggi mi piacevano: mi ricordavano i miei primi anni all'"Unità", quando lavoravo in cronaca, e mi occupavo di questioni alimentari, e ogni giorno facevo il giro dei mercati, guardavo i prezzi, e parlavo con commercianti e massaie, e scoprivo tanti problemi nella borsa della spesa della gente.

È chiaro, attraverso le sue filastrocche e le sue favole Gianni Rodari intende raccontare la realtà di tutti i giorni delle gente più umile: il mondo del lavoro, quei mercati frequentati dalle massaie che ha conosciuto e descritto in cronaca a Milano.

Per cercare di ricostruire il clima in cui nascono Cipollino e i suoi fratelli conviene sentire Rodari stesso (da *Storia delle mie storie*):

> Presi un mese di vacanza, trovai ospitalità in casa di un bravo contadino di Gaggio di Piano, presso Modena, che sgombrò una stanza-granaio per mettermi un letto, la sezione del PCI mi prestò la sua macchina da scrivere, e cominciai a scrivere "Le avventure di Cipollino". Fu un mese bellissimo. Le figlie di Armando Malagodi – il contadino che mi ospitava – mi chiamavano la mattina presto: – Su, Gianni, che sei qua per lavorare, mica per dormire! Scrivevo quasi tutto il giorno, in camera, in cortile, o in cucina, con la macchina su una sedia, e intorno sempre un po' di bambini a guardare quello che facevo. Quando arrivai a pagina cento, la moglie di Armando fece la "crescente" (la chiamano anche "il gnocco fritto"), Armando stappò delle belle bottiglie, insomma, festa per tutti.

Cipollino ha un immediato successo. E grazie a lui già in quegli anni Rodari diventa "il più significativo autore italiano per l'infanzia" [Boero, 1990].

A Roma, in questi anni, l'interesse principale di Gianni Rodari si è dunque definitivamente spostato verso i ragazzi – anzi, come ama dire, verso i bambini – e verso la loro educazione, formale e informale. E, a proposito della scuola e dell'educazione, scrive nel 1952:

> C'è un modo sbagliato e c'è un modo giusto di mandare i bambini a scuola. Il modo sbagliato consiste nel preoccuparsi solo che abbiano un buon grembiulino, una cartella che non vada in pezzi, l'occorrente per scrivere. Il modo giusto è di preoccuparsi anche dell'organizzazione scolastica. La scuola è un servizio statale. Il pubblico che se ne serve, e che paga le tasse, ha il diritto di rivendicare dallo Stato che questo servizio funzioni [...]. Le famiglie hanno il diritto di organizzarsi tra loro in comitati, in commissioni di mamme, in associazioni, per contribuire

alla soluzione dei problemi scolastici. [...] Il problema della scuola è in questo periodo uno dei principali problemi familiari: bisogna portarlo fuori dalle pareti domestiche, affrontarlo in forma associata e organizzata [...]. Di fronte allo Stato, è un diritto di tutti i cittadini chiedere per la scuola nazionale i soldi che vengono sperperati nel riarmo. [*UR*, 1952]

In questa sorta di manifesto politico sull'educazione di massa, ci sono tre spunti davvero interessanti che ritroveremo, in altra forma, come costante nelle sue opere di scrittore.

In primo luogo Gianni Rodari – scrittore in cerca di una nuova letteratura per l'infanzia – offre un'immagine ancora inedita della scuola: non come luogo di mera diffusione della conoscenza, ma come luogo dove si esercita una partecipazione democratica per la costruzione di una cultura di massa. Solo molti anni dopo questa idea troverà una sua realizzazione nei cosiddetti decreti delegati. Ma in quel periodo l'idea è nuova e apertamente avversata.

Negli ambienti cattolici più conservatori, per esempio, è nato un movimento, chiamato "Amici di Gesù", che propone una linea educativa affatto diversa, espressa dal motto:

> Riparare i peccati dei cattivi [in pratica, i comunisti], con particolare riferimento ai peccati dei pionieri e di chi educa al male i fanciulli.

Insomma, anche gli "Amici di Gesù" ce l'hanno con lui.

E a loro Rodari risponde esplicitamente, con un articolo scritto nel 1954:

> Qual è l'attività dei piccoli "Amici di Gesù"? Consiste essenzialmente nel fare fioretti e penitenze spontanee, nel sottoporsi a mortificazioni, umiliazioni e sacrifici di ogni genere, appunto "per riparare i peccati dei pionieri". [*UR*, 1954a]

Si tratta di fioretti piuttosto pesanti per dei bambini: "a base di sassi in letto e di fustigazioni con le ortiche". Tuttavia non è questo l'aspetto peggiore dell'attività degli "Amici di Gesù". Il danno peggiore che arrecano ai bambini non è quello fisico, ma quello morale. Il peggio sta "nel motivo, nel colore ideologico di cui i sacrifici esaltati e suggeriti si ammantano". Contrariamente a ogni spirito di cristiana carità e di laica solidarietà, in quel gruppo di sedicenti "Amici di Gesù" si insegna a vedere nei piccoli pionieri "non il fratello, l'amico, magari da conquistare, da persuadere, da convertire, ma il reietto, il reprobo, il peccatore: il nemico. Si insegna l'odio" [*l'Unità*, 1954a].

Per tutta risposta pochi giorni dopo sulla *Discussione*, giornale cattolico, esce un articolo intitolato *Pinocchio bolscevico*, che alza ulteriormente, per così dire, il livello dello scontro con Rodari e *Il Pioniere*: e addirittura "si pone il problema se tale indirizzo della stampa comunista per ragazzi sia compatibile con il Codice Penale". La *Discussione* ce l'ha in particolare con la rubrica *Il Chiodino* che Marcello Argilli e Gabriella Parca redigono su *Il Pioniere*, accusata di proporre un'educazione priva di valori religiosi e perciò priva di valori.

In un articolo intitolato *Le avventure di un Pinocchio bolscevico*, Gianni Rodari risponde con fermezza, ma abbassando i toni:

> La stessa accusa [di mancanza di valori, nda] venne rivolta a suo tempo dai cattolici [...] al Collodi e a Pinocchio. Il Collodi non era né religioso né credente, e il suo libro riflette una morale tutta umana e terrena [...] Pinocchio non prega mai: e tuttavia nemmeno il più integralista degli ultraclericali, al giorno d'oggi, oserebbe mettere in dubbio il profondo valore educativo del libro in cui si narrano le sue avventure. Si possono dunque insegnare cose belle e buone anche lasciando ad altri, in altra sede, l'insegnamento del catechismo, per chi lo vuole. [*UR*, 1954c]

Citiamo questo esempio per sottolineare, come ha già rilevato Carmine De Luca e come si evince da un'infinità di altri articoli, che Rodari non oppone mai avversione ad avversione. Semmai alla polemica violenta oppone ironia ed esempi. Una buona educazione cattolica, partecipata e severa, è quella, sostiene, di don Bosco [De Luca, 2005]. Prendete esempio da lui.

Rodari cerca di proporre il dialogo alla reciproca scomunica. Come quando pubblica una lettera aperta a un ipotetico "Reverendo X" che legge *l'Unità* abbastanza spesso, non fosse altro perché vuole "conoscere la fonte delle opinioni di molti dei suoi fedeli" [*UR*, 1954b].

Molto diverso è invece l'atteggiamento di alcuni cattolici. Antonio Lugli, che pure sarà autore di un'importante *Storia della letteratura per l'infanzia*, scrive senza mezzi termini:

> Affidata alla magistratura la difesa dell'infanzia dalle pubblicazioni decisamente dannose per mezzo di commissioni composte da genitori, educatori, scrittori ed editori, la famiglia è tornata a essere l'unico argine valido per impedire l'ingresso del nemico nella cittadella. [Lugli, 1954]

Va da sé che i nemici pronti a entrare nella cittadella sono Rodari e i suoi di *Il Pioniere*. Persino Lugli, dunque, giunge a chiedere l'intervento della magistratura per arginare l'ex seminarista diventato diavolo e i suoi collaboratori e discepoli di ogni età.

Il fatto è, come rileva Pino Boero, che questo linguaggio così virulento, che evoca nemici e cittadelle assediate, rende conto sia della tensione che attraversa la società italiana di quegli anni sia di un approccio che contrappone due diverse visioni della letteratura per l'infanzia. Considerata da molti educatori cattolici non come stimolo per la fantasia e occasione di arricchimento culturale per i ragazzi, ma come ultimo baluardo in difesa della fede e dell'integrità morale.

È in questo contesto che il 16 dicembre 1955 l'onorevole Boggiano Pico passa dalle parole ai fatti e presenta in Senato un progetto di legge sulla stampa, analogo a quello presentato dall'onorevole Emanuale Savio alla Camera, in cui si preconizza la formazione di comitati di censura provinciali che devono dare l'assenso preventivo, attraverso la visione delle bozze, alle pubblicazioni destinate ai ragazzi. Mentre a Roma, una commissione centrale dovrà valutare le pubblicazioni importate dall'estero.

Ed è in questo contesto che, sempre a metà degli anni '50, i fumetti vengono trascinati letteralmente in tribunale e sottoposti a processo penale. La Seconda Sezione della Corte d'Appello di Milano assolve sì, con formula piena, l'avvocato Umberto Mauri, Consigliere Delegato delle Messaggerie Italiane, e il tipografo Alvaro Bernabei, imputati di concorso nella pubblicazione degli albi *Jane Calamity* e *Joe Carioca*. Ma non perché l'accusa mossa ai due fumetti, diffusione di contenuti immorali atti a favorire istinti di violenza nei lettori minorenni ai quali sono destinati, sia considerata priva di fondamento. Ma solo perché, sostiene la Corte, è l'autore dei fumetti a dover essere perseguito.

E gli autori dei due fumetti sono già stati processati e condannati nel febbraio 1949. Con una sentenza confermata in Appello e in Cassazione.

In tutto questo è proprio Pinocchio che interessa Gianni Rodari. Come scrive in una lettera a Italo Calvino, del 4 agosto 1952, primo approccio con la casa editrice Einaudi (LJE, 1952):

> Caro Calvino,
> da un anno circa vado raccogliendo e approntando idee – e mettendo insieme un po' di materiale – per un saggio su Pinocchio. Commenti a Pinocchio se ne sono scritti di molti, e anche di strampalati: nessuno, a mia conoscenza, che abbia studiato la genesi di Pinocchio nel suo autore e nella storia della nostra letteratura infantile con un minimo di serietà storica e critica; nessuno che abbia visto il reale segreto di Pinocchio, la sua adesione così completa e viva ad una morale popolare ed ai suoi elementi (allora, nell'80) costitutivi: un laicismo che è buonsenso, e non anticlericalismo – un realismo etico così relativistico che ha scandalizzato i cattolici – un senso della giustizia così partigiano che non a torto qualcuno vi ha visto per ischerzo (e non così andrebbe visto) un influsso delle idee socialiste che erano nell'aria.
> Queste solo alcune idee. Altre: sfatare la stupida leggenda dell'improvvisazione di Pinocchio per pagare i debiti; ritrovare in Pinocchio la vita così movimentata e risorgimentale di Carlo Collodi. E infine, last but not least, studiare il segreto formale di Pinocchio, la fusione perfetta di realtà e fantasia, con occhio critico esercitato, diciamolo pure, dal marxismo – anche senza metterlo in causa, che sarebbe eccessivo.
> Pinocchio mi sembra un esempio perfetto di favola e un esempio perfetto di realismo: vedo in esso, personalmente, una strada della narrativa non solo infantile. È fattibile? È ripetibile? Credo che la questione interessi anche te da vicino.

Immerso nella scrittura di libri, nella ricerca di una nuova letteratura per l'infanzia, nella direzione di giornali per bambini e coinvolto per questo in polemiche asperrime, Gianni Rodari non cessa di essere giornalista. Con una storia professionale ricca e variegata.

A *Il Pioniere* resta fino al 1953 e intanto collabora con il periodico dei giovani comunisti, *Pattuglia*. Poi fonda e dirige dal primo numero, uscito il 13 dicembre 1953, fino alla chiusura, nel luglio 1956, il periodico *Avanguardia*, che prende il posto di *Pattuglia* come giornale di riferimento dei giovani comunisti. Vi collaborano Marcello Argilli, Antonio Girelli, Giulio Crosti. Rodari cura la direzione della rivista e tiene una rubrica, *Edicola*, firmandola come *Il giornalaio*.

Intanto ha compiuto, nel 1952, il suo primo viaggio in Unione Sovietica. E, soprattutto si sposa, proprio nel 1953, con Maria Teresa Ferretti, segretaria del Gruppo parlamentare del Fronte Democratico Popolare.

Il nuovo giornale, *Avanguardia*, è certamente diverso da *Il Pioniere*. Intanto non è per bambini, ma appunto è per giovani. Anzi, è l'organo ufficiale della Federazione giovanile comunista. Ma, sia pure con modalità diverse, dirigendolo e scrivendoci, Rodari si propone la medesima finalità: formare, educare, entrare in sintonia con persone che non sono ancora adulte. E, infatti, i modi per formare, educare, entrare in sintonia con i giovani sono quelli congeniali a Rodari: valori e pensieri profondi, persino militanti, veicolati attraverso una scrittura leggera, ironica, sempre intelligente. Il tentativo è cogliere i fermenti che agitano i giovani in un mondo che continua, rapidissimamente, a cambiare. E, infatti, *Avanguardia* si presenta più che come rivista (solamente) politica, come rivista (anche) di costume. Come un rotocalco che presta grande attenzione allo spettacolo, soprattutto al cinema, e allo sport.

Il giornale chiuderà il 29 luglio 1956. Quell'anno si tiene a Mosca il XX Congresso del PCUS. Che tutto rimette in moto.

Vale la pena ricordare che in tutti questi anni Gianni Rodari ha continuato a collaborare alla redazione romana di *l'Unità*. Con articoli, come al solito, raccontati. E usando spesso quel genere di racconto che, srotolato sul filo dell'ironia, confina con la favola. Un genere, a ben vedere, inusitato. Almeno su un quotidiano. Esemplare, da questo punto di vista, è l'articolo *Il diavolo in filobus* che pubblica il 17 giugno 1953, a commento del risultato delle famose elezioni politiche che non hanno fatto scattare il premio di maggioranza previsto dalla "legge truffa" approvata a marzo in Parlamento e che determinano la definitiva uscita dalla scena politica italiana di un personaggio del calibro di Alcide De Gasperi.

Rodari racconta del "giovane Roberto Z.", un

> [...] attivista del Comitato Civico, che ha in una tasca l'elogio personale del suo vescovo e nell'altra un opuscolo sul martirio della Chiesa in Cecoslovacchia (o in Ungheria)

e che con questo armamentario

> parte ogni mattina [...] per la Santa Crociata contro gli infedeli, contro le signore scollacciate e i fattorini sboccati.

Quel giorno – il 17 giugno 1953 – sul filobus il giovane Roberto Z.

> con sua grande sorpresa [...] non riuscì a notare che volti ilari e sereni. [Poi, però, vede accanto a sé] il Maligno in persona, col ghignetto ironico sopra la barba caprina, con le corna rosse infilate nella tesa del cappello, con poca preoccupazione di rendere credibile il suo travestimento borghese.

Roberto Z. sgomento gira lo sguardo intorno e vede l'intero filobus affollato di diavoli:

> [...] quale aggrappato alla maniglia di sostegno con la coda, qual con la zampa forcuta negligentemente accavallata alla gamba umana, quale intento a grattarsi con indolente noncuranza le corna.

Sempre più in ansia, Roberto Z. s'affaccia al finestrino e sì, vede che

> [...] i marciapiedi erano affollati come ogni mattina, ma ai passanti si mescolavano, in una proporzione paurosa, Loro, i Maligni dalle corna ironiche, dalla zampa forcuta che batteva allegramente sulle pietre con un suono sinistro.

È chiaro, Roberto Z. all'indomani della sconfitta della Democrazia Cristiana in giro "non vede che diavoli" [l'*Unità*, 1953a].

Un altro articolo che appartiene a questo genere, che possiamo definire di "realismo fantastico", è quello che Gianni Rodari scrive di lì a qualche mese per raccontare il viaggio a Bucarest di tre giovani italiane, iscritte al Partito – Rossana, Laura e Marisa – che partecipano al Festival della Gioventù comunista. Rodari racconta il viaggio così come lo ha vissuto Rossana:

> È tornata con gli occhi che luccicano e la testa che le gira […]; per un mese ha vissuto su un altro pianeta: il pianeta Viaggio, dove tutto è nuovo e bello.

Non importa se Gianni tende ad attribuire a Bucarest qualità che, probabilmente, la città non ha. Ciò che è interessante notare è che egli racconti di Bucarest sull'organo ufficiale del PCI attraverso una favola. Perché è sempre più convinto che la favola sia uno strumento utile a rappresentare la realtà: "Un viaggio come questo, un Viaggio con la maiuscola, è un sogno d'altra qualità, è un acquisto duraturo" [UR, 1953b].

Ed è interessante notare la metafora che utilizza per raccontare del Viaggio: "per un mese ha vissuto su un altro pianeta: il pianeta Viaggio, dove tutto è nuovo e bello". La parola pianeta – la dimensione pianeta – è ormai entrata nel cesto delle metafore di Gianni Rodari. E sarà presto destinata ad assumere un ruolo da protagonista assoluta.

Intanto Calvino...

Il 1956 non è solo l'anno del "grande evento": il XX Congresso del PCUS. È anche l'anno in cui si verifica un evento certamente minore, eppure estremamente significativo nella vicenda di Rodari. O, almeno, così riteniamo: Italo Calvino, un passato da giornalista di *l'Unità*, pubblica per Einaudi la raccolta delle *Fiabe italiane*, nel tentativo non solo di restituire al genere dignità letteraria, ma anche di fornirne, con la sua attenta traduzione e con il suo acuto commento, una lettura densa di "carica realistica".

La pubblicazione è importante per almeno due motivi. In primo luogo perché dimostra che, nella sua ricerca neocollodiana, improntata alla definizione di un "realismo fantastico" per i tempi moderni,

Gianni Rodari non è solo. Anche se là fuori non ci sono le folle. La ricerca è comune solo a pochi. Cui è richiesto un certo coraggio, perché – come abbiamo visto e come vedremo tra poco – non avviene senza contrasti, culturali e politici, del tutto trasversali.

Ma la pubblicazione delle *Fiabe italiane* nel 1956 è significativa perché entrambi, Rodari e Calvino, stanno approdando, è il caso di dirlo, sul medesimo pianeta. Con un viaggio che è, insieme, fantastico e realista. Capace di cogliere con straordinaria tempestività i cambiamenti in atto nel mondo e di proporre l'analisi attraverso la leggerezza formale della fiaba.

Ma è utile, a questo punto, ricostruire brevemente la vicenda letteraria di Italo Calvino. Lo scrittore è nato a Cuba, da genitori italiani, il 15 ottobre 1923 (ha dunque solo tre anni meno di Rodari), ma ha vissuto da ragazzo a Sanremo. Finita la guerra, proprio come Rodari, inizia a collaborare con *l'Unità* a Torino e a Genova. E nell'ambito di questa attività, tra gli altri, conosce, frequenta e discute con Natalia Ginzburg, Elio Vittoriani e Cesare Pavese. Tutti leggono i suoi primi racconti e ne restano colpiti. Pavese in particolare gli diventa amico e gli consiglia di cimentarsi con il romanzo.

Ed è sull'onda di questi incoraggiamenti che in pochi mesi Calvino scrive e, nel dicembre 1946, termina *Il sentiero dei nidi di ragno*. Pavese lo legge e lo propone alla casa editrice Einaudi, che lo pubblica nell'ottobre 1947. Si tratta di un romanzo davvero particolare. Che affronta, come fanno molti esponenti del "neorealismo" in quegli anni, il tema della Resistenza. Ma lo affronta con un'ottica affatto diversa. Quella di un ragazzo, Pin: una sorta di scugnizzo e che diventa partigiano per caso. Ha rubato la pistola a un tedesco e, invece di riconsegnarla, la sotterra lassù, in collina, lungo il sentiero dove i ragni fanno il loro nido.

Il 26 ottobre 1947 Cesare Pavese recensisce il romanzo su *l'Unità*. E scrive:

> L'astuzia di Calvino, scoiattolo della penna, è stata questa, di arrampicarsi sulle piante, più per gioco che per paura, e osservare la vita partigiana come una favola di bosco, clamorosa, variopinta, "diversa".

E sì la diversità (e il coraggio) del giovane Calvino è quella di raccontare la Resistenza, tema di estrema difficoltà che alimenta sentimenti forti, attraverso il filtro della fiaba. Costruita secondo gli schemi morfologici analizzati da Vladimir Jakovlevlic Propp. Il ragazzo discolo Pin, una sorta di "scugnizzo", sta, chiaramente, per Pinocchio. La pistola altro non è che lo strumento magico che conferisce, a chi la possiede, potere e potenza. Quanto agli altri personaggi sono: il commissario Kim (come il protagonista del romanzo di Rudyard Kipling), Lupo Rosso, Giraffa, Pietromagno, il falchetto Babeuf (come il rivoluzionario francese François-Noël, detto Gracchus, Babeuf). È chiaro: lo "scoiattolo della penna" ha letto la realtà della Resistenza con gli occhiali della fiaba.

Negli anni successivi Calvino continua a scrivere racconti – che pubblica nel 1949 con il titolo *Ultimo viene il corvo* – e, con una tensione crescente, a scrivere per *l'Unità*. Nel 1950, deluso dal lavoro giornalistico, entra definitivamente in Einaudi, dove si occupa dell'ufficio stampa e dirige la parte letteraria di una nuova collana, la Piccola Biblioteca Scientifico-Letteraria.

Sebbene sia ascritto, del tutto a ragione, al movimento neorealista è, come nota Giuseppe Bonura, sempre più attratto dal fantastico [Bonura, 2004]. Dalla fiaba. E questa sua attrazione trova forma e corpo in un nuovo romanzo, *Il visconte dimezzato*, che pubblica nel 1952, quando, come abbiamo visto, si è ormai accesa la polemica intorno alla forma e al contenuto della vecchia e della nuova letteratura per l'infanzia – cui, in genere, la fiaba è a sua volta ascritta. Ecco come Elio Vittoriani presenta il nuovo romanzo nel risvolto di copertina:

> La generazione letteraria cui Calvino appartiene passa tutta per neorealista e Calvino corre il rischio di passare semplicemente per l'unico buono tra i neorealisti della seconda ondata. Mentre egli ha interessi che lo portano in più direzioni: la sintesi delle quali può prender forma (senza che cambi né di merito né di significato) sia in un senso di realismo a carica fiabesca sia in un senso di fiaba a carica realistica. Stavolta Calvino ci dà un libro in quest'ultimo senso, traendo dall'odierna realtà quotidiana interpretazioni fantastiche d'una forza forse non inferiore a quella degli arzigogoli e arabeschi che rendono tuttora appassionante la lettura, per esempio, del *Barone di Münchhausen*.

Se nel primo romanzo, *Il sentiero dei nidi di ragno*, si era espresso "il realismo a carica fiabesca" di Calvino, in questo nuovo romanzo, *Il visconte dimezzato*, si esprime il "senso della fiaba a carica realista". Siamo ai limiti del neorealismo. E, infatti, tra i neorealisti l'opera suscita o consensi entusiasti o dissensi totali. Per un Emilio Cecchi che consacra Calvino grande scrittore, molti intellettuali (e dirigenti) politici comunisti denunciano l'abbandono del realismo in favore dell'apologo [Bonura, 2004].

Ma Calvino insiste nella sua ricerca intorno al "senso della fiaba a carica realista". Raccoglie le fiabe italiane di ogni tempo e, infine, nel 1956 le pubblica.

> Sono, prese tutte insieme, nella loro sempre ripetuta e varia casistica di vicende umane, una spiegazione generale della vita, nata in tempi remoti e serbata nel lento ruminio delle coscienze contadine fino a noi; sono il catalogo dei destini che possono darsi a un uomo e a una donna, soprattutto per la parte di vita che è appunto il farsi di un destino: la giovinezza, dalla nascita che sovente porta in sé un auspicio o una conquista o una condanna, al distacco dalla casa, alle prove per diventare adulto e poi matura, per confermarsi come essere umano. [Calvino, 1956]

Nelle fiabe Calvino ravvisa non solo un "catalogo dei destini", ma anche quella profonda razionalità rilevata da Propp. Come scrive Giuseppe Bonura: il fantastico mondo della favole, che si direbbe frutto e preda del caso, appare invece a Calvino "incapsulato in una forma geometrica di tetragona fattura, che veicola un messaggio morale" [Bonura, 2004]. Quest'idea della fiaba coma strumento di analisi razionale della realtà e come potente ma mai banale veicolo di messaggi morali appartiene per intero anche a Gianni Rodari.

Si discute ancora oggi se Calvino, in questo periodo, sia ancora uno scrittore che appartiene al movimento del realismo sociale. Siamo convinti di sì. Ma, ciò che importa in questo contesto, è ciò che egli stesso percepisce di se stesso in quel periodo. E ciò che sente Calvino lo dice in maniera del tutto chiara in una conferenza tenuta al *Pen Club* di Firenze il 17 febbraio 1955 e raccolta, con il titolo *Il midollo del leone*, in *Una pietra sopra* [Calvino, 2002].

"La stagione letteraria che molti considerano sotto l'approssimativa insegna del «neorealismo»", scrive, ha molte facce. Per sé ne rivendica una, in particolare. Quella del realismo che non è contemplativo:

> Un rapporto affettivo con la realtà non ci interessa; non ci interessa la commozione, la nostalgia, l'idillio, schermi pietosi, soluzioni ingannevoli per la difficoltà dell'oggi: meglio la bocca amara e un po' storta di chi non vuole nascondersi nulla della realtà negativa del mondo.

Calvino assegna alla letteratura una funzione precisa, che consiste in un'altrettanto precisa analisi della realtà.

La letteratura che a lui piace, la letteratura che lui coltiva non deve fermarsi a indagare la dimensione individuale dell'uomo, ma deve raccontare la realtà sociale. In tutti i suoi aspetti negativi. Oggi più che mai (siamo nel pieno della guerra fredda):

> Questa coscienza di vivere nel punto più basso e tragico di una parabola umana, di vivere tra Buchenwald e la bomba H, è il dato di partenza d'ogni nostra fantasia, d'ogni nostro pensiero.

Ma l'analisi onesta fino alla spietatezza della realtà, sostiene, non deve farci indulgere neppure a quell'altra forma contemplativa della realtà che è la contemplazione inane della negatività, del brutto che c'è nel mondo. Al contrario, sostiene, armati del pessimismo della ragione, dobbiamo liberare l'ottimismo della volontà per cambiarlo davvero, il mondo.

La letteratura, dunque, non solo come mezzo spietato che descrivere la realtà collettiva così com'è, ma come mezzo efficiente per modificare la realtà. Perché, è fuor di dubbio, letteratura e impegno politico devono saldarsi. Devono diventare una cosa sola.

Ma, allora, perché l'invenzione fiabesca? Perché:

> La letteratura che vorremmo veder nascere dovrebbe esprimere nella acuta intelligenza del negativo che ci circonda la volontà limpida e attiva che muove i cavalieri negli antichi cantari o gli esploratori nelle memorie di viaggio settecentesche.

Intelligenza, volontà: già proporre questi termini vuol dire credere nell'individuo, rifiutare la sua dissoluzione.

In quest'ottica anche un poema o una favola (il rimando, attraverso i cantari, ad Ariosto è abbastanza chiaro), possono assolvere a una funzione sociale attiva. La poesia e la fiaba hanno infatti la capacità sia di descrivere, attraverso le allegorie e i simboli, la crudezza del mondo reale, sia di esaltare il ruolo dell'intelligenza e della volontà di cambiarlo, quel mondo:

> Lo stampo delle favole più remote: il bambino abbandonato nel bosco o il cavaliere che deve superare incontri con belve e incantesimi – sostiene – resta lo schema insostituibile di tutte le storie umane, resta il disegno dei grandi romanzi esemplari in cui una personalità morale si realizza muovendosi in una natura o in una società spietate. [...] Vorremmo anche noi inventare figure di uomini e di donne pieni d'intelligenza, di coraggio e d'appetito, ma mai entusiasti, mai soddisfatti, mai furbi o superbi.

E nell'ambito di questa ricerca, ormai inusuale, che Calvino si muove lungo piani letterari in apparenza diversi, persino paralleli. Da un lato inizia a scrivere, nel 1954, un romanzo di ampio respiro che resterà inedito, *La collana della regina*, l'ultimo suo tentativo letterario con un impianto per così dire di neorealismo classico: ambientato nella Torino vera, quella degli operai, ma anche dei borghesi e degli intellettuali. Dall'altro sta curando la pubblicazione, appunto, delle *Fiabe italiane*.

La raccolta consolida l'immagine di un Calvino "favolista" formatasi con *Il sentiero dei nidi di ragno* e soprattutto con *Il visconte dimezzato* che, secondo alcuni critici poco attenti, contrasta con l'idea di letteratura che il giovane espone nei suoi saggi. Invece le *Fiabe italiane* sono l'espressione più autentica di quella sorta di "realismo sociale attraverso le favole" che lo scrittore propugna apertamente e coerentemente.

Quello stesso "realismo sociale attraverso le favole" e/o "favolismo con carica realista" con cui si cimenta Gianni Rodari, nel tentativo di trovare lo strumento migliore, formale e di contenuto, per veicolare "messaggi morali".

Ed è proprio in questi mesi, a metà degli anni '50, che Calvino, come Rodari, inizia ad alzare gli occhi al cielo e a guardare lo spazio profondo. Quello dei pianeti. Non è un caso. Quel cielo e quegli spazi sono ormai attraversati da razzi che volano sempre più in alto. Simbolo della potenza crescente della tecnologia, capace di superare persino i vincoli della gravità. Ma anche della potenza cupa della tecnologia, perché quei razzi promettono di trasportare bombe all'uranio e al plutonio sempre più potenti in pochi minuti da un capo all'altro della Terra, esponendo l'umanità al rischio dell'olocausto nucleare.

È questa la nuova, tragica realtà. Calvino la vuole narrare per mezzo di un racconto – il suo primo racconto cosmico – che assomiglia appunto a una fiaba: *La tribù con gli occhi al cielo*. E che come le fiabe ha un'allegoria fin troppo chiara: la tribù protagonista, la tribù con gli occhi al cielo, non è altro, infatti, che l'umanità intera. "Nella nostra tribù non si discute ormai d'altro che di razzi teleguidati, e intanto continuiamo ad andare armati di rozze asce e lance e cerbottane".

Quei razzi che volano sempre più in alto, obbedienti ai comandi degli ingegneri, modificano la percezione del mondo, ma, denuncia Calvino, non modificano di una virgola la realtà sociale.

Il racconto, tuttavia, non sarà pubblicato. Perché intanto arriva il 4 ottobre 1957 e l'Unione Sovietica con il più potente di quei razzi invia una sonda, lo *Sputnik 1*, oltre l'atmosfera terrestre a girare altissimo intorno al pianeta lungo un'orbita ellittica a una distanza variabile tra i 228 e 947 chilometri. Per 57 giorni la Terra ha una nuova luna. Un satellite artificiale.

Il lancio dello *Sputnik* modifica la scena. Il mondo è cambiato. E i due, Italo Calvino e Gianni Rodari, sono tra i primi a prenderne atto. E a reimpostare la loro attività letteraria. Il loro comune realismo a carica fiabesca e il loro comune senso della fiaba a carica realista.

Entrambi iniziano a viaggiare tra i pianeti.
A viaggiare sul nuovo pianeta.

La svolta dello Sputnik

La svolta dello Sputnik

Il 4 ottobre 1957 lo *Sputnik* raggiunge finalmente la sua orbita nello spazio. L'Urss ha lanciato il primo satellite artificiale della storia. Un successo senza precedenti per la scienza e la tecnologia del paese leader del comunismo mondiale. Un evento che coglie di sorpresa i media americani, che lo percepiscono come uno "schiaffo" improvviso e inatteso agli Stati Uniti e alla sua leadership tecnoscientifica.

Una sensazione resa ancora più pungente dal fatto che il 3 novembre l'Unione Sovietica manda in orbita un nuovo satellite, *Sputnik 2*. Con a bordo un cane, Laika: il primo essere vivente mandato nello spazio. Gli Usa riescono a rispondere solo il 31 gennaio 1958, lanciando in orbita il loro primo satellite, *Explorer 1*. E poi l'anno dopo, nel 1959, quando *Explorer 6* invia le prime immagini della Terra vista dallo spazio. Ma in autunno è ancora una volta la tecnologia spaziale sovietica a fare notizia: il 14 settembre parte la prima sonda terrestre, *Lunik 2*, con destinazione Luna e il successivo 7 ottobre parte la sonda sovietica *Lunik 3* che invierà a Terra le prime foto della faccia nascosta della Luna, facendoci vedere, come Galileo, "cose mai viste prima".

Questo turbinio di razzi nello spazio, i cui voli sono seguiti con grande attenzione dai giornali e dalla televisione, segnalano in maniera plastica lo sbarco in un nuovo mondo.

Ma non sono l'unico elemento di novità.

L'anno precedente al lancio dello *Sputnik 1*, tra il 14 e il 26 febbraio 1956, si è infatti celebrato a Mosca il XX Congresso del Partito Comunista dell'Unione Sovietica. È il congresso in cui il nuovo leader, Nikita Krusciov, denuncia i crimini dello stalinismo. E inaugura

– sembra inaugurare – una stagione di maggiore apertura nel movimento comunista internazionale.

Una stagione che, tuttavia, si interrompe abbastanza presto, già nel novembre 1956, quando i carri armati di Mosca entrano a Budapest e mettono fine alla "rivoluzione ungherese".

Nei pochi mesi che separano il XX Congresso del PCUS dall'invasione dell'Ungheria, Palmiro Togliatti fa in tempo a rilasciare la famosa intervista a *Nuovi Argomenti* (maggio '56) in cui propone la tesi del "policentrismo" e annuncia la ricerca da parte del Partito comunista italiano di una via autonoma e nazionale al socialismo, in una prospettiva unitaria dell'intero movimento operaio.

Gianni Rodari è in piena sintonia con la politica di apertura e riesce persino ad anticipare Togliatti, come dimostra l'articolo pubblicato su *Avanguardia* in aprile, in cui propone [A, 1956]:

> Un dibattito di idee tra i nostri lettori, tra i giovani militanti delle organizzazioni politiche che si richiamano al socialismo, tra tutti i giovani italiani che in un modo o nell'altro stanno chiarendo le aspirazioni della loro generazione nel quadro di un rinnovamento profondo dello Stato italiano, di un progresso radicale della democrazia italiana per nuove strade.

Gianni Rodari ha compreso, con notevole intelligenza politica, che dopo il XX Congresso tutto è davvero in movimento. Che si è aperta una nuova stagione, cui i giovani devono partecipare da protagonisti. In un nuovo spirito: più aperto, unitario.

Eppure il dibattito che lui auspica non riesce a guidarlo, perché il cambiamento procede ancora più in fretta. Il 29 luglio, infatti, *Avanguardia* chiude "per preparare l'uscita di un nuovo periodico", recita un comunicato dell'editore, la direzione nazionale della FGCI. I giovani comunisti sono alla ricerca di nuovi strumenti, anche comunicativi, adeguati alla nuova situazione.

Nel prendere concedo Rodari rivendica ad *Avanguardia* il merito di aver informato i suoi lettori, non sui fatti della cronaca corrente, ma sui movimenti profondi che agiscono e modificano la società. Tra i grandi sommovimenti del presente, scrive Rodari, c'è appunto quello realizzato dal XX Congresso: che apre prospettive nuove non solo alla FGCI, ma al socialismo in Italia.

Tuttavia il sommovimento più rilevante che Rodari vede agire sul presente è la nascita – o, almeno, lo sviluppo accelerato – di un "nuovo mondo", fondato sull'innovazione tecnologica e sulla conoscenza. La scienza, come aveva previsto il matematico Vannevar Bush, consigliere scientifico del presidente Franklin Delano Roosevelt, scrivendo il famoso rapporto *Science: The Endless Frontier*, è la nuova leva per lo sviluppo delle nazioni. A ogni livello. Non solo culturale. E non solo militare. Ma anche economico, sociale. Persino sanitario. La scienza è il nuovo motore della dinamica sociale.

Enormi investimenti vengono riversati nei laboratori. Il numero e il prestigio degli scienziati raggiungono livelli inediti. L'innovazione tecnologica ritmi inusitati.

Un cambiamento è in atto. Lo Sputnik non ne è che l'emblema. Ed è questo cambiamento che Gianni Rodari si appresta a raccontare, a giovani e meno giovani. Anzi, che ha già iniziato a raccontare e della cui portata ha già da qualche tempo lucida cognizione.

Fatto è che il giornalista e, ormai, scrittore conclamato lascia la direzione di *Avanguardia* e torna a lavorare a tempo pieno nella redazione di *l'Unità*, il cui direttore è ora Pietro Ingrao. Rodari tiene da un anno (dal 18 agosto 1955, per la precisione) una rubrica intitolata il *Libro dei perché*, che chiuderà alcune settimane dopo il 25 ottobre 1956. Salvo riaprirla l'anno dopo, con un altro titolo: *La posta dei perché*.

È proprio in questa rubrica che Rodari inizia ad affrontare con una certa sistematicità i temi scientifici. La rubrica è di divulgazione. Ma di una divulgazione alla Rodari. Con una domanda posta dai bambini, una risposta in prosa e una filastrocca a chiosa. I temi hanno un carattere enciclopedico. E tra loro ci sono in numero non irrilevante anche quelli scientifici. È una piccola novità, per il giornalista e scrittore.

Ma non è solo e non è tanto una questione di mera presenza della scienza nel suo dialogo con bambini e ragazzi. È qualcosa di più profondo. Nelle sue risposte e nelle sue filastrocche, infatti, Rodari non si limita riconosce solo il "valore culturale in sé" della scienza. A riconoscere che la scienza offre opportunità straordinarie per comprendere il mondo. Rodari mostra di avere già consapevolezza del fatto che la ricerca scientifica e lo sviluppo tecnologico stanno materialmente cambiando il mondo. E, dunque, la società.

Ecco come inaugura, il 18 agosto 1955, il *libro dei perché*:

> OGNI COSA HA IL SUO PERCHÉ: SE NON LO SAPETE CHIEDE-TELO A ME
> Il gioco dei perché è il più vecchio del mondo. Prima ancora di imparare a parlare l'uomo doveva avere nella testa un grande punto interrogativo; ma di punti interrogativi sono tuttora pieni il cielo e la terra.
> Ricominciamo, allora, il giuoco dei perché. "Perché l'acqua bagna? Perché la luna non casca? Perché il cane abbaia?". Il bambino spara i suoi *perché* come una mitragliatrice. Le sue domande – serie, buffe, strane, divertenti, commoventi – piovono sulla testa dei genitori fitte come la grandine. Per venire in aiuto agli uni ed agli altri, ai bambini e ai genitori, l'Unità bandisce questo "Gran concorso dei perché"...
> ***
> Perché l'inchiostro è nero?
> Se qualcuno mi rivolgerà questa domanda, credo che risponderò: "È nero di rabbia perché non fate i compiti delle vacanze!". Ma se invece li fate, ritiro quello che ho detto. Potete far domande su tutto: anche sulla luna. E a proposito della luna, avrete certo sentito dire che tra un paio d'anni spediremo in cielo una luna artificiale, una piccola luna a motore.

Rodari pubblica la presentazione della sua nuova rubrica su *l'Unità* il 18 agosto 1955, due anni prima del lancio dello *Sputnik*. Mostrando di avere una così perfetta cognizione di cosa sta bollendo nel campo della scienza e della tecnologia spaziale da riuscire a prevedere quando sarà messa in orbita la prima "luna artificiale". Ma mostrando anche e soprattutto che in questi mesi a metà degli anni '50 lui – proprio come Italo Calvino – sta "alzando gli occhi al cielo" e sta iniziando a guardare allo spazio come al luogo dove gli abitanti del piccolo pianeta Terra stanno inaugurando una partita affatto nuova della loro lunga storia. Si sta consumando una soluzione netta di continuità. Le generazioni future vivranno in un mondo totalmente diverso da quello delle generazioni del passato.

Nell'era informata dalla scienza e dall'innovazione tecnologica, nell'era della conoscenza l'educazione delle nuove generazioni è necessaria tanto quanto la produzione di nuova conoscenza. E l'educazione è proprio il mondo di Rodari.

Ma torniamo all'estate 1956 e al rientro del giornalista in redazione a *l'Unità*. Il direttore del quotidiano comunista, Pietro Ingrao, gli chiede di fare da inviato, poi gli affiderà le pagine culturali e infine lo nominerà capocronista. Nel frattempo gli propone un'inchiesta. Una grande inchiesta sulla scuola italiana, oggetto da oltre un anno di un dibattito che definire acceso è mero eufemismo.

Il principio scatenante è il Decreto del Presidente della Repubblica con cui, il 14 giugno 1955, diventano legge dello Stato i programmi di riforma della scuola elementare voluti dal Ministro della Pubblica Istruzione, il democristiano Giuseppe Ermini. La riforma è in sostanziale continuità con quella Gentile del 1923. E tuttavia i "Programmi Ermini" si caratterizzano per l'ulteriore accentuazione del carattere confessionale della proposta educativa. Non fosse altro perché, oltre a definire una serie rigida di "curricula" per le varie materie, rendono non solo obbligatorio l'insegnamento della religione, ma lo elevano a "fondamento e coronamento" di tutto il programma educativo della scuola elementare.

Che – fanno notare gli "Amici del Mondo", il settimanale di Mario Pannunzio, in uno dei famosi "Convegni del Mondo" tenuto nei primi mesi del 1956 – è una scuola pubblica. Una scuola, dunque, per tutti, non solo per i credenti cattolici.

Per questo – sostiene il filosofo Guido Calogero – occorre riformare la riforma, con alcune novità a costo zero. Per dare piena libertà di insegnamento ai docenti; abolire il programma unico nazionale; fornire non mere nozioni, ma un metodo; coltivare lo spirito critico. In tutto questo non sarebbe affatto sbagliato, sostiene ancora Calogero, abolire la pratica del voto e l'uso del registro.

In questa discussione interviene Gianni Rodari con la sua inchiesta pubblicata su *l'Unità* in cinque diverse puntate; il 2, 3, 5, 7 e 10 ottobre. Nei primi articoli l'inviato racconta, con la solita bravura, il variegato mondo dell'istruzione pubblica in Italia e l'influenza cattolica su di esso. Nell'ultimo articolo, *Il cittadino studente*, sembra voler replicare direttamente agli "Amici del Mondo".

Rodari si pone nella prospettiva dello studente. Che, sostiene, deve essere (ed essere considerato come) attore e non semplice spettatore a scuola. In una scuola che coltiva, appunto, lo spirito critico. La capacità autonoma di giudizio. È al ragazzo che tocca la parte più difficile: integrare. Cogliere l'insieme. Collocare [UR, 1956]

> [...] i temi isolati e slegati dell'attività scolastica in un quadro generale ed organico della storia letteraria e civile d'Italia; crearsi una visione d'insieme del patrimonio culturale elaborato nei secoli.

Questa è una parte in commedia, sostiene ancora Rodari, da protagonista assoluto, ma a cui il ragazzo da solo non sa e non può assolvere.
Senza un aiuto e senza un programma ben definito:

> Dall'insegnare cose inutili – che è colpa riconosciuta di certe parti dei programmi scolastici attuali – si passerebbe a non insegnare niente del tutto.

Per questo giudica, con un pizzico di ingenerosità, la "riforma senza spese" proposta da Calogero profondamente sbagliata, perché interprete di una concezione puramente negativa della democrazia, mentre "oggi è urgente dare contenuti democratici alla scuola, all'educazione, ai programmi". Non una scuola senza valori, dunque. Ma una scuola con valori democratici forti. Non una scuola senza programmi definiti, ma una scuola con programmi definiti e laici. Quanto al tema della valutazione, dei voti e dei registri

> il problema non esisterebbe nemmeno [...] se la scuola riuscisse a dare allo studente la chiara coscienza che la sua fatica è un lavoro sociale, un compito sociale; a fargli sentire che egli non studia per fare bella figura [...], ma perché quello è il suo dovere di cittadino-studente.

L'idea di Rodari, dunque, è quella di una scuola dove il merito, il rigore, la fatica non solo non vengono dismessi, ma vengono valorizzati e inseriti in un processo che è collettivo. Che non è la semplice somma di percorsi individuali. La scuola ha in primo luogo una funzione sociale.
L'inchiesta dimostra che Gianni Rodari ha sempre più piena percezione di come, in questo mondo sempre più informato dalla scienza e dalla tecnologia, la conoscenza sia – debba essere – un

"bene pubblico" di primaria importanza; che il possesso della conoscenza è sempre più una discriminante di classe, un fattore di inclusione o di esclusione sociale, e che quella che a quei tempi si chiama "l'emancipazione delle masse" non possa verificarsi senza l'accesso alla conoscenza mediante una scuola democratica ed efficiente.

Questo pensiero profondo – questa tensione ideale – resta una costante nel lavoro del giornalista e dello scrittore.

Rodari, infine, lega lo sviluppo della scuola laica e democratica di massa al tema del disarmo e della pace. Sembrerebbe una caduta propagandistica. In realtà il problema della corsa alle armi atomiche – che in questi mesi domina, come abbiamo visto, anche il pensiero di Calvino – è di estrema attualità e informa di sé il dibattito politico internazionale. Le due superpotenze, Usa e Urss, stanno iniziando a riempire gli arsenali non solo di armi di distruzione di massa, ma anche di razzi in grado di trasportale in pochi minuti da una parte all'altra del pianeta. È l'altra faccia della missilistica. Ormai pronta a collocare in orbita una "luna artificiale". Ma anche a cancellare l'umanità dalla faccia del vecchio pianeta Terra.

Nella nuova era della scienza e della tecnologia progresso e regresso assumono dimensioni inusitate. E ravvicinate. Mai come in questo momento l'uomo ha avuto nelle sue mani le fila del suo destino. Come scrivono Albert Einstein e Bertrand Russell nel manifesto per bloccare la corsa al riarmo atomico reso pubblico nell'estate 1955:

> Facciamo un appello come esseri umani ad altri esseri umani: ricordate la vostra umanità e dimenticatevi del resto. Se riuscirete a farlo si aprirà la strada verso un nuovo Paradiso; se non ci riuscirete, si spalancherà dinanzi a voi il rischio di un'estinzione totale.

Anche Gianni Rodari inizia a considerare il riarmo atomico come il più grande e orribile ostacolo sulla strada del progresso e, in particolare, del progresso democratico. Un ostacolo che si può e si deve rimuovere, anche attraverso quella presa di coscienza e quella mobilitazione di massa auspicate da Einstein e Russell.

Il tema, più che mai realistico, della "bomba" e della necessità di renderla inoffensiva attraverso un processo di disarmo, lo ritroveremo costantemente nelle favole e nelle filastrocche di Rodari. È parte di quel realismo critico di cui è promotore. E non è dunque fuori luogo in questa sua inchiesta/analisi sulla scuola italiana.

Il 1957 è davvero un anno cruciale per Rodari. Intanto perché riprende a pubblicare libri. Gli Editori Riuniti ristampano *Il romanzo di Cipollino* con un nuovo titolo, *Le avventure di Cipollino*. Poi perché, come abbiamo detto, a cavallo dello *Sputnik*, entra in un nuovo mondo. Ma anche e soprattutto perché nasce la figlia Paola.

Gianni Rodari cessa di scrivere solo per i figli degli altri e inizia a scrivere anche per quella sua figlia. La ragione che d'ora in poi sarà la più forte e la più profonda per capire e cercare di migliorare il nuovo mondo che gli si è spalancato davanti.

Ma intanto continua la sua carriera giornalistica. Alla fine del 1958 Rodari lascia *l'Unità* e il primo dicembre si trasferisce a *Paese Sera*. In quel medesimo anno ricomincia a scrivere libri e pubblica *Gelsomino nel paese dei bugiardi*, con Editori Riuniti. È una favola magica, in cui i riferimenti a quel nuovo mondo della scienza e della tecnologia di cui parlavamo, non ce ne sono molti. Anzi, a dirla tutta, non ce ne sono affatto. Se non uno. Quando la guardia che tiene in custodia Benvenuto-Mai seduto si confida:

– Farò l'aviatore – ha scritto mio figlio – e volerò sulla luna con lo sputnik –. Io glielo auguro proprio, ma tra un paio d'anni dovrò mandarlo a lavorare, perché la mia paga non basta alla famiglia. È difficile, vero, che possa diventare un esploratore dello spazio?

Sono tre righe, nulla di più, che bastano a Rodari per tratteggiare le aspirazioni dei bambini di oggi: volare sulla Luna con lo sputnik. Sono aspirazioni del tutto inedite. Che prefigurano, appunto, un mondo nuovo. Ma attraversato dai vecchi problemi. L'accesso alle nuove professioni, l'accesso alla conoscenza continua a essere limitato da fattori sociali. Dal censo.

È difficile che il figlio di una guardia o di un operaio possa fare l'astronauta? Benvenuto fa cenno di no col capo: niente è impossibile, non bisogna mai perdere la speranza di realizzare i propri sogni. È l'ultimo consiglio di Benvenuto-Mai seduto.

Sarà un caso, ma in quel medesimo periodo anche Calvino inizia ad approfondire il tema della tecnologia dei nuovi tempi. Una tecnologia che ha una straordinaria forza intrinseca, che tuttavia non ne cancella i limiti: lo sviluppo ineguale, le ingiustizie sociali, le sofferenze diffuse e le speranze deluse. Riflessioni che Calvino affida a nuovo racconto, *Dialogo sul satellite*, pubblicato su *Città aperta* nel marzo 1958. Il timore è che il cielo sia, insieme, il luogo dove i problemi sociali vengono sia trasferiti sia dimenticati

> Il trasferire in cielo una parte di sé, umiliata dalla terra, non è l'antico modo usato dalla religione per offrire conforto alle pene quotidiane? […] Non è questo che i filosofi chiamano alienazione?

Calvino si dice convinto che: "Anche il progresso tecnico, in un mondo alienato, può portare nuove alienazioni".

E tuttavia malgrado i loro limiti, il satellite e le nuove tecnologie spaziali, aprono a un nuovo mondo. Un mondo che bisogna capire se lo si vuole vivere e indirizzare verso un futuro migliore. Un nuovo mondo che richiede una nuova intelligenza e una rinnovata volontà. Se impariamo non solo ad andare con nuovi mezzi in cielo, ma impariamo a guardare in modo diverso il cielo, se guardiamo a un "nuovo cielo", allora la novità dell'esplorazione dello spazio può trasformarsi in una spinta ad "agire sulla Terra".

Ciò che vale per Calvino vale, in qualche misura, anche per Gianni Rodari. Lo si comprende dalla laconica eppure significativa risposta di Beniamino-Mai seduto al padre angosciato. Ma soprattutto dalla lettura di *Filastrocche in cielo e in Terra*. Che non è solo il primo libro che Rodari pubblica con il nuovo editore, Einaudi, con cui inaugura una lunga stagione di collaborazione, con cui diventa famoso, appunto, in cielo e in terra. Ma è, soprattutto, il suo primo libro "scientifico". Il primo libro scritto per "i bambini di oggi, astronauti di domani".

Capitano, un uomo in cielo!

Nel 1960 Gianni Rodari pubblica la prima edizione per Einaudi delle *Filastrocche in cielo e in Terra*. Ed è con questo libro che diventa noto al grande pubblico e che entra nelle scuole. O meglio, è in questo momento che esce dall'ambito della notorietà di partito ed entra in tutte la case. Grazie anche e, forse, soprattutto al fatto che nel medesimo periodo in cui inizia a pubblicare libri con Einaudi, approda a *La via migliore*, un periodico edito dall'Associazione Casse di Risparmio Italiane (ACRI) che lo distribuisce, gratuitamente, alle scuole elementari in 800.000 copie e al *Corriere dei Piccoli*, il giornalino che ha per target i figli della borghesia italiana. È attraverso questi due giornali che diventa davvero famoso. Molte delle sue opere in futuro verranno pubblicate prima su questi giornali, poi raccolte in libri.

Nei libri come nelle riviste c'è un nuovo Rodari. O meglio, il Rodari di sempre che ha scoperto il "nuovo mondo". Informato dalla scienza e dalla tecnologia. Un nuovo mondo che trova espressione – soprattutto, ma non solo – nel tema della conquista umana dello spazio.

Nella sua raccolta di vecchie e nuove filastrocche, per esempio, ce n'è un intero grappolo dedicato a *La luna al guinzaglio*, con 18 diversi componimenti dedicati non solo al satellite naturale della Terra – di cui *Lunik 3* ha appena rivelato la faccia nascosta – ma a stelle e pianeti, a stazioni spaziali e voli interplanetari.

Si tratta di filastrocche deliziose. Quella che ci dà, forse, il segno più forte del cambiamento percepito da Rodari è *Un uomo in cielo*. A iniziare dall'attacco:

> In rotta per Aldébaran
> La vedetta gridò:
> – Capitano, un uomo in cielo!

Il naufrago dello spazio non è un astronauta, ma un idraulico. L'idraulico di Paderno Dugnano. Chiaro, no? Quello che intende dire Rodari è che lo spazio cosmico sta diventando una dimensione familiare per l'uomo. Proprio come il mare. E proprio come in mare può capitare che chiunque – una persona qualsiasi, anche un idraulico – finisca fuori bordo.

Sarebbe sbagliato, tuttavia, pensare che l'interesse scientifico di Rodari si esaurisca nelle tematiche relative ai viaggi spaziali. Ci sono diverse filastrocche dedicate ad altri temi che possiamo considerare di interesse scientifico. Alcune riguardano la matematica: bellissima è *Il trionfo dello Zero*. Altre – da *Quanti pesci ci sono in mare?* a *Come si chiamano gli uccelli* – richiamano i temi della biodiversità. Altre ancora affrontano il tema generale del progresso. È il caso della *Filastrocca brontolona*, dove a brontolare è il nonno che vorrebbe tornare ai bei tempi passati, quando non c'erano elicotteri e micromotori. Ma si accorge che non è possibile. E si chiude con un significativo:

«Il mondo cammina, il mondo ha fretta!»
Viva il nonno in motoretta.

Già, perché quegli anni caratterizzati dai razzi che sfrecciano nello spazio, sono anche gli anni del boom economico in Italia. Un'Italia in via di rapida industrializzazione, che inizia a conoscere i consumi di massa. Di cui i mezzi di trasporto privati che – dallo scooter alla Cinquecento – rendono la mobilità un bene finalmente accessibile a tutti sono l'espressione più plastica.

Ma ritorniamo allo spazio. La prima filastrocca del grappolo *La luna al guinzaglio* – un titolo che è anche una metafora dello spazio addomesticato – è dedicata a *Il Pianeta degli alberi di Natale*. Un pianeta che "se non esiste, esisterà".

E, almeno nell'immaginario di Rodari, quel pianeta si materializza e prende la forma di un nuovo romanzo, *Il Pianeta degli alberi di Natale* che viene pubblicato da Einaudi nel 1962. La storia è quella di un bambino, Marco, che sogna un mondo dove si vive felici, senza l'incubo della guerra. Dove tutti i lavori pesanti sono svolti da macchine e robot. Dove la pace e l'armonia sono raggiunti attraverso una forma semplice, quasi spontanea, di democrazia partecipata. Un mondo dove è sempre Natale. Si tratta di un sogno utopico: realismo e utopia sono gli elementi di cui da sempre si nutre Rodari.

Ma è l'ambiente in cui quell'utopia si realizza che è interessante. Perché il sogno non è ambientato in un bosco o in un castello fatato, tutto paioli e polenta, e neppure in un orto o in un mercato, qui sulla Terra: ma su un altro pianeta, tutto scienza e robot. In cui il primo ministro rinuncia alla sua funzione per poter risolvere in pace un problema di matematica.

In quel medesimo anno, il 1962, Gianni Rodari pubblica anche le *Favole al telefono*. Favole brevi, raccontate, appunto, al telefono – ogni sera una favola – alla propria bambina (evidente il riferimento alla figlia Paola che in quel momento ha cinque anni) dal ragionier Bianchi, "un rappresentante di commercio che sei giorni su sette girava l'Italia intera". Si tratta di favole molto carine – le signorine del centralino di Varese sospendevano tutte le attività per ascoltarle. E anche in questo caso protagonisti assoluti sono lo spazio, i pianeti, le astronavi, Gagarin. I pulcini cosmici.

È dunque evidente che all'inizio degli anni '60 i luoghi e i protagonisti delle filastrocche, delle fiabe e dei romanzi di Rodari cambiano. Diventano affatto diversi. I luoghi non sono più i mercatini rionali frequentati nell'immediato dopoguerra, ma i pianeti più lontani e lo spazio cosmico. I personaggi non sono più quelli "frutta e verdura", ma astronauti, robot, scienziati. Persino i pulcini, sono pulcini cosmici.

È dunque evidente che Gianni Rodari ha cambiato il mondo di riferimento: dalla grama vita quotidiana nei quartieri popolari alla vita negli spazi cosmici. Una vita ipertecnologizzata, ma che resta intessuta di umanità in tutti i suoi aspetti: le gioie e i dolori, i desideri realizzati e le frustrazioni, le contraddizioni e le lotte, le grandi opportunità di costruzione di un mondo migliore e le grandi minacce (la bomba, l'inquinamento).

Conviene allora chiedersi perché Gianni Rodari realizza questo cambiamento di punti di riferimento. Perché passa da Cipollino al Pulcino Cosmico? Dal mercato di quartiere ai laboratori scientifici? Dall'aritmetica del fruttaiolo alla matematica degli insiemi. La causa prossima è persino ovvia e l'abbiamo già accennata.

Perché a partire dalla seconda metà degli anni '50 il cielo comincia a popolarsi di razzi, di satelliti artificiali, di astronauti. È una successione rapida, impressionante. Iniziata nel 1957 con i lanci dello *Sputnik 1* e dello *Sputnik 2*; proseguita nel 1959 con *Lunik III* che entra in orbita intorno alla Luna e ne fotografa la faccia finora nascosta e culminata il 12 aprile 1961 quando l'Urss lancia il primo uomo nello spazio, Jurij Gagarin.

L'Unione Sovietica sembra arrivare in questa fase della storia dell'esplorazione dello spazio sempre per prima. Ma in realtà è iniziata una gara molto serrata con gli Stati Uniti.

Tutti colgono la novità: il mondo sta cambiando. Lo spazio sembra ridursi a cortile di casa. Con le nuove tecnologie e le vecchie risse.

Pochi colgono la profondità del nuovo. Se il mondo cambia, cambia l'uomo.

E cambia il modo di stare insieme degli uomini. Cambia la società umana.

Italo Calvino è tra coloro che proprio in questi anni "alza gli occhi al cielo" e coglie la profondità del nuovo. Comprende che la novità va oltre la sfida delle astronavi alla forza di gravità. La tecnologia spaziale non cambia solo il mondo fruibile intorno a noi, espandendolo. E già questo incremento dello spazio a disposizione sarebbe una condizione paragonabile a quella vissuta dagli europei dopo il 1942 con la scoperta dell'America, il "nuovo mondo", da parte di Cristoforo Colombo. La novità tecnologica cambia noi stessi. Cambia l'uomo, appunto. Ed è con questo duplice cambiamento che occorre misurarsi.

Anche Gianni Rodari, proprio come Calvino, "alza gli occhi al cielo" e segue un percorso del tutto analogo a quello dello scrittore sanremese. Non è affatto sorprendente. Lo scrittore di Omegna ha una sensibilità politica e artistica del tutto simile a quella dello scrittore di Sanremo. I due sono in costante dialogo. Entrambi sono e diventano, così, vieppiù esponenti tra i principali di quel filone letterario, il realismo magico, che cerca forme non convenzionali di linguaggio, nuove o antiche, per raccontare e analizzare e cercare di cambiare la realtà più imminente del mondo.

Gianni Rodari è tra i primi ad accorgersi che la novità introdotta dalla tecnoscienza è epocale. Un autentico spartiacque. Come spiega nell'introduzione a *Il Pianeta degli Alberi di Natale*:

> Ho rivelato per la prima volta l'esistenza del *Pianeta degli alberi di Natale* nel mio libro *Filastrocche in cielo e in terra*. In un altro

libro, *Favole al telefono*, ho poi descritto le più curiose caratteristiche di quel mondo bizzarro, pur senza nominarlo, dando notizia di strabilianti invenzioni come: la caramella istruttiva, lo staccapacci, il tristecca ai ferri.
Sono lieto ora di fornire la prova definitiva che il "Pianeta degli alberi di Natale" esiste.
Nella prima parte di questo libro potrete leggere la storia della sua esplorazione (ricavata dal giornale di Roma "Paese Sera" del 26 dicembre 1959.) Nella seconda parte troverete altri documenti interessantissimi: il calendario di quel pianeta, con oroscopi e proverbi; le "poesie per sbaglio" che lassù vanno molto di moda, e che comprendono anche alcuni simpatici giochi. Spero così di metter finalmente a tacere certi critici dubbiosi.
Il libro, dalla prima pagina all'ultima (ma anche dall'ultima alla prima) è dedicato ai bambini di oggi, astronauti di domani.

Eccoci, dunque, al punto. Rodari scrive – oggi come ieri – per i "bambini di oggi". Per l'infanzia. Per coloro che stanno crescendo e un giorno diventeranno adulti. Solo che si rende conto che mentre ieri "i bambini di oggi" avrebbero vissuto in un mondo simile e avrebbero svolto tutto sommato le stesse attività dei loro padri, oggi "i bambini di oggi" da adulti vivranno in un mondo affatto diverso rispetto a quello dei loro padri. Faranno cose diverse. Faranno gli astronauti.
Oggi "i bambini di oggi" vivono in un mondo che è cambiato. Che è irrimediabilmente diverso dal mondo in cui sono nati e si sono formati "i bambini di oggi", di ieri e dell'altro ieri.
Non è uno scioglilingua. È il racconto di un cambiamento profondo e inusitato.
Occorre non solo prenderne atto. Occorre sintonizzarsi con il nuovo modo con cui "i bambini di oggi, astronauti di domani" vedono il mondo.
E con le filastrocche di *Filastrocche in cielo e in Terra*, con le favole di *Favole al telefono* e con la storia di Marco in *Il Pianeta degli alberi di Natale*, questo Gianni Rodari cerca di fare. Mettersi in sintonia con i nuovi tempi informati dalla scienza e dalla tecnologia. Riuscendoci, peraltro, alla grande.
È in questi anni che Gianni Rodari diventa non solo famoso. Che non solo raggiunge, con il medesimo realismo magico, le vette

letterarie di Carlo Collodi. Ma le raggiunge attraverso una "letteratura cosmica", facendo propria quella "vocazione profonda" che da Dante ad Ariosto (poeta cosmico e lunare), da Galileo a Leopardi caratterizza la grande letteratura italiana: la filosofia naturale. O meglio il *ménage à trois* tra scienza (con sua figlia, la tecnica), filosofia e letteratura.

La vocazione profonda della letteratura italiana

Quella dei "bambini di oggi, astronauti di domani" è una prospettiva che Gianni Rodari giudica realistica. Egli immagina davvero che di lì a qualche lustro lo spazio sarà ridotto a cortile di casa dell'umanità. Ma è anche una metafora. Una potente metafora che ci parla di una transizione, appunto, più grande e più profonda. Gianni Rodari percepisce che il mondo sta entrando in una nuova era, che la società umana sta entrando in una nuova dimensione: l'era e la società che Norbert Wiener, il matematico fondatore delle scienze cibernetiche, proprio in quegli anni va definendo dell'informazione e della conoscenza. Si tratta di una transizione epocale. La terza grande transizione nella storia dell'umanità: paragonabile a quella che 8.000 anni fa ha trasformato le società fondate sull'economia della caccia e della raccolta in società fondate sull'economia della coltivazione e dell'allevamento; e a quella che meno di tre secoli fa ha creato una società fondata sull'economia industriale.

In questa transizione la scienza assume un ruolo da protagonista. Perché l'era della conoscenza è caratterizzata sia dalla produzione incessante di nuova conoscenza (e niente più della scienza produce in maniera incessante nuova conoscenza) sia dall'innovazione tecnologica (e niente più della nuova conoscenza prodotta dalla scienza alimenta l'innovazione tecnologica). Non è un caso che proprio sul finire degli anni '50 negli Stati Uniti, nell'Unione Sovietica, ma anche in Europa e in Giappone gli investimenti in ricerca scientifica e sviluppo tecnologico assumono, per la prima volta nella storia, una dimensione macroeconomica. Si misurano non più in centesimi o decimi, ma in unità di Pil. E il numero di membri della comunità scientifica mondiale non si misura più in migliaia ma inizia a essere misurabile in milioni.

Insomma, la scienza percola nella società e la rimodella. La novità è senza precedenti. E dunque, sostiene Gianni Rodari, anche (e soprattutto) chi scrive per l'infanzia ne deve tener conto. Nulla, infatti, è più come prima.

"L'idea che il bambino d'oggi si fa del mondo è per forza tutt'altra da quella che se ne può essere fatta, da bambino, il padre stesso da cui lo separano pochi decenni", scriverà più tardi nella sua *Grammatica della fantasia*.

La letteratura deve farsi carico di interpretare questo cambiamento.

Il tema è all'ordine del girono. Lo dimostra, tra l'altro, il dibattito che proprio nel 1962 si svolge tra Umberto Eco e Italo Calvino sulle pagine di *Menabò*. Si parla del quel cambiamento. E dello spaesamento. Simile a quella che si prova quando in un labirinto non si trova più la via d'uscita. Il cambiamento se ti precipita nel labirinto è accompagnato da alienazione.

Ebbene, sostiene il semiologo bolognese nell'articolo *Del modo di formare come impegno della realtà*: "non si vince la situazione alienante rifiutandosi di compromettersi con la situazione oggettiva". Occorre accettare di vivere in questa nuova condizione di caos, sostiene Umberto Eco. Occorre accettare di vivere nel labirinto.

Italo Calvino concorda, ma solo in parte. Viviamo nel labirinto. Dobbiamo prenderne atto. Ma non dobbiamo restare chiusi al suo interno. Dobbiamo cercare di uscirne. Dobbiamo governare il cambiamento e cercare di indirizzarlo verso un futuro desiderabile. Per uscire dal labirinto dobbiamo ricostruirne la mappa, la più particolareggiata possibile.

Su un punto entrambi concordano, la necessità di elaborare una "letteratura cosmica".

La letteratura, sostiene Umberto Eco, può essere utile per attenuare la condizione di alienazione. Ciò non implica affatto, tuttavia, una "letteratura sulla società", la letteratura deve esprimere "il disagio di una certa situazione umana" in un'altra forma, più efficace di quella sociologica. Per esempio, una letteratura capace di fornire "una immagine del cosmo quale è suggerito dalla scienza".

Calvino rilancia. La letteratura non deve rinunciare a una visione unitaria del mondo: deve accettare la "sfida del labirinto" e rifiutare la "resa al labirinto". Deve fornire all'uomo una nuova e più potente "mappa" che lo renda capace di muoversi nell'inedita complessità del nuovo mondo. E questa nuova e più potente "mappa del mondo" oggi più che mai è la scienza. Una mappa che consente all'uomo di muoversi, anche letteralmente, in nuovi spazi.

Letteratura e scienza devono dunque intrecciarsi per costruire insieme mappe particolareggiate del labirinto. Tanto più che "l'atteggiamento scientifico e quello poetico coincidono: entrambi sono atteggiamenti insieme di ricerca e di progettazione, di scoperta e di invenzione".

In una lettera indirizzata a Eco il 9 maggio 1962 era stato ancora più esplicito: "Da anni pensavo di scrivere un manifesto «Per una letteratura cosmica»".

Abbiamo ricostruito questo dialogo tra Umberto Eco e Italo Calvino, perché è in questo ambito che si sta muovendo, consapevolmente, anche Gianni Rodari. Cos'è quella che ormai propone lo scrittore di Omegna se non una "letteratura cosmica" per l'infanzia? La costruzione attraverso la scienza e la letteratura di una mappa per consentire "ai bambini di oggi, astronauti di domani" di muoversi nell'inedito labirinto?

Nel fare questo a partire dall'inizio degli anni '60 Gianni Rodari diventa interprete, per usare ancora le parole di Calvino, di quella vocazione profonda che appartiene alla letteratura italiana che da Dante Alighieri a Ludovico Ariosto, da Galileo Galilei a Giacomo Leopardi attinge alle vette più alte solo quando realizza l'incontro, un *ménage a trois*, con la filosofia e la scienza [Greco, 2009].

Gip nel televisore

Che il cosmo sia una parte importante, ma non esaustiva del nuovo mondo che Gianni Rodari individua e interpreta in questi anni lo dimostra la pubblicazione, sempre nel 1962, di *Gip nel televisore. Favola in orbita*.

Nel libro – pubblicato presso l'editore Mursia, perché la risposta di Einaudi è arrivata tardi – i temi dello spazio, della scienza, della minaccia atomica si intrecciano con quelli della comunicazione. Protagonista è la televisione, che è ormai diventata il mezzo di comunicazione di massa che raggiunge tutti e tutti cattura. Gip è appunto il bambino che è inghiottito nel nuovo labirinto televisivo e sballottato tra i suoi circuiti.

Rodari ha capito che la televisione contribuisce a trasformare il mondo quanto e forse più dei razzi che volano nel cosmo e delle bombe che si accumulano minacciose negli arsenali. Il labirinto di cui Rodari come Calvino vuole costruire una mappa dettagliata è dunque un intreccio complesso di scienza, tecnologia, comunicazione. E di consumi di massa.

Come spiega nella presentazione:

> Questo racconto, prima, era una poesia, nella quale un medico appassionato di televisione cadeva nel suo televisore e vi restava prigioniero; di là riceveva i clienti, scriveva le ricette, eccetera. I bambini ascoltavano, ridevano. Però risero molto di più quando, al posto del medico, feci cadere nel televisore uno di loro: raccontavo la storia nella scuola di una maestra mia buona amica, e scelsi uno dei suoi scolaretti per il capitombolo. Allora riscrissi la storia e diventò questo libro.
>
> Quasi tutti i nomi hanno un riferimento. Per esempio, c'è un medico svedese: gli ho dato il nome di un campione di calcio per il quale una volta facevo il tifo. C'è uno scienziato sovietico: gli ho dato il nome del figlio di un mio amico, per fargli uno scherzo. C'è anche uno scienziato giapponese: gli ho dato il nome di Yamanaka... C'erano le Olimpiadi, mentre scrivevo, e questo grande nuotatore era molto simpatico.
>
> Perché ho messo un personaggio giapponese, a una svolta del racconto? Perché qualcuno doveva dire che una vita umana è più importante e vale di più di tutte le macchine, terrestri e spaziali: mi sembrava giusto che a dirlo fosse il figlio di un paese che ha provato nelle proprie carni l'orrore della bomba atomica.
>
> Questo, in generale, non è un libro istruttivo, ma un libro divertente. Si capisce che può insegnare anche qualcosa, ma bisogna indovinarlo. La morale della storia, comunque, non è che due televisori sono meglio di uno...
>
> Le altre "storie in orbita" che completano il volume sono apparse quasi tutte sul *Corriere dei piccoli*. Alcune di esse sono in realtà "storie per giocare a inventare le storie". Delfina al ballo, per esempio, è una traduzione spaziale della vecchia fiaba di

Cenerentola. Chiunque può fare lo stesso con la fiaba di Pollicino, se crede: basta che Pollicino e i suoi fratelli, invece che nel bosco, si perdano nella Via Lattea e arrivino con la loro astronave nel pianeta degli Orchi. Provare: è facilissimo.

Con *Gip nel televisore. Favola in orbita* Gianni Rodari vince il premio Castello ed entra nella lista d'onore del premio Andersen.

La sua attività ormai è sempre più intensa. Nel 1963 ritorna per la seconda volta in Urss e pubblica *Il castello di carte*; nel 1964 *Il libro degli errori* – che gli vale il premio Rubino – e *Il cantastorie. Storie a piedi e in automobile*. In questo stesso anno inizia a collaborare con *Il giornale dei genitori*.

La torta in cielo

Il 1966 è l'anno di *La torta in cielo*, capolavoro di "letteratura cosmica", in cui di nuovo sono riassunti tutti i temi della realtà che vuole raccontare e interpretare: lo spazio e le astronavi, la scienza, il disarmo. L'uomo.

La storia è ambientata in una quartiere popolare – una borgata – di Roma, il Trullo. Il quartiere è nato nel 1939, quando l'Istituto Autonomo delle Case Popolari ha scelto una zona a sud-ovest di Roma – che ospita, lungo l'argine del Tevere, un sepolcro romano con una forma simile a quella dei trulli pugliesi – per costruire un quartiere con criteri moderni tra la borgata popolare di Monte Cucco e quella quasi tutta abusiva di Monte delle Capre.

La storia, scrive Rodari nel presentarla, nasce proprio lì, "nelle scuole elementari Collodi" del Trullo, "tra gli scolari della Signorina Maria Luisa Bigiaretti che hanno finito la quinta nel 1964". Viene pubblicata dapprima a puntate sul *Corriere dei Piccoli*, a partire dal 1964 e poi diventa un libro nel 1966.

La trama, in breve, è questa. Un bel giorno si presenta nel cielo del Trullo, grande come un'astronave aliena, una gigantesca torta, frutto di un esperimento nucleare mal riuscito e pilotata dallo scienziato, apprendista stregone. Gli abitanti del quartiere sono spaventati. Gli adulti non sanno che fare. Per fortuna ci sono i bambini che vengono a capo della situazione, non solo spiegandola – ricostruendo la mappa del labirinto – ma trovando la soluzione per uscirne.

Davvero in *La torta in cielo* ci sono tutti gli ingredienti della fiaba realistica e della letteratura cosmica che Gianni Rodari propone per interpretare la nuova era informata dalla scienza e dalla tecnologia.

Nel 1967 pubblica con Mursia *Gip nel televisore e altre storie in orbita*, nel 1968 assume la direzione di *Il giornale dei genitori*, nel 1969 pubblica, con Editori Riuniti, *Venti storie più una*. In quello stesso anno inizia a collaborare con la RAI e con la BBC, come autore del programma televisivo Giocagiò. Tra il 22 ottobre 1969 e il 25 marzo 1970 realizza per la Rai *Tante storie per giocare*.

Giovanni Francesco Rodari è diventato definitivamente Gianni Rodari, il più grande scrittore italiano per l'infanzia del XX secolo. Conosciuto in tutto il mondo.

La grammatica di un universo a dondolo

All'inizio dell'anno 1970 Gianni Rodari vince l'*Hans Christian Andersen Awards*, il premio internazionale più prestigioso per chi si occupa di letteratura dell'infanzia. Il premio, una medaglia, gli viene conferito dall'International Board on Books for Young People (IBBY), un comitato internazionale con sede in Svizzera, non per un lavoro specifico, ma per l'insieme delle sue opere. Rodari ritira la medaglia Andersen durante il XII Congresso IBBY che si svolge ad aprile a Bologna, nel corso della VII Fiera del Libro per ragazzi.

Nell'introduzione a questo volume abbiamo verificato che il posto centrale, nel breve discorso di ringraziamento pronunciato a Bologna da Rodari, è occupato dalla figura di Isaac Newton. Tutto questo nostro libro è stato progettato e realizzato nel tentativo di dimostrare che la citazione del fisico inglese nel discorso di ringraziamento del più prestigioso premio per la letteratura dell'infanzia non è affatto casuale. Ma che, anzi, costituisce il riconoscimento del ruolo sempre più centrale della scienza nella formazione dei "bambini di oggi, astronauti di domani". Perché la scienza non è solo cultura che cambia il mondo, ma anche e soprattutto perché è cultura in grado di costruire mappe di quel labirinto sempre più intricato che è il mondo.

Gianni Rodari coglie l'occasione di Bologna anche per mettere in evidenza, davanti a una platea internazionale, il ruolo che riveste la fiaba nella letteratura dell'infanzia. Non sarebbe davvero necessario, in quella sede. Visto che si tratta di una porzione di umanità che si richiama esplicitamente ad Hans Christian Andersen. Ma anche quella porzione così speciale dell'umanità, forse, non è del tutto abituata alla fiaba realista. Alla "letteratura cosmica". A quella che potremmo definire "la grammatica di un universo a dondolo".

Una grammatica cui Rodari accenna appena, a Bologna, nel 1970. Ma se portiamo un po' di pazienza e facciamo passare ancora un paio di anni – durante i quali lo scrittore pubblica *Le filastrocche del cavallo parlante* (1970) e *Tante storie per giocare* (1971) – possiamo giungere con questa nostra ricostruzione ai giorni compresi tra il 6 e il 10 marzo 1972, quando il vincitore del premio Andersen ritorna in Emilia per partecipare, nella città di Reggio, agli *Incontri con la Fantastica*.

È l'occasione giusta per riprendere davanti a insegnanti e operatori culturali l'antica suggestione offertagli nell'inverno a cavallo tra il 1937 e il 1938 da uno dei suoi poeti preferiti, il tedesco Hardenberg Novalis (1772-1801), e mettere a sistema il suo pensiero sull'arte di inventare storie.

Nel frammento catalogato al n. 1095, il poeta tedesco scrive: "Se avessimo anche una Fantastica, come una Logica, sarebbe scoperta l'arte dell'inventare". Ecco, quello che intende fare Gianni Rodari è proprio questo: iniziare a elaborare una Fantastica. Cosicché le considerazioni svolte a Reggio Emilia assumono ben presto la forma di un libro, *Grammatica della fantasia*, che il premio Andersen pubblica l'anno successivo, nel 1973, con un sottotitolo che è quasi un manifesto: *Introduzione all'arte di inventare storie*.

Molto, per la verità, si è scritto su questo libro. E a ragione. Più tardi tenteremo di ricapitolare i temi principali di discussione, anche se forse non ce ne sarebbe bisogno. Ma subito conviene proporre un gioco alla Rodari, forse inedito: smontare la *Grammatica della fantasia*, come si smonta un giocattolo, e individuare i pezzi che congiungono scienza e letteratura, fiaba e realismo. I pezzi della "grammatica di un universo a dondolo".

Iniziamo, dunque, dall'origine e dall'immediato sviluppo dell'idea di una Fantastica. Pochi mesi dopo aver letto i *Frammenti di Novalis*, alla fine degli anni '30, Rodari si imbatte nei surrealisti francesi e crede di aver trovato, nel loro modo di lavorare, proprio la Fantastica vagheggiata da Novalis: ovvero la tecnica dell'invenzione. Ed ecco, dunque, che mentre impara a insegnare ai bambini delle elementari del varesotto, Rodari inizia a scrivere un'opera di cui ha già chiari il titolo, *Quaderno di Fantastica*, e l'obiettivo: inventare e raccontare la tecnica per mettere insieme parole e immagini al fine di catturare l'attenzione e comunicare con i suoi scolari.

L'impresa è tanto ambiziosa quanto presto accantonata, travolta dalle vicende della vita. La guerra, il giornalismo, il trasferimento a Milano. Passano gli anni, ma Rodari non dimentica l'antico progetto. E torna a rimuginare l'idea quando, intorno al 1948, inizia a scrivere in maniera sempre più sistematica per i bambini. Solo la pigrizia, ricorda, una certa riluttanza allo studio sistematico e, soprattutto, la mancanza di tempo gli impediscono di realizzarla, quell'idea, fino a quando, nel 1962 compie un primo passo significativo e su *Paese Sera* pubblica in due puntate (il 9 e il 19 febbraio) un *Manuale per inventare storie*.

In quel racconto come al solito Rodari mescola le carte. E, per insegnare a inventare storie, inventa egli stesso una storia: immagina di aver ricevuto da uno studioso giapponese, conosciuto durante le Olimpiadi di Roma del 1960, il manoscritto che un signore tedesco di nome Otto Schlegel-Kamnitzer ha pubblicato nel 1912 a Stoccarda col titolo *Grundlegung zur Phantastik – Die Kunst Maerchen zu schreiben*, ovvero: *Fondamenti per una Fantastica – L'arte di scrivere fiabe*.

I due articoli su *Paese Sera* sono solo l'inizio di un percorso. Sono molti anni ormai che Rodari scrive fiabe e filastrocche e ora è giunto il momento di rendere pubbliche in maniera sempre più serrata le riflessioni sulla loro funzione e sulle tecniche dell'inventarle. Cosicché negli anni successivi ritorna più volte sull'argomento, per esempio sul *Giornale dei genitori*, suggerendo alle mamme e ai papà la maniera, appunto, di inventare storie per i loro frugoletti in una serie di articoli tra cui: *Che cosa succede se il nonno diventa un gatto* (dicembre 1969), *Un piatto di storie,* (gennaio e febbraio 1971), *Storie per ridere* (aprile 1971).

Ecco spiegato, dunque, come la settimana di *Incontri con la Fantastica* nel marzo 1972 non sia affatto un fulmine a ciel sereno. Piuttosto la tappa, importante, di un lungo viaggio che ormai procede in parallelo lungo due strade diverse: la letteratura per l'infanzia e la sua analisi critica. Nel corso di questo viaggio il problema della tecnica dell'invenzione non è cambiato, sebbene siano cambiati – come abbiamo visto – i contenuti delle storie da narrare.

Storie per bambini di oggi, astronauti di domani.

Ma forma e contenuto non sono affatto separabili. Cosicché, inevitabilmente, la scienza e la tecnologia finiscono per informare di loro anche la *Grammatica della fantasia*, con una ricchezza di declinazioni e di variazioni sul tema che è pari a quella resa manifesta da Rodari in tutta la sua opera di scrittore e giornalista. Proviamo, appunto, a decostruire la *Grammatica della fantasia* e a ricostruirla per grandi capitoli lungo il percorso che lega la fiaba, il realismo e la scienza.

Fiaba e realismo

L'arte di inventare storie, sostiene Rodari, consiste nell'interpretare la realtà facendo uso della fantasia. Lungi dall'essere una fuga dalla realtà, la fantasia è uno strumento molto potente – anche perché molto divertente – che aiuta i bambini a entrare nel labirinto. A costruire mappe – mappe razionali – del mondo reale. Stimolare la fantasia dei bambini, dunque, significa aiutarli a cercare la strada per entrare nel mondo reale. Anzi:

> Con le storie e i procedimenti fantastici per produrle noi aiutiamo i bambini a entrare nella realtà dalla finestra, anziché dalla porta. È più divertente: dunque è più utile.

Affermazione potente e spiazzante. Ma niente affatto nuova. Come ricorderete, Gianni Rodari ne aveva già parlato nella lettera del 1952 a Italo Calvino: la fiaba, quando raggiunge le vette del Pinocchio di Collodi, consente la fusione perfetta di realtà e fantasia. Cosicché nessuno strumento più della fiaba consente: "L'uso della fantasia per stabilire un rapporto attivo con il reale". La fiaba è molto di più che un genere letterario potente e (perché) divertente. Assolve, infatti, a molte funzioni nel rapporto tra i bambini e il mondo che li circonda. In primo luogo nei rapporti con la mamma e con il papà. Il bambino impara che la narrazione di una fiaba costringe la mamma, sempre indaffarata, e il papà, che sta sempre fuori, a fermarsi e a stare con lui. "Prima di tutto la fiaba è per il bambino uno strumento ideale per trattenere con sé l'adulto". Ma stare con l'adulto, significa comunicare con lui. Impararne il linguaggio. Provare a imitarlo: dapprima con la lallazione, poi con le parole, infine con la costruzione di frasi sempre più articolate. Ecco dunque la seconda funzione della narrazione attraverso la fiaba.

Viene poi, o piuttosto contemporaneamente, il contatto con la lingua materna, le sue parole, le sue forme, le sue strutture.

E infine arriva quella che potremmo definire la "funzione calviniana": la fiaba come strumento per costruire "mappe del labirinto". Mappa razionali, di un labirinto – il mondo – che il bambino sta iniziando a esplorare:

> A cosa gli serve ancora la fiaba? A costituirsi strutture mentali, a porre rapporti come "io, gli altri", "io, le cose", "le cose vere, le cose inventate". Gli serve per prendere delle distanze nello spazio ("lontano, vicino") e nel tempo ("una volta-adesso", "prima-dopo", ieri-oggi-domani") [...]. Da questo punto di vista la fiaba rappresenta un'utile iniziazione all'umanità, al mondo dei destini umani, come ha scritto Italo Calvino nella prefazione alle *Fiabe italiane*; al mondo della storia.

Rodari non si nasconde le possibili obiezioni. È stato detto, ricorda, che quello delle fiabe è un mondo pericoloso: poiché la fiaba non è una fotografia della realtà – ma anzi descrive mondi passati e/o inesistenti e/o magici e/o irrazionali – costituisce una fuga dalla realtà. Ma tutto ciò non ha fondamento:

> È stato detto, ed è vero, che le fiabe offrono un ricco repertorio di caratteri e di destini, nel quale il bambino trova indizi della realtà che ancora non conosce, del futuro a cui ancora non sa pensare. È stato poi detto anche, e pure questo è vero, che le fiabe rispecchiano per lo più modelli culturali arcaici, superati, in contrasto con la realtà sociale e tecnologica che il bambino incontrerà crescendo. Ma l'obiezione cade se si riflette che le fiabe costituiscono per il bambino un mondo a parte, un teatrino da cui ci separa un consistente sipario [...]. Del resto, quando attraverserà, nella fase realistica dell'infanzia, il suo periodo di contenutismo, la fiaba cesserà di interessare il bambino: proprio perché non saranno più la sue "forme" a fornirgli materia prima per le sue operazioni. Si ha la sensazione che nelle strutture della fiaba il bambino contempli le strutture della propria immaginazione e nello stesso tempo se le fabbrichi, costruendosi uno strumento indispensabile per la conoscenza e il dominio del reale.

La fiaba non è affatto una concessione al magico e/o all'irrazionale. Non è una fuga dalla realtà. Persino la fiaba "animistica" dice, in qualche modo, al bambino che l'"animismo" non è una soluzione:

> A un certo punto la fiaba che personifica il tavolo, la lampadina, il letto, gli apparirà simile, nel meccanismo simbolizzante, al gioco in cui egli dispone fantasticamente delle cose: un "fare come se", nel quale egli non è tenuto a rispettare le proprietà degli oggetti. E sarà lui a concepire l'opposizione "reale-immaginario", "vero davvero-vero per gioco" che gli permetterà di fondare la realtà.

La fiaba è un elemento fondante nello sviluppo cognitivo del bambino. Perché viene da lontano. Perché, come sostiene Vladimir Propp nella sua *Morfologia della fiaba*:

> il nucleo più antico delle fiabe magiche deriva dai rituali di iniziazione in uso nelle società primitive [...]. Nella struttura della fiaba si ripete la struttura del rito. E proprio da questa osservazione Vladimir Propp (ma non solo lui) deduce la teoria secondo cui la fiaba ha cominciato a vivere come tale quando l'antico rito è caduto, lasciando di sé solo il racconto [...]. Una teoria ne può valere un'altra e forse nessuna è in grado di dare una spiegazione completa delle fiabe. Questa di Propp ha un fascino particolare perché intuisce un legame profondo – qualcuno dirà a livello di "inconscio collettivo" – tra il ragazzo preistorico che visse i riti di iniziazione e il bambino storico che vive proprio con la fiaba la sua prima iniziazione al mondo dell'umano.

È stato anche detto che la fiaba pecca in ogni caso di semplicismo. Perché offre al bambino solo ipotesi (e soluzioni) banali e riduttive – semplicistiche, appunto – e dunque poco utili a muoversi nella complessità del reale. E invece...

> Niente impedisce [...] di provocare l'impatto con la realtà per mezzo di ipotesi più impegnative. Esempio: *Cosa succederebbe se in tutto il mondo, da un polo all'altro, da un momento all'altro, sparisse il denaro?*

Non c'è solo la fiaba, naturalmente, nell'operazione di "conquista della realtà" attraverso la letteratura e il gioco. Anche gli indovinelli, per esempio, funzionano:

> Perché ai bambini piacciono gli indovinelli? A occhio e croce, direi, perché essi rappresentano la forma concentrata, quasi emblematica, della loro esperienza di conquista della realtà. Per un bambino il mondo è pieno di oggetti misteriosi, di avvenimenti incomprensibili, di figure indecifrabili. La loro stessa presenza nel mondo è un mistero da chiarire, un indovinello da risolvere.

Ciò detto, ci sono almeno altri due passaggi necessari da compiere per comprendere come nella fiaba fantasia e realtà possono fondersi. Uno è relativo al percorso personale di decodifica della fiaba e di conquista della realtà da parte del bambino.

> La "decodifica" non avviene [...] secondo leggi uguali per tutti: ma secondo leggi private, personalissime. Solo a grandi linee si può parlare di un "ascoltatore" tipo: di fatto, non c'è un ascoltatore uguale a un altro.

Dall'altra c'è l'esigenza – oggi più che mai – di proporre nuove fiabe, perché è cambiata la realtà del mondo che circonda il bambino:

> L'idea che il bambino d'oggi si fa del mondo è per forza tutt'altra da quella che se ne può essere fatta, da bambino, il padre stesso da cui lo separano pochi decenni. La sua esperienza lo mette in grado di compiere operazioni diverse. Forse anche operazioni mentali più complesse: per quanto manchino, in proposito, le misurazioni che occorrerebbero per affermarlo con sicurezza.

Manca una scienza cognitiva delle fiabe.

I grandi delle fiabe

Non mancano, invece, i grandi letterati (e i grandi stravolgitori) che hanno frequentato il genere della fiaba. Partendo, con cognizione, dalle fiabe popolari.

Le fiabe popolari sono entrate come materia prima in diverse operazioni fantastiche: dal gioco letterario (Straparola) al gioco della corte (Perrault); da quello romantico a quello positivistico; per finire, nel nostro secolo, con la grande impresa di filologia fantastica che ha permesso a Italo Calvino di dare alla nostra lingua quello che essa non aveva ricevuto nell'Ottocento per l'assenza di un Grimm italiano. Taccio delle imitazioni di cui le fiabe sono state vittime, dello stravolgimento pedagogico che hanno subito, dello sfruttamento commerciale (Disney) cui hanno dato luogo, le innocenti.

I grandi delle fiabe – i grandi che, dando (per dare) anima a una scuola finalmente popolare e di massa, hanno liberato la letteratura infantile dai compiti edificanti che molti le hanno assegnato e tutt'ora continuano ad assegnarle – sono due: Hans Christian Andersen e Carlo Collodi. Più due: i fratelli Grimm.

Al mondo delle fiabe si ispirano con fortuna, per strade diverse, Andersen e Collodi […]
I Grimm, Andersen, Collodi sono stati – sul lato del "fiabesco" – tra i grandi liberatori della letteratura infantile dai compiti edificanti che le avevano assegnati le sue origini, legate alla nascita della scuola popolare.

Conviene prendere nota degli appunti di Rodari "critico letterario" per cercare di capire il Rodari letterato. A iniziare dagli appunti di analisi comparata cui sottopone i suoi due (più due) massimi punti di riferimento Andersen (con i fratelli Grimm) e Collodi.

Hans Christian Andersen	Carlo Collodi
Andersen, come i fratelli Grimm, prese spunto dalle fiabe del suo paese. Ma mentre i Grimm, da bravi tedeschi, erano interessati a costruire, trascrivendo le fiabe dalla bocca dei narratori popolari, un	Pinocchio vive a sua volta di paesaggi, toni e colori della fiaba popolare toscana, che entra però nel suo racconto come un sostrato profondo e nell'impasto linguistico solo come uno degli elementi della

vivente monumento della lingua tedesca nella Germania asservita a Napoleone (operazione per la quale ebbero un riconoscimento, in nome del patriottismo, addirittura dal ministro prussiano per l'istruzione), Andersen riviveva quelle fiabe nella sua memoria: erano per lui solo un modo per riaccostarsi alla sua infanzia per riscattarla, non per dar voce al suo popolo. «Io e le fiabe» fu il «binomio fantastico» che presiedette, come un'altissima costellazione, al suo lavoro. Poi Andersen si staccò dalla fiaba tradizionale per creare una fiaba nuova, popolata di personaggi romantici e di oggetti quotidiani, persino di vendette personali. La lezione delle fiabe popolari, scaldata alla luce del sole romantico, gli era servita per giungere alla piena liberazione della sua fantasia e alla conquista del linguaggio adatto per parlare ai bambini senza bamboleggiare.

Possiamo vedere in Andersen il primo creatore della fiaba contemporanea: quella in cui temi e figure del passato escono dal loro limbo, ormai senza tempo, per agire nel purgatorio, o nell'inferno, del presente.

materia prima: una materia assai composita, come risulta a posteriori dalla varietà di interpretazioni che Pinocchio ha ricevuto e va ricevendo.

Collodi è andato più in là nell'attribuire al bambino – al bambino com'è, non come lo vorrebbe il suo maestro o il suo parroco – un ruolo di protagonista e nell'assegnare nuovi ruoli a certi personaggi della fiaba classica: la sua Bambina (poi Fata) dai Capelli Turchini è solo una parente lontana delle fate descritte dalla tradizione; nei panni di Mangiafuoco o del Pescatore Verde il vecchio Orco è irriconoscibile; l'Omino del Burro è un'allegra caricatura del Mago.

Andersen è imbattibile nell'animare gli oggetti più sciocchi, con effetti di «estraniazione» e di «amplificazione» assolutamente da manuale.

Collodi è imbattibile nei dialoghi: ci s'era allenato per anni, scrivendo brutte commedie.

Né Andersen né Collodi – e questo prova che erano poeti geniali – conoscevano il materiale fiabesco come lo conosciamo noi oggi, dopo che esso è stato catalogato, sezionato, studiato al microscopio psicologico, psicanalitico, formalistico, antropologico, strutturalistico eccetera.

Andersen e Collodi, dunque, ci hanno insegnato a parlare ai bambini senza bamboleggiare. Senza edulcorare. In maniera realistica, appunto.

Andersen e Collodi non parlano del passato, ma del presente.

Collodi più di Andersen rende protagonista il bambino così com'è, non come gli adulti vorrebbero che fossero.

Ebbene, qual è il nostro compito, oggi, alla luce del "realismo" di Andersen e di Collodi? A questa domanda Rodari risponde in maniera esplicita. Sostenendo, per esempio, che, essendo noi oggi in grado di studiarla con un approccio scientifico: "Siamo in grado di «trattare» le fiabe classiche in una intera serie di giochi fantastici". Dobbiamo riappropriarci della fiaba come Andersen e Collodi, ma dobbiamo anche spingerci più in là, lungo il percorso del realismo fantastico.

Rodari, tuttavia, risponde alla domanda sul realismo fantastico oggi anche in maniera più implicita. Possiamo ambientare, sostiene, la fiaba realista – con i bambini protagonisti così come sono, e non come vorremmo che fossero – con tutta la costellazione di giochi fantastici possibili, non solo nel presente. Ma anche nel futuro prossimo venturo.

E poiché sia nel nostro presente sia a maggior ragione nel nostro futuro protagoniste assolute saranno la scienza e la tecnologia, ecco che nelle fiabe e, più in generale, delle opere che Rodari ha scritto a partire dagli anni '60 e in quelle che scriverà per tutti gli anni '70, ci sono come elementi nuovi e affatto originali rispetto sia ad Andersen sia a Collodi, appunto la scienza e la tecnologia.

La scienza e la tecnologia, dunque, come nuovi elementi fondanti della grammatica dell'universo in cui si muovono i bambini di oggi. Come grammatica di un universo a dondolo.

E infatti questi due elementi, la scienza e la tecnologia innovativa, in tutte le loro sfaccettature, sono presenti, come cerchiamo di dimostrare qui di seguito, anche nella *Grammatica della fantasia*. Come elementi ormai indispensabili dell'arte di inventare storie.

Matematiche della fantasia

Gianni Rodari è chiaro, addirittura apodittico. C'è qualcosa di più di un nesso, c'è una reciproca dipendenza tra le fiabe e la matematica, che delle scienze naturali è, insieme, serva e padrona: "Le fiabe servono alla matematica come la matematica serve alle fiabe". È più che un'affermazione. È un programma di lavoro. La matematica come griglia interpretativa. Come modo di vedere il mondo.

E, per dimostrarlo, in *Grammatica della fantasia* a lei, alla scienza dei numeri, Gianni Rodari dedica un intero capitolo, il n. 37, *La matematica delle storie*, e poi ancora un paragrafo, *Le storie della matematica*.

C'è matematica, più o meno nascosta, nelle fiabe. Per esempio, c'è la matematica degli insiemi:

> La famosa novella del *Brutto anatroccolo* di Andersen – cioè del cigno capitato per errore in un branco di anatre – può essere tradotta in termini matematici nell'«avventura di un elemento A, capitato per errore nell'insieme degli elementi B, che non trova pace fino a quando non rientra nel suo insieme naturale, quello degli elementi A...»

Non è un caso. Né una ricostruzione artificiosa. Giochi di insiemistica sono in altre fiabe:

> In fondo, poi, la storia del Triangolo Blu che cerca la sua casa tra i Quadrati Rossi, i Triangoli Gialli, i Cerchi Verdi, ecc., è ancora la storia del *Brutto anatroccolo*, ma ricreata da capo, reinventata e rivissuta con un di più di emozione che le conferisce una colorazione personale.

C'è molta matematica degli insiemi nelle fiabe perché i giochi di insiemistica costituiscono un passaggio fondamentale nella "conquista della realtà" nel corso dell'età evolutiva:

> Un bambino domanda alla madre: – Chi sono io? – Sei mio figlio, – risponde la madre. Alla stessa domanda, persone diverse daranno risposte diverse: «tu sei il mio nipote», dirà il nonno; «mio fratello», dirà il fratello; «un pedone», «un ciclista», dirà il vigile; «il mio amico», dirà l'amico... L'esplorazione degli insiemi di cui fa parte è per il bambino un'avventura eccitante. Egli scopre di essere figlio, nipote, fratello, amico, pedone, ciclista, lettore, scolaro, calciatore: scopre, cioè, i suoi molteplici legami col mondo. L'operazione fondamentale che egli compie è di ordine logico. L'emozione ne costituisce un rafforzamento.

Con i giochi di insiemistica il bambino scopre la complessità sociale. Egli è, nel medesimo tempo, membro di diversi insiemi. È membro di una società complessa. Con innumerevoli relazioni. Con innumerevoli ruoli.

Ma i giochi, anche quelli di insiemistica, sono tali se sono divertenti. E se sono divertenti funzionano:

> Conosco maestri che inventano, e aiutano bambini a inventare, bellissime storie manovrando i «blocchi logici», i materiali strutturati per l'aritmetica, i gettoni per l'insiemistica, personificandoli, attribuendo loro ruoli fantastici: questo non è «un altro modo» di fare insiemistica, in opposizione a quello operativo-manuale che questo insegnamento esige nelle prime classi. È sempre lo stesso modo, ma arricchito di

significati. Si trova impiego così non solo alla capacità del bambino di «capire con le mani» ma anche a quella, ugualmente preziosa, di «capire con la fantasia».

Quella degli insiemi non è la sola matematica utile per "capire con la fantasia". La misura, attività e attitudine mentale tipica degli scienziati, è, appunto, un modo – il più preciso, peraltro – per elaborare mappe del mondo:

> Fondamento di ogni attività scientifica è la misurazione. Esiste un gioco per bambini che dev'essere stato inventato da un grande matematico: il gioco dei passi. Il bambino che comanda il gioco ordina ai suoi compagni, di volta in volta, di fare «tre passi da leone», «un passo da formica», «un passo da gambero», «tre passi da elefante»… Così lo spazio del gioco è continuamente misurato e rimisurato, creato e ricreato da capo secondo diverse unità di misura fantastiche.
> Da questo gioco possono prendere spunto esercizi matematici molto divertenti, per scoprire «quante scarpe è lunga l'aula scolastica», «quanti cucchiai è alto Carletto», «quanti cavaturaccioli ci sono dalla tavola alla stufa…».

Misurare significa mettere in relazione:

> Laura Conti ha raccontato nel «Giornale dei genitori» che da bambina coltivava questa immaginazione: «In un *piccolo* giardino c'è una *grande* villa, nella *grande* villa c'è una *piccola* stanza, nella *piccola* stanza c'è un *grande* giardino…» Questo gioco sulla relazione tra «grande» e «piccolo» rappresenta una prima conquista della relatività.

Il gioco delle relazione e della relatività è a sua volta una potente mappa per muoversi nel labirinto del mondo. Nell'universo – anche nell'universo a dondolo – non ci sono punti di riferimento assoluti:

> Se un personaggio si chiama «Signor Alto», ha nel nome il suo destino, nella sua natura le sue avventure e le sue disgrazie: basta analizzare il suo nome per dedurne i casi. Egli rappresenta una certa unità di misura del mondo…

Mettere in relazione con i giochi – anche con i giochi mentali – consente di intuire principi matematici più elaborati:

> Un'operazione mentale più difficile è quella che porta a capire che «*a* più *b* è uguale a *b* più *a*». Non tutti i bambini ci arrivano prima dei sei anni.

Gianni Rodari racconta la storia fantastica inventata da un bambino di cinque anni. La storia inizia parlando di un altro bambino (immaginario) che si accende come una lampada (effetto) perché ha messo le scarpe del papà (causa). La storia si conclude poi quando si scopre che il bambino si spegne (ritorno allo stato iniziale) quando gli tolgono le scarpe del papà (rimozione della causa). Ebbene, sostiene Rodari, nell'elaborare questa storia il bambino (quello vero) mostra di aver appreso il gioco logico tra causa ed effetto. Una scoperta importante, perché:

> Nel momento in cui fanno questa scoperta i bambini introducono nel libero gioco dell'immaginazione l'elemento matematico della «reversibilità», come metafora, non ancora come concetto.

I bambini possono utilizzare, con naturalezza e divertimento, alcuni degli "strumenti cognitivi" normalmente adoperati dai matematici. È il caso del "ragionamento per assurdo", frequente nelle fiabe e frequentissimo nelle opere di Rodari:

> Con i bambini, nel loro interesse, bisognerebbe stare attenti a non limitare la possibilità dell'assurdo. Non credo che abbia a scapitarne la loro formazione scientifica. Anche in matematica, del resto, ci sono le dimostrazioni «per assurdo».

Fin qui la matematica (e la logica matematica) nelle storie. Ma in realtà, sostiene Rodari, ci imbattiamo e in ogni caso possiamo (dobbiamo) creare anche storie di matematica. E per rafforzare il concetto Rodari scrive il paragrafo *Le storie della matematica*:

> Accanto a una «matematica delle storie» (vedi cap. 37) ci sono anche delle «storie della matematica». Chi segue la rubrica *Gio-*

chi matematici di Martin Gardner nella rivista «Scienze» (edizione italiana dello «Scientific American») mi ha già capito. I «giochi» che i matematici inventano per esplorare i loro territori, o scoprirne di nuovi, assumono spesso la caratteristica di «fictions» che stanno a un passo dall'invenzione narrativa.

È evidente che Rodari frequenta la comunicazione scientifica. Non solo legge regolarmente *Le Scienze* e altre riviste di alta divulgazione. Non solo conosce Martin Gardner, il giocoliere della matematica. Ma studia con sistematicità il rapporto complesso e bidirezionale tra scienza e fantasia. Nella convinzione che non solo la scienza serve alla fantasia, ma che la fantasia serve alla scienza. È il caso della nuova "scienza della simulazione", resa possibile dall'invenzione del computer:

> Ecco per esempio il gioco denominato «Vita», creato da John Norton Conway, un matematico di Cambridge («Scienze», maggio 1971). Esso consiste nel simulare al calcolatore la nascita, la trasformazione e il declino di una società di organismi viventi. In questo gioco le configurazioni inizialmente asimmetriche tendono a diventare simmetriche. Il professor Conway le chiama: «l'alveare», «il semaforo», «lo stagno», «il serpente», «la chiatta», «la barca», «l'aliante», «l'orologio», «il rospo», ecc. Egli assicura che esse costituiscono «un meraviglioso spettacolo da osservare sullo schermo di un calcolatore»: uno spettacolo in cui, in fin dei conti, l'immaginazione contempla se stessa e le proprie strutture.

Rodari mostra di seguire con attenzione tutto quanto a livello scientifico si muove nel "mondo del gioco matematico per capire il mondo":

> Si veda poi *La matematica dell'uomo della strada nel problema delle scelte*, di Vittorio Checcucci, nel quale sono presentate le ricerche condotte da lui stesso e dai suoi studenti nel Seminario didattico dell'Istituto matematico dell'Università di Pisa, in contatto con una scuola media e un Istituto Tecnico nautico di Livorno. La «materia prima» della ricerca era costituita da alcuni indovinelli e problemi popolari del tipo «come salvare capra e cavoli».

Logica & Fantastica

"Se avessimo anche una Fantastica, come una Logica, sarebbe scoperta l'arte di inventare". La vira professionale di Gianni Rodari è dominata dalla ricerca della Fantastica. Che non è in opposizione, ma a complemento della Logica.

E, infatti, la fiaba aiuta il bambino (e non solo il bambino, forse) a elaborare non solo un pensiero fantastico, ma anche un pensiero logico. Come succede nel caso già ricordato della favola "sulle scarpe del papà" inventata dal bambino di cinque anni, quando l'atto di indossare le magiche calzature "accende" il bambino protagonista della storia e l'atto di togliere le scarpe lo "spegne". Aver capito – aver addirittura inventato – questo nesso di causalità rigorosa

> […] È una conclusione logica. […] È stato un embrionale pensiero logico a manovrare lo strumento magico – «le scarpe del papà» – nel senso opposto al movimento iniziale.

> La storia del bambino reale di anni cinque che inventa la storia delle "scarpe di papà" con cui è possibile accendere, ma anche spegnere, un bambino immaginario (immaginato) non è affatto un'eccezione. Anzi queste storie inventate dai bambini sono una costante che permette di desumere, per parafrasare Popper, una "logica della scoperta fantastica".

A proposito delle storie inventate dai bambini... mi sembra che valga la riflessione di John Dewey, in *Come pensiamo*, a p. 64:

> "Le storie immaginarie raccontate dai fanciulli possiedono tutti i gradi della coerenza interna: alcune sono sconnesse, altre articolate. Allorché sono sconnesse, esse simulano il pensiero riflessivo; e in verità di solito si verificano nelle menti dotate di capacità logiche. Queste costruzioni fantastiche precedono spesso un pensiero di tipo più rigorosamente coerente e gli preparano la strada".
> «Simulano»... «precedono»... «preparano la strada»... Non mi sembra arbitrario dedurne che se vogliamo insegnare a *pensare* dobbiamo insegnare a *inventare*.

Naturalmente dobbiamo tenere in conto che il bambino che inventa non conosce – non ancora, almeno – il principio matematico e logico che impone di non contraddirsi:

> Il «principio di contraddizione» gli è ignoto. Egli è scienziato, ma anche «animista» («cattivo tavolo!») e «artificialista» («c'è un signore che mette l'acqua nei tubi»). Queste caratteristiche convivono in lui per un buon numero di anni, in proporzioni mutevoli.

Il pensiero matematico è parte di un più generale pensiero logico. Il pensiero matematico fantastico è parte di un più generale pensiero logico fantastico. In realtà:

> È difficile tracciare un confine tra le operazioni della logica fantastica e quelle della logica senza aggettivi.

Alla logica fantastica (alla logica e alla fantastica) Gianni Rodari dedica buona parte della sua *Grammatica della fantasia* e un capitolo in particolare, il capitolo 6: *Che cosa succederebbe se...* Una premessa ipotetica che, anche quando è fantastica, consente deduzioni rigorose (il pensiero ipotetico-deduttivo è il fondamento della logica scientifica):

> Quella delle «ipotesi fantastiche» è una tecnica semplicissima. La sua forma è appunto quella della domanda: *Cosa succederebbe se...*

Ecco, dunque, che applicando con sagacia questa tecnica la fiaba consente di costruire le basi del pensiero ipotetico-deduttivo. Basta solo un pizzico di fantasia...

> – Che cosa succederebbe se la Sicilia perdesse i bottoni?
> – Che cosa succederebbe se un coccodrillo bussasse alla vostra porta chiedendovi un po' di rosmarino?
> – Che cosa succederebbe se il vostro ascensore precipitasse al centro della terra o schizzasse sulla luna?

Il gioco riesce – e diventa inventivo – se è divertente. Infatti, sostiene Rodari:

Nemica del pensiero è la noia. Ma se invitiamo i bambini a pensare «che cosa succederebbe se la Sicilia perdesse i bottoni», sono pronto a scommettere tutti i miei bottoni che non si annoieranno.

La fiaba è utilissima, ma non è certo l'unico strumento in mano allo scrittore e all'insegnante (e al bambino stesso) per costruire una (logica della) fantastica. Una feconda ambiguità appartiene a molti altri strumenti di narrazione, per esempio gli indovinelli:

> La costruzione di un indovinello è un esercizio di logica o di immaginazione? Probabilmente tutte e due le cose insieme.

Ma, ritornando alla favola – per esempio, il brutto anatroccolo che cerca il suo "giusto" insieme – stampa nella mente del bambino una struttura logica, senza che il bambino se ne accorga. Ma è possibile anche il contrario. Partire da una struttura logica e organizzare una fantasia:

> Ora la domanda è questa: è lecito battere il percorso inverso, partire da un ragionamento per trovare una favola, utilizzare una struttura logica per un'invenzione della fantasia? Io credo di sì.

Possiamo, dunque parafrasare lo stesso Rodari e dire che: "La logica serve alla fantasia e la fantasia serve alla logica".

Fantastica e (logica della) ricerca scientifica

Con questi apparati matematici e logici, ci dice Rodari, possiamo passare al ruolo che ha la scoperta del mondo naturale – il ruolo che hanno le scienze naturali – nello sviluppo del bambino.

Alla ricerca scientifica, o meglio, alla logica della ricerca scientifica è dedicato il penultimo paragrafo della *Grammatica della fantasia*, esplicitamente intitolato *Attività espressive ed esperienza scientifica*. È qui che Rodari affronta il tema epistemologico del rapporto tra la creatività, la sua concreta espressione e la (logica della) ricerca scientifica. In primo luogo ci invita a leggere quel passo di *I modi di insegnare* in cui Bruno Ciari sostiene:

> Parrebbe, di primo acchito, che non ci dovesse essere punto di contatto tra attività espressiva, creativa ed esperienza scientifica. C'è invece un rapporto stretto. Il fanciullo che per esprimersi maneggia pennelli, colori, carta e cartoni, pietruzze ecc.: che ritaglia, incolla, modella e via dicendo, sviluppa per questo fatto abiti di concretezza, di aderenza alle cose, di una certa esattezza, che concorrono alla formazione di un abito scientifico generale, in cui, d'altronde, è presente sempre un aspetto creativo, che si palesa nella capacità dello scienziato vero di servirsi dei mezzi più semplici offerti dall'ambiente prossimo per le proprie esperienze. Ma giacché siamo tutti d'accordo che la formazione scientifica deve partire dai fatti, dalle osservazioni, dalle esperienze effettive del fanciullo, mi preme porre in luce come la più importante delle attività espressive, il testo libero, stimoli il ragazzo a osservare meglio la realtà, a immergersi nell'esperienza.

Poi Rodari commenta:

> I ragazzi del maestro Cirri allevavano criceti, giocavano a contare con il sistema Maya, scoprivano il periodo ipotetico facendo esperimenti sulla conservazione della carne in ghiaccio, avevano trasformato metà dell'aula in un atelier di pittura: insomma, mettavano la fantasia in tutto quel che facevano.

Non solo i ragazzi devono mettere la fantasia in tutto ciò che fanno. Ma, proprio come i ragazzi del maestro Cirri, possono usare le scienze naturali per allenare la loro fantasia. Anche perché non solo tutto quanto c'è nel mondo reale intorno a noi – e al bambino – può essere osservato con l'occhio dello scienziato. Ma in maniera naturale i bambini osservano con approccio scientifico tutto quello che sta intorno a loro – e a noi – e che noi adulti, ormai, non vediamo.

> Che cos'è un tavolo, per un bambino di un anno? [...] Il tavolo e la sedia, che per noi sono oggetti consumati e quasi invisibili, di cui ci serviamo automaticamente, sono a lungo per il bambino materiali di un'esplorazione ambigua e pluridimensionale, in cui si danno la mano conoscenza e affabulazione, esperienza e simbolizzazione.

Osservando il mondo intorno a lui, tuttavia, il bambino utilizza "ogni strumento epistemologico". Quello scientifico e anche quello magico. Così scopre il principio di causalità, ma è subito pronto a dimenticarsene:

> Così, fa parte del suo sapere la nozione che aprendo il rubinetto si fa scorrere l'acqua: ma questo non gli impedisce di credere, se del caso, che «dall'altra parte» ci sia un «signore» che mette l'acqua nel tubo, perché possa poi uscire dal rubinetto.

Non dobbiamo farci caso più di tanto. Il bambino impara presto a distinguere le regole che governano il mondo reale da quello immaginario. Ecco perché giocare con gli oggetti di uso comune utilizzando la logica scientifica e la logica fantastica non solo non è pericoloso, ma è utile:

> Facciamo bene a raccontargli storie di cui sono protagonisti gli oggetti di casa o rischiamo di incoraggiarlo nel suo animismo ed artificialismo, a danno dello spirito scientifico?
> Riferisco la domanda più per scrupolo che per preoccupazione. Giocare con le cose serve a conoscerle meglio.

Non solo non dobbiamo temere che nelle storie che narriamo loro – o che essi stessi inventano – ci siano personaggi che "violano le regole della natura". Ma dobbiamo riconoscere il valore pedagogico di questa disobbedienza:

> I «personaggi sbagliati» del tipo anticonformista, nelle nostre storie, debbono avere successo. La loro «disobbedienza» alla natura, o alla norma, dev'essere premiata. Il mondo, sono i disobbedienti che lo mandano avanti!

Di più: dobbiamo essere noi stessi anticonformisti, superando i tabù che ci impediscono di affrontare con loro i tempi più difficili, che non sono mai "scabrosi in sé", a iniziare dal tema della sessualità:

> Credo che non solo in famiglia, ma anche nelle scuole si dovrebbe parlare di queste cose in piena libertà e non solo in termini scientifici, perché non di sola scienza vive l'uomo.

E anche quest'ultima affermazione, a ben vedere, è una piccola, ma profonda pillola di saggezza epistemologica e pedagogica. La cultura scientifica, infatti, è una cultura che per prima riconosce i limiti – o meglio, gli ambiti di validità – della scienza stessa.
Non ci sono, non devono esserci, temi di cui è impossibile parlare con i bambini e naturalmente con i ragazzi. Il problema non è il cosa, ma il come:

> Silvio Ceccato (vedi *Il maestro inverosimile*, Bompiani, Milano 1972) ha già dimostrato che con i ragazzi non bisogna avere paura di parlare di «cose difficili»: con loro è più facile sbagliare per sottovalutazione che per sopravvalutazione.

Le scienze della fantasia

Non c'è solo il metodo con le "sensate esperienze" (e chi più dei bambini sperimenta sistematicamente con i cinque sensi) e le "certe dimostrazioni" a indurre Rodari a fondare sulle scienze naturali una parte importante della sua *Grammatica della fantasia*. C'è un interesse specifico per i contenuti delle scienze naturali: per l'universo in sé. Il labirinto cosmico di cui ricostruire una mappa razionale attraverso il metodo tipico della scienza interpretato con fantasia e divertimento:

> C'era una volta un re al quale piaceva vedere le stelle. Gli piaceva tanto che avrebbe voluto vederle anche di giorno, ma come fare? Il medico di corte gli consiglia il martello. Il re prova a darsi una martellata sui piedi ed effettivamente «vede le stelle» in pieno sole, ma il sistema non gli piace. Preferisce che sia l'astronomo di corte a prendere la martellata sul piede e a descrivere le stelle che vede: – Ahi!... Vedo una cometa verde con una coda viola... Ahi! Vedo nove stelle, vanno a tre a tre come i tre Re Magi... – L'astronomo fugge in un paese lontano. Il re, forse ispirato da Massimo Bontempelli, decide di seguire le stelle nel loro corso: farà ogni giorno il giro della terra per vivere sempre di notte, con cielo stellato. La sua corte è su un jet...

Queste storie sono piccoli esperimenti mentali. Seguendo il re che col suo jet insegue a sua volta le stelle, i bambini imparano (noi tutti impariamo) non solo che la Terra ruota su se stessa, ma intuiscono anche il concetto di moto per così dire cosmostazionario.

Si tratta di un piccolo esperimento mentale. Albert Einstein racconta quanto abbiano contato gli esperimenti mentali nella sua ricerca in fisica teorica. Quanto abbiano contato gli esperimenti fondati sulla domanda "cosa succederebbe se?": cosa succederebbe, si chiese ancora giovanissimo, se un uomo viaggiasse a cavallo di un'onda luminosa?

Gianni Rodari propone analoghi esperimenti mentali – cosa succederebbe se – per i bambini. Per esempio:

> Cosa succederebbe se il vostro ascensore precipitasse al centro della Terra o schizzasse sulla Luna.

Gli esperimenti possono portarci al limite dell'esperienza reale. In piena fantascienza. Per esempio, immaginiamo che:

> C'è un'altra Terra. Noi viviamo in questa e in quella, contemporaneamente. Là ci va diritto ciò che qui ci va a rovescio. E viceversa. Ognuno di noi vi ha il suo doppio. (La fantascienza ha già fatto largo uso di simili ipotesi: anche per questo mi sembra legittimo parlarne ai bambini).

Quel genere letterario chiamato fantascienza è ormai presente in pianta stabile nel mondo culturale dei bambini. Ed è non solo necessario, ma anche utile aiutare i bambini a decodificarlo. Non perché in quel mondo ci siano dei pericoli, ma perché ci sono straordinarie opportunità per liberare la fantasia, per ricostruire incessantemente il realismo fantastico.

Quasi a mo' di esempio Rodari riprende una delle storie di *Tante storie per giocare*. Quella che abbiamo già citato, relativa ai fantasmi che vivono su Marte e sono costretti a emigrare. La storia ha un prologo: dove si racconta dei fantasmi. E tre possibili finali: tra cui uno in cui i fantasmi marziani decidono di emigrare e, dunque, conquistare la Terra:

> Cinque bambini fra i sei e i nove anni, concordi fino a un momento prima nel farsi beffe dei fantasmi, sono ora altrettanto concordi nell'evitare che invadano la Terra. Come

ascoltatori si sentivano abbastanza al sicuro per ridere: come narratori obbediscono invece a una voce interna che raccomanda la prudenza.

Lo sguardo con cui Rodari guarda allo spazio cosmico è quello della modernità. Della tecnologia che lo ha reso, non più in senso virtuale, giardino di casa. Emblematica è la tecnologia dei razzi.

Ora le Befane viaggiano con l'elettrodomestico, provocando notevoli confusioni cosmiche: l'aspirapolvere aspira polvere di stelle, cattura uccelli, comete, un aeroplano con tutti i passeggeri (che verranno poi recapitati a domicilio giù per i camini, o sui terrazzini di cucina, dove il camino non c'è).

Dopo lo Sputnik e Gagarin lo spazio è diventato la chiave preferita da Gianni Rodari per parlare del "nuovo mondo" in cui la scienza ci ha sbarcati. Ma non c'è solo lo spazio cosmico. Il suo interesse riguarda tutte le scienze naturali. C'è, per esempio, l'ambiente ecologico nel quale il bambino vive, quello di casa:

Dovrò tener conto, per cominciare, che la prima avventura del bambino, appena è in grado di scendere dal seggiolone o di uscire dalla prigione del «box», è la scoperta della casa, dei mobili e delle macchine che la popolano, delle loro forme e dei loro usi. Sono essi che gli forniscono la materia delle prime osservazioni ed emozioni, che gli servono per fabbricarsi un vocabolario, che funzionano per lui come indizi del mondo in cui cresce.

Per costruirsi mappe razionali con cui muoversi in questa realtà – per costruirsi mappe della realtà – le "sensate esperienze" sono decisive:

Se gli racconto da dove viene l'acqua, parole come «sorgente», «bacino», «acquedotto», «fiume», «lago» eccetera rimarranno in lui sospese, alla ricerca di un oggetto, fin quando non avrà visto e toccato le cose che indicano.

È come se la casa, il giardino, la scuola fossero un museo scientifico di nuova generazione, *hands on*, in cui è "vietato non toccare", del tipo di quello che Frank Oppenheimer ha appena inaugurato a San Francisco, l'Exploratorium. In questi musei si usano tutti i cinque sensi per sperimentare. E a casa o in giardino il bambino usa il tatto, l'udito, l'olfatto, il gusto e, naturalmente, la vista.

Per esplorare la realtà lontana, inaccessibile al tatto, al gusto, all'olfatto e direttamente anche all'udito, si può – si deve – ricorrere almeno alla vista:

> Sarebbe meglio se avessi a disposizione una intera serie di albi illustrati – «di dove viene l'acqua», «di dove viene il tavolo», «di dove è venuto il vetro della finestra» e simili – che gli mostrassero almeno le figure delle cose. Ma questi albi non ci sono. Una «letteratura» per bambini da zero a tre anni non è stata ancora né sistematicamente studiata né prodotta, se non per via di intuizioni disorganiche.

Ecco, la nuova letteratura per bambini deve essere anche un estensione dei sensi. Proprio come il cannocchiale è stato un'estensione della vista per Galileo. A proposito di scienziati. Rodari li nomina di frequente. Sono tra i suoi personaggi di riferimento:

> La voce *Intuition* dell'*Enciclopedia britannica* cita Kant, Spinosa e Bergson, ma non Benedetto Croce. Beh, se non è proprio come parlare di relatività senza nominare Einstein, poco ci manca.

Nel suo libro viene citata – due volte – Laura Conti, medico ed ecologista. Non è, in senso stretto, una scienziata. Ma si è occupata di un tema decisivo nei rapporti tra scienza e società. La sicurezza medica e ambientale. Rodari la conosce bene. E, probabilmente, rappresenta per lui un punto di riferimento importante quando pensa a un mondo migliore da costruire attraverso la conoscenza.

Ma torniamo, per ora, alla scienza in senso stretto. Nella *Grammatica della fantasia* accanto all'esperimento trova la sua giusta collocazione la teoria scientifica. A iniziare dalla teoria dell'informazione che è stata elaborata da Claude Shannon sul finire degli anni '40 con l'approccio tipico del fisico, con un approccio termodinamico. Rodari vi fa riferimento esplicito, quando dice di aver scelto un certo testo per proseguire

[...] l'esplorazione dell'«asse della lettura», cominciata col bambino che legge i fumetti, ed anche perché essa illustra addirittura come caso limite ciò che intendono i teorici dell'informazione quando affermano che «la decodifica di un messaggio avviene sempre secondo il codice del destinatario».

La teoria dell'informazione è parte – una parte rilevante – di quella nuova disciplina fisico-matematica, anzi di quel nuovo approccio interdisciplinare, che è nato negli anni '40 e si è sviluppato grazie a Norbert Wiener e a un gruppo di grandi uomini di scienza, tra cui lo stesso Shannon: la cibernetica. Gianni Rodari conosce bene la nuova scienza cibernetica, tanto da appropriarsene per la sua fantastica. Come dimostra nel paragrafo su *L'effetto di amplificazione*:

> Dalla fiaba originale si passa alla «fiaba ricalco» (vedi cap. 21) essenzialmente attraverso un effetto di «amplificazione», del genere descritto, nel saggio che reca questo titolo, da A. K. Zolkovski (in italiano nel volume *I sistemi dei segni e lo strutturalismo sovietico*): «... Un elemento dapprima del tutto privo di rilievo e di importanza viene ad un tratto ad acquistare, in un contesto particolare, un peso determinante. Ciò è reso possibile dal carattere poliedrico e per così dire asimmetrico delle cose: ciò che è insignificante in un dato senso apre la strada, in determinate condizioni, a qualcosa di difficile e di importante in un altro...»

Il concetto di amplificazione è tipicamente cibernetico. E Rodari la sa molto bene:

> In fisica e in cibernetica questo effetto è noto sotto il nome di «amplificazione»: «Nel processo di amplificazione una piccola quantità di energia, agendo come segnale, mette in moto grandi masse di energia immagazzinata che si libera e produce effetti di grande rilievo».

Lo sa tanto bene che egli stesso, da buon cibernetico, ne cerca una generalizzazione. Naturalmente salendo sulle spalle di giganti:

> Secondo Zolkovski l'«amplificazione» può essere considerata una «struttura» di ogni scoperta, artistica o scientifica. Un ele-

mento secondario della fiaba originale «libera» l'energia della nuova fiaba agendo da «amplificatore».

Il ruolo decisivo che Rodari assegna alla matematica e alle scienze naturali – dall'astronomia alla cibernetica fino all'ecologia – nella costruzione della sua Fantastica è evidente. Ma lo scrittore è interessato anche alle scienze umane:

> Come tanti altri, ho scoperto l'etnografia e l'etnologia quando me l'ha fatta scoprire Pavese, inventando per Einaudi una famosa collana.

Ma, tra le scienze umane, nella sua *Grammatica della fantasia* Rodari dimostra un'attenzione soprattutto per la psicologia:

> Il lettore faccia conto che io stia giocando a quel gioco che la psicologia transazionale chiama: «Guarda, mamma, come vado bene senza mani!». È sempre così bello vantarsi di qualcosa...

E dimostra di avere buone letture sul tema, da cui ha tratto significativi insegnamenti:

> «Lo sviluppo dei processi mentali – scrive L. S. Vigotski (in *Pensiero e linguaggio*, Guaraldi, Bologna 1967) – ha inizio con un dialogo, fatto di parole e di gesti, tra il bambino e i genitori. Il pensiero autonomo comincia quando il bambino è per la prima volta capace di interiorizzare queste conversazioni e di istituirle dentro di sé».
> Il dialogo di cui parla lo psicologo sovietico è in primo luogo un monologo, materno o paterno, fatto di suoni carezzevoli, di incoraggiamenti e sorrisi, di piccoli eventi che eccitano di volta in volta il riconoscimento, la sorpresa, la risposta globale di uno sgambettamento, la musica prelinguistica di un balbettio.

Conosce Piaget e la sua psicologia dell'età evolutiva:

> I giochi simbolici, come ha scritto il Piaget, costituiscono una «autentica attività del pensiero».

Conosce Freud:

> Penso che il dottor Freud in persona proverebbe, anche da fantasma, un'intensa emozione ascoltando un racconto così facilmente interpretabile in termini di «complesso edipico»: fin dall'attacco [...] con quel bambino che si mette le scarpe del padre [...] che vuole insomma «far le scarpe al padre», per prendere il suo posto accanto alla madre.

E conosce la psicanalisi:

> Sappiamo quanta importanza abbia nella crescita del bambino la conquista del controllo delle funzioni corporali. La psicanalisi ci ha veramente reso un servizio quando ci ha insegnato che a quella conquista è associato un intenso e delicato lavoro emotivo.

Ma, forse, il suo interesse principale, nell'ambito delle scienze umane, sono la linguistica e la semiotica: l'uso della parola e l'interpretazione dei segni:

> Ho scoperto la linguistica un bel po' di anni dopo aver abbandonato l'università, dove riuscii – sicuramente con l'aiuto della medesima – a non averne il minimo sospetto.

Ma ora che le scienze linguistiche le ha scoperte, è in grado di dominarle grazie alla frequentazione di una letteratura vasta, variegata e abbastanza aggiornata, visto che è in grado di rimandare a "qualche «lettura» adatta, con un po' di linguistica (Jakobson, Martinet, De Mauro) e tanta bella semiotica" (Umberto Eco).

Alla linguistica e all'amico linguista Tullio De Mauro fa spesso riferimento nelle sue opere – fiabe, filastrocche e racconti che siano. Ma non sono certo da meno conoscenza e uso della semiotica e dei semiotici. Dei sovietici, certo. Ove trova molto di ciò che lo interessa intorno all'arte di creare:

> Uspenski, nel suo saggio *Sulla semiotica dell'arte* (in traduzione italiana nel volume *I sistemi di segni e lo strutturalismo sovietico*, Bompiani, Milano 1969), riprende l'argomento a livello di crea-

zione artistica: «L'affinità fonetica obbliga il poeta a cercare anche nessi semantici tra le parole: in tal modo la fonetica genera il pensiero...»

Ma i suoi punti di riferimento sono soprattutto gli italiani:

> Dichiaro qui un debito di fondo con il libro *Le forme del contenuto*, di Umberto Eco (Bompiani, Milano 1972), e in modo speciale con i saggi *I percorsi del senso* e *Semantica della metafora*. Li ho letti, annotati e dimenticati, ma sono sicuro che qualcosa della loro festosità intellettuale mi ha grandemente aiutato.

Ancora una volta ciò che Rodari cerca è tutto quanto contribuisce ad abbattere gli steccati tra quelle che Charles P. Snow, con un celebre libretto pubblicato nel 1959, aveva definito *Le due culture*, la scienza e l'arte:

> Il saggio *Generazione di messaggi estetici in una lingua edenica*, poi, serve egregiamente da esempio di una tendenza dell'epoca ad abbassare i confini tra arte e scienza, tra matematica e gioco, tra immaginazione e pensiero logico.

Ma su come Gianni Rodari interpreti il tema specifico dei rapporti tra arte e scienza torneremo tra poco. Non prima di aver sottolineato un ulteriore passaggio che egli compie nel gioco tra esperienza sensibile e teoria, quello dalla scienza alla filosofia della scienza.

Non è un passaggio fuori dalla portata del bambino. Proprio perché per loro non ci sono "cose difficili" in sé. Anzi nella sviluppo culturale del bambino questo passaggio tra scienza e filosofia della scienza è continuo. Per esempio:

> Sono convinto che il bambino cominci abbastanza presto a intuire [il] rapporto tra essere e non essere. Talvolta lo potete sorprendere mentre abbassa le palpebre per far sparire le cose, le riapre per vederle ricomparire, ripetendo pazientemente l'esercizio. Il filosofo che s'interroga sull'Essere e il Nulla, usando le maiuscole che toccano di diritto a questi rispettabili e profondi concetti, non fa in sostanza che riprendere, ad alto livello, quel gioco infantile.

Nella esperienza scientifica che il ragazzo compie c'è il rapporto tra il tutto e le sue parti. E nella conseguente filosofia della scienza c'è il rapporto tra riduzionismo e olismo. Un tema che Rodari propone:

> Un aspetto caratteristico del genio di Leonardo, che trovo egregiamente messo in luce in un articolo della rivista «Scienze» (edizione italiana del «Scientific American»), è consistito nella sua capacità di considerare, per la prima volta nella storia, una qualunque macchina non come un organismo unico, un prototipo irripetibile, ma come un insieme di macchine più semplici.

E propone con una capacità, tutt'altro che banale per un non specialista, di connettere la storia e l'attualità, sia della scienza che della filosofia della scienza. In un processo che ha ricadute empiriche di interesse generale, visto che spesso – sempre più spesso – si traducono in innovazione tecnologica:

> Leonardo «scompose» le macchine in elementi. In «funzioni». Così egli giunse a studiare spontaneamente, per esempio, la «funzione» dell'attrito, e questo studio lo portò a progettare cuscinetti a sfere e a coni, persino rulli tronoconici che sono stati effettivamente fabbricati solo in tempi recentissimi, per il funzionamento dei giroscopi indispensabili alla navigazione aerea.

Ci sono molti modi per guardare alla scienza. C'è quello dello scienziato in laboratorio. C'è quello dello storico e del filosofo. C'è quello del sociologo, che guarda alla scienza come all'impresa di una comunità – la comunità scientifica – e dunque sociale. Ma c'è anche il modo dello psicologo. Un modo di guardare alla scienza che ha una diretta connessione con la creatività, con l'immaginazione.

Nessuna meraviglia, dunque, che Rodari si mostri particolarmente interessato alla psicologia della ricerca:

> In studi del genere, Leonardo riusciva anche a divertirsi. È stato scoperto di recente il suo disegno di un'invenzione burlesca: un «ammortizzatore per frenare la caduta di un uomo dal-

l'alto». Vi si vede l'uomo che cade, di dove non si sa, frenato da un sistema di cunei connessi tra loro e, nel punto finale della caduta, da una balla di lana, la cui resistenza all'urto è controllata e misurata da un ultimo cuneo.

Interessanti sono le riflessioni di Rodari sul ruolo del gioco e del divertimento nella psicologia del ricercatore:

> È probabile che si debba attribuire a Leonardo, dunque, anche l'invenzione delle «macchine inutili», costruite per gioco, per seguire una fantasia, disegnate con un sorriso, momentaneamente opposte e ribelli alla norma utilitaristica del progresso tecnico-scientifico.

L'insieme di tutti questi interessi per le scienze naturali e le scienze umane consentono a Rodari di rivolgersi allo studio dell'origine dell'immaginazione e della creatività, cui in *Grammatica della fantasia* dedica il capitolo 44, *Immaginazione, creatività, scuola*:

> La giovinetta psicologia ha cominciato a occuparsene solo da pochi decenni. Non c'è poi da meravigliarsi se l'*immaginazione*, nelle nostre scuole, sia ancora trattata da parente povera, a tutto vantaggio dell'*attenzione* e della *memoria*, se ascoltare pazientemente e ricordare scrupolosamente costituiscono tuttora le caratteristiche dello scolaro modello, che è poi il più comodo e malleabile. Lo Scolaro Travicello, caro Giusti.

Rodari rimarca come:

> Oggi né la filosofia né la psicologia riescono a vedere differenze radicali tra immaginazione e fantasia.

E tuttavia ricorda che la risposta a queste domande può darle più la scienza (psicologica) che la filosofia.

> Un buon manuale di psicologia (io uso il Sommario di Gardner Murphy, Boringhieri, Torino 1957, e me ne trovo bene) può dare, oggi come oggi, più informazione sull'immaginazione di quante ne abbia date l'intera storia della filosofia fino a Bene-

detto Croce: dopo ci sono stati anche Bertrand Russell (L'analisi della mente) e John Dewey (Come pensiamo, La Nuova Italia, Firenze, 1969). Da saccheggiare con profitto La psicologia dell'arte del Vygotski (Editori Riuniti, Roma 1973) e Verso una psicologia dell'arte di Rudolf Arnheim (Einaudi, Torino 1969). Ma naturalmente per affrontare da vicino il mondo infantile, uno si va a leggere almeno il Piaget, il Wallon e il Brunner: di questi tre, tutto quello che capita, non c'è pericolo di sbagliare. E se si staccano troppo da terra, si fa la controprova con Celestin Freinet.

L'immaginazione e la creatività secondo Gianni Rodari sono patrimonio di tutti. Tutti abbiamo un "potenziale di creatività" che viene poi esaltato o inibito da fattori storici, di tipo sociale e culturale:

> Un libretto tutto d'oro e d'argento è *Immaginazione e creatività nell'età infantile* di L. S. Vygotski (Editori Riuniti, Roma 1972) che ai miei occhi, per quanto vecchiotto, ha due grandi pregi: *primo*, descrive con chiarezza e semplicità l'immaginazione come modo di operare della mente umana; *secondo*, riconosce a tutti gli uomini – e non solo a pochi privilegiati (gli artisti) o a pochi selezionati (a mezzo test, dietro finanziamento di qualche Foundation) – una comune attitudine alla creatività, rispetto alla quale le differenze si rivelano per lo più un prodotto di fattori sociali e culturali.

Tocca, di conseguenza, alla scuola e alla letteratura – questa è la loro funzione pedagogica e democratica – consentire al "potenziale di creatività" che è in tutti i bambini di esprimersi, non perché tutti diventino artisti o scienziati, ma affinché tutti possano utilizzare a pieno quel modo di operare della mente umana così efficace nel costruire "mappe del labirinto" e interpretare la realtà e per cambiarla in quelle componenti che non ci piacciono e che sono nella nostra sfera di influenza:

> La funzione creatrice dell'immaginazione appartiene all'uomo comune, allo scienziato, al tecnico; è essenziale alle scoperte scientifiche come alla nascita dell'opera d'arte; è addirittura necessaria nella vita quotidiana.

Ecco, dunque, qual è il tema profondo della *Grammatica della fantasia*: la democrazia nella società della conoscenza. Ecco, dunque, il piccolo manifesto per la costruzione della società democratica della conoscenza.

«Tutti gli usi della parola a tutti» mi sembra un buon motto, dal bel suono democratico. Non perché tutti siano artisti, ma perché nessuno sia schiavo.

È un motto che affonda le radici nel medesimo humus culturale che portò i primi scienziati moderni, nel Seicento, ad abbattere il paradigma della segretezza, per dirla con lo storico delle idee Paolo Rossi, e a teorizzare che, in fatto di scienza "tutti debbono comunicare tutto a tutti". Non perché tutti debbano diventare scienziati. Ma perché a nessuno, in linea di principio, sia impedito di diventarlo. E perché nessuno viva come schiavo.

Nella società democratica della conoscenza i "creativi" – dunque sia gli artisti che gli scienziati – hanno un dovere preciso. Cambiare il mondo. Usare la conoscenza per renderlo più giusto, oltre che più ricco. E più ricco di valori, piuttosto che di ricchezze materiali.

Non possiamo dunque dire: "Grazie tante: «cercansi persone creative» perché il mondo resti com'è". Dobbiamo dire "Nossignore: sviluppiamo invece la creatività di tutti, perché il mondo cambi".

Arte e scienza

L'ultimo paragrafo dell'Appendice che, a sua volta, chiude la Grammatica della fantasia è dedicata, non casualmente a *Arte e scienza*. Si rimanda al capitolo 44 sull'immaginazione e la creatività.

> Interessante, sulle analogie ed omologie di struttura tra metodologia estetica e metodologia scientifica, il volume *La scienza e l'arte*, a cura di Ugo Volli (Mazzotta, Milano 1972). La tesi generale è che «lavoro scientifico e lavoro artistico hanno entrambi per caratteristica essenziale quella di progettare, dar senso, trasformare la realtà: ridurre cioè oggetti e fatti a significati sociali. Sono *semiotiche del reale*.

I vari saggi, a più mani, si muovono sul confine tradizionale tra arte e scienza, per negarlo e denunciarne l'illegittimità e per scoprire i terreni comuni, sempre più ampi, di cui le due attività si occupano con strumenti sempre più simili. Il computer, per esempio, serve al matematico e serve all'artista che va in cerca di forme nuove. Pittori, architetti e scienziati vi lavorano insieme nei centri di generazione automatica di forme plastiche. La formula di Nake per i suoi «computer-graphics» starebbe benissimo in una «grammatica della fantasia», e infatti qui la ricopio:

> Sia dato un repertorio finito di R segni, un numero finito di M regole per combinare tali segni tra loro e un'intuizione finita I che stabilisca di volta in volta quali segni e quali regole scegliere rispettivamente tra R e M. L'insieme a tre elementi (R, M, I) rappresenterà allora il programma estetico.

Nel quale – si può sottolineare – la I rappresenta l'intervento del caso. E si può anche osservare che l'insieme ha la forma di un binomio fantastico, in cui R e M, da una parte, sono la norma, la I l'arbitrio creativo. «Anche in arte – diceva già del resto Klee, in epoca precibernetica – vi è spazio sufficiente per la ricerca esatta».

Alla fine del percorso

Nel decostruire e riassemblare a nostro arbitrio la *Grammatica della fantasia* abbiamo, probabilmente, commesso un sacrilegio. Tuttavia questo probabile sacrilegio è stato forse utile. Perché ci aiuta a evidenziare i tre caratteri della grammatica dell'universo a dondolo di Rodari.

Primo: che la prima parte di questo libro – il dizionario scientifico – non è una lettura artificiosa delle opere di Gianni Rodari. La cultura scientifica e tecnologica sono insieme lo strumento e l'oggetto di studio delle suo "realismo magico". La realtà che vuole descrivere, l'universo, attraverso una visione fantastica, il dondolo, ha molto a che fare con l'universo fisico indagato dalla scienza e modificato dalla tecnologia. La sua è una letteratura cosmica.

Secondo: che in Rodari convive il letterato e il teorico della letteratura. E che se il letterato intende narrare della realtà informata di scienza e di tecnologia, il teorico della letteratura utilizza la scienza per elaborare la grammatica di questa ricerca. Rodari utilizza la grammatica dell'universo a dondolo.

Terzo: che il suo tentativo, non sta a noi dire se riuscito o meno, ma certo molto coraggioso è di costruire una teoria della fantastica fondata anche sulla scienza. Rodari non solo utilizza, ma elabora una grammatica dell'universo a dondolo.

La vita di Rodari prosegue intensa dopo la pubblicazione della *Grammatica della fantasia*. In quei medesimi mesi compie il suo ultimo viaggio in Russia e pubblica *Gli affari del signor Gatto*, *Novelle fatte a macchina*, *I viaggi di Giovannino Perdigiorno*. Poi collabora a La Spezia al progetto di "Teatro Aperto '74" e nel 1977 debutta con *La storia di tutte le storie*.

Nel 1978 pubblica *C'era due volte il barone Lamberto* e due anni dopo *Il gioco dei quattro cantoni*. Che non fa in tempo a sfogliare. Perché il 14 aprile 1980 muore. Non è nelle finalità di questo nostro lavoro ripercorrere, in dettaglio, la vita di Rodari. Possiamo dire, tuttavia che l'intera sua opera non è finalizzata a capire il mondo. Ma a cambiarlo.

Cosicché, in chiusura del percorso, conviene ricordare che nel febbraio 1975 Gianni Rodari dialoga con uno degli interlocutori privilegiati di Italo Calvino: Ludovico Ariosto, poeta cosmico e lunare.

L'intervista è trasmessa in televisione. La regia è di Luca Ronconi. La conduzione è di Gianni Rodari. Ve ne propiniamo un brano. Così, alla fine del percorso:

> Ariosto: […] il gioco è una cosa seria. Utile come il pane, importante come il lavoro. So bene che avete tanti pensieri, crisi e problemi. Ma un gioco che vi stuzzichi la mente e la costringa ad aprire tutte le porte e le finestre, a compiere qualche esercizio acrobatico, ad arrampicarsi sulle nuvole per guardare le cose dall'alto… questo gioco vi sembrerà solo una futile distrazione?
> Noi: Messer Lodovico, ora non ci verrete a dire che le vostre favole possono aiutarci a fare la rivoluzione?
> Ariosto: E perché no?

Bibliografia

Gianni Rodari

- **1948** L'uomo nella realtà, in: *Adamo*, n. 6, 1948
- **1956** Per la chiarezza tra noi e i cattolici, in: *Avanguardia*, 15 luglio 1956
- **1959** *Gelsomino nel paese dei bugiardi*, Editori Riuniti, Roma
- **1960** *Filastrocche in cielo e in Terra*, Einaudi, Torino
- **1962** *Favole al telefono*, Einaudi, Torino
  Il pianeta degli alberi di Natale, Einaudi, Torino
- **1964** *La torta in cielo*, Einaudi, Torino
  La freccia azzurra, Einaudi, Torino
- **1965** Storia delle mie storie, in: *Il Pioniere dell'Unità*, 4 marzo 1965
- **1968** La terra natia, in La materia prima, in: *Caffè*, n. 2, 1968
- **1969** *Venti storie più una*, Einaudi, Torino
- **1970** Discorso pronunciato a Bologna al XII Congresso dell'*International Board on Books for Young People* (IBBY), in occasione del conferimento del Premio Andersen per l'insieme delle sue opere
- **1973** *Grammatica della fantasia*, Einaudi, Torino
  Novelle fatte a macchina, Einaudi, Torino
  I viaggi di Giovannino Perdigiorno, Einaudi, Torino
- **1978** *C'era due volte il barone Lamberto*, Einaudi, Torino
- **1980** *Il gioco dei quattro cantoni*, Einaudi, Torino
- **1984** *Il libro dei perché*, a cura di Marcello Argilli, Editori Riuniti, Roma
- **1989** *Il giudice a dondolo*, Editori Riuniti, Roma
- **2002** *Il tamburino magico*, Editori Riuniti, Roma
- **2003** *La macchina per fare i compiti e altre storie*, a cura di Roberto Piumini, Editori Riuniti, Roma

2005 *Testi su testi*, Laterza, Roma
Lettere a don Julio Einaudi, Hidalgo Editorial e ad altri Queridos Amigos (1952-1980), Einaudi, Torino

l'Unità

1947 *Ragazzi nuovi e libri vecchi*, l'Unità, Edizione milanese, 30 ottobre 1947
1948a *Pesci rossi e blu dai tropici alla fiera*, l'Unità, Edizione milanese, 11 maggio 1948
1948b *Queste ragazze ventenni non conoscono il cinema*, l'Unità, Edizione milanese, 18 giugno1948
1949 *Susanna*, l'Unità, Edizione milanese, 17 aprile1949
1950 *Le calunnie dei democristiani fanno moltiplicare i pionieri*, l'Unità, edizione milanese, 27 giugno 1950
1952 *Si avvicina il giorno del ritorno a scuola*, l'Unità, 11 settembre 1952
1953a *Il diavolo in filobus*, l'Unità, 17 giugno 1953
1953b *Un grande, magnifico viaggio*, l'Unità, 25 settembre 1953
1954a *Pedagogia e ortiche*, l'Unità, 20 luglio 1954
1954b *Alcuni milioni di persone oneste*, l'Unità, 4 novembre 1954
1954c *Le avventure di Pinocchio bolscevico*, l'Unità, 11 agosto 1954
1956 *Il cittadino studente*, l'Unità, 10 ottobre 1956
1957 *Sua Maestà la cambiale*, l'Unità, 17 febbraio 1957
1957b *Rapporto a Marte*, l'Unità, 3 marzo 1957

Paese Sera

1975 *Ricordi di una presa di coscienza*, Paese Sera, 1 maggio 1975
1975b *Intervista con messer Ludovico Ariosto*, Paese Sera, 23 febbraio 1975

Rinascita

1952 *Lettera al Direttore*, Rinascita, gennaio 1952

Sigle

A = Avangurdia
Ad = Adamo
GF = Grammatica della Fantasia
PS = Paese Sera
PU = Il Pioniere dell'Unità
Ri = Rinascita
St = Storia delle mie Storie, Il Pioniere
UM = Unità Milano
UR = Unità Roma

Letture consigliate

Anguissola Giana (1957) *Solidarietà degli scrittori*, Schedario, febbraio 1957
Argilli Marcello (1990) *Gianni Rodari. Una biografia*, Einaudi, Torino
Asor Rosa Alberto (2007) Le avventure di Pinocchio. Storia di un burattino di Carlo Collodi, in: Asor Rosa Alberto (a cura di), *Letteratura italiana*, Einaudi, Torino
Berlinguer Enrico, *All'avanguardia della gioventù italiana* (discorso pronunciato il 6 luglio 1948 ai giovani operai di Torino), U.e.s.i.s.a., 1948
Bitelli Giovanni (1962) Il comico e l'umoristico nei libri per ragazzi, *Schedario*, giugno 1962
Boero Pino (1992) *Una storia, tante storie. Guida all'opera di Gianni Rodari*, Einaudi, Torino
Bonafin Ottavia (1964) *La letteratura per l'infanzia*, La Scuola, Brescia
Bonura Giuseppe (2004) Italo Calvino, in: Borsellino Nino, Walter Pedullà, *Storia generale della letteratura italiana*, Motta editore, Milano
Calvino Italo (1952) *Il visconte dimezzato*, Einaudi, Torino
Calvino Italo (1956) *Fiabe italiane*, Einaudi, Torino
Calvino Italo (1965) *Cosmicomiche*, Einaudi, Torino
Calvino Italo (1970) *Orlando Furioso di Ludovico Ariosto*, Mondadori, Milano
Calvino Italo (2002) *Una pietra sopra. Discorsi di letteratura e società*, Mondadori, Milano
Cambi Franco (1990) *Rodari Pedagogista*, Editori Riuniti, Roma
Ceserani Remo (1990) *Raccontare la letteratura*, Bollati Boringhieri, Torino
Croce Benedetto (1937) Pinocchio, *La Critica*, 20 novembre 1937
Croce Benedetto (1973) Luigi Capuana, *La letteratura della nuova Italia*, 1973
De Luca Carmine (1991) *Gianni Rodari. La gaia scienza della fantasia*, Abramo editore, Catanzaro
De Luca Carmine (2005) Un giornalista con il gusto di raccontare, in: De Marchi Vichi (a cura di) (2005) Le domeniche di Gianni Rodari, *l'Unità*
De Marchi Vichi (a cura di) (2005) Le domeniche di Gianni Rodari, *l'Unità*

Diamanti Giorgio, Bibliografia generale, *http://www.bdp.it/Rodari/studio/bibliografia/archi.htm*, (ultima visita 30 dicembre 2009)

Fabbretti Nazareno (1956) Il «Cuore» e i fegati, *Il nostro tempo*, n. 38, 1956

Fioraso Roberto, *Questioni di critica*, in: Curreri Luciano, Foni Fabrizio (a cura di) (2008) Emilio Salgari, il mare, l'interdisciplinare, *Intervalles 3*, Été/Summer 2008, Centre Interdisciplinare de Poétique Appliquée, *http://www.cipa.ulg.ac.be/intervalles3/fioraso.pdf*

Gambetti Fidia (1976) *La grande illusione 1945-1953*, Mursia, Milano

Gérard Genot (1970) *Analyse structurelle de "Pinocchio"*, Quaderni n. 5, Fondazione Nazionale Carlo Collodi

Gramsci Antonio (1948), *Quaderni dal cacere*, Einaudi, Torino

Greco Pietro (2009) *L'astro narrante*, Springer-Verlag, Milano

Jotti Nilde (1951) La questione dei fumetti, *Rinascita*, n. 12, dicembre 1951

Lombardo Radice Lucio (1951) Sei impressioni di un viaggio nell'URSS, *Rinascita*, n. 5, 1951

Lombardo Radice Lucio (1980) Il favoloso Gianni, *Rinascita*, n. 16, 1980

Lugli Antonio (1954) Un problema di volontà per la letteratura per l'infanzia, *Schedario*, aprile-giugno, 1954

Marcheschi Daniela, La letteratura per l'infanzia, in: Borsellino Nino, Pedullà Walter (2004) *Storia generale della letteratura italiana*, Motta editore, Milano

Nobile Angelo (2009) *Cuore in 120 anni di critica deamicisiana*, Aracne editrice, Roma

Pajetta Giuliano (1950) Conclusione del dibattito sui fumetti, *Gioventù Nuova*, a. II, n. 11-12, novembre-dicembre 1950

Piatti Mario (2001) *Gianni Rodari e la musica*, Edizione del Cerro, Tirrenia (PI)

Rodia Cosimo (2008) Una rivisitazione di Cuore, in: Speciale De Amicis, *Pagine Giovani*, n. 137, luglio settembre 2008

Sanzo Alessandro (2001) *Enrico Berlinguer e l'educazione dell'uomo. Il contributo alla "formazione integrale" dei comunisti italiani (1945-1956)*, *http://www.cultureducazione.it/culturologia/sanzo.htm*

Spriano Paolo (1980) Gianni Rodari, poeta favolista inventore, *Notiziario Einaudi*, giugno 1980

Susskind Leonard (2009) *La guerra dei buchi neri*, Adelphi, Milano
Togliatti Palmiro (1952) Postilla, *Rinascita*, n. 1, gennaio 1952
Verdet Jean-Pierre (1995) *Storia dell'astronomia*, Longanesi, Milano
Wheeler John (2000) *Cosmic Catastrophes*, Cambridge University Press, Cambridge
Zaccaria Giuseppe (2004) La narrativa popolare e la letteratura per l'infanzia, in: Borsellino Nino, Pedullà Walter (2004) *Storia generale della letteratura italiana*, Motta editore, Milano
Zaccaria Giuseppe (2007) *Cuore* di Edmondo De Amicis, in: Asor Rosa Alberto (2007) *Letteratura Italiana*, Einaudi, Torino

i blu - pagine di scienza

Passione per Trilli
Alcune idee dalla matematica
R. Lucchetti

Tigri e Teoremi
Scrivere teatro e scienza
M.R. Menzio

Vite matematiche
Protagonisti del '900 da Hilbert a Wiles
C. Bartocci, R. Betti, A. Guerraggio, R. Lucchetti (a cura di)

Tutti i numeri sono uguali a cinque
S. Sandrelli, D. Gouthier, R. Ghattas (a cura di)

Il cielo sopra Roma
I luoghi dell'astronomia
R. Buonanno

Buchi neri nel mio bagno di schiuma
ovvero **L'enigma di Einstein**
C.V. Vishveshwara

Il senso e la narrazione
G. O. Longo

Il bizzarro mondo dei quanti
S. Arroyo

Il solito Albert e la piccola Dolly
La scienza dei bambini e dei ragazzi
D. Gouthier, F. Manzoli

Storie di cose semplici
V. Marchis

noveper**nove**
Segreti e strategie di gioco
D. Munari

Il ronzio delle api
J. Tautz

Perché Nobel?
M. Abate (a cura di)

Alla ricerca della via più breve
P. Gritzmann, R. Brandenberg

Gli anni della Luna
1950-1972: l'epoca d'oro della corsa allo spazio
P. Magionami

Chiamalo X!
Ovvero: cosa fanno i matematici?
E. Cristiani

L'astro narrante
La luna nella scienza e nella letteratura italiana
P. Greco

Il fascino oscuro dell'inflazione
Alla scoperta della storia dell'Universo
P. Fré

Sai cosa mangi?
La scienza del cibo
R.W. Hartel, A. Hartel

Water trips
Itinerari acquatici ai tempi della crisi idrica
L. Monaco

Pianeti tra le note
Appunti di un astronomo divulgatore
A. Adamo

I lettori di ossa
C. Tuniz, R. Gillespie, C. Jones

Il cancro e la ricerca del senso perduto
P.M. Biava

Il gesuita che disegnò la Cina
La vita e le opere di Martino Martini
G. O. Longo

La fine dei cieli di cristrallo
L'astronomia al bivio del '600
R. Buonanno

La materia dei sogni
Sbirciatina su un mondo di cose soffici (lettore compreso)
R. Piazza

Et voilà i robot!
Etica ed estetica nell'era delle macchine
N. Bonifati

Quale energia per il futuro?
Tutela ambientale e risorse
A. Bonasera

Per una storia della geofisica italiana
La nascita dell'Istituto Nazionale di Geofisica (1936)
e la figura di Antonino Lo Surdo
F. Foresta Martin, G. Calcara

Quei temerari sulle macchine volanti
Piccola storia del volo e dei suoi avventurosi interpreti
P. Magionami

Odissea nello zeptospazio
G.F. Giudice

L'universo a dondolo
La scienza nell'opera di Gianni Rodari
P. Greco

Di prossima pubblicazione

Un mondo di idee
La matematica si trova ovunque
C. Ciliberto, R. Lucchetti

Pensare l'impossibile
L. Boi

Finito di stampare nel mese di settembre 2010

MIX
Papier aus verantwortungsvollen Quellen
Paper from responsible sources
FSC® C105338

If you have any concerns about our products,
you can contact us on
ProductSafety@springernature.com

In case Publisher is established outside the EU,
the EU authorized representative is:
**Springer Nature Customer Service Center GmbH
Europaplatz 3, 69115 Heidelberg, Germany**

Printed by Libri Plureos GmbH
in Hamburg, Germany